电机与电力拖动实验教程

黄永龙　王晓雪　隋榕生　编

厦门大学出版社

内容简介

电机与拖动实验作为一门基础技术类实验课程，目的在于培养学生的创新能力，培养学生掌握理论指导下的实验方法，锻炼学生的实际操作能力以及常规电机的正确使用方法，使学生学会利用理论和计算机对测得的实验数据进行合理分析，作出正确结论，并在此基础上进行分析研究。

本书实验包括直流电机、异步电机、变压器、同步电机、控制电机以及电机拖动控制等实验内容，主要针对 DDSZ-1 和 MEL 系列电机教学实验系统进行介绍。书中安排了较多的实验题目和项目，其内容和难易程度基本上可满足不同层次的教学需要。

序

21世纪，科学技术的发展日新月异，信息化时代的来临使信息科学与技术深入社会生活的各个领域。其发展水平已成为衡量一个国家科技实力的重要标志之一。各国都把培养大量高水平的信息科学人才作为科技发展的重要战略目标。

培养高水平的信息科学人才，应重视学生的工程素质和实践能力的培养，提高学生分析问题解决实际问题的能力，这也是当前社会对毕业生专业技能的要求。各高校通过实验课程、课程设计、毕业设计、毕业实习以及组织各种竞赛来提高学生的实践能力、设计与制作能力。

实验是自然科学的基础，是一切科学创造的源泉。学生在本科阶段存在课程多，学时少，实验、实践锻炼的机会更少的问题。一方面由于扩招引起的指导教师、实验资源不足；另一方面也缺少一批实用、高效的实验教材。在厦门大学出版社的大力支持下，我们组织完成了这套“高等院校信息技术实验教程丛书”的编写工作。参与编写该丛书的作者都是担任相关课程的老师或实验指导老师，该丛书是在相关课程经过多年实验使用的实验讲义的基础上编制而成，收集了较多不同难度的实验项目，供实验课选择。

“高等院校信息技术实验教程丛书”包括《电子技术实验教程》、《电机与电力拖动实验教程》、《可编程控制器(PLC)实验教程》、《自控原理实验教程》、《过程控制实验教程》、《单片机实验教程》、《电磁场与微波实验教程》、《数据库实验教程》、《汇编程序设计实践教程》、《数字信号处理(DSP)实验教程》十本实验指导书。

在此，我们向所有支持和参与该丛书出版的单位和同志表示感谢，特别要向李茂青教授、许茹教授在该丛书的编写、出版中做出的指导性工作表示感谢。同时，感谢该丛书中使用的实验设备的生产厂家提供的支持。

由于作者的水平与能力有限，丛书中的不足与问题难免，恳请广大师生批评指正。

高等院校信息技术实验教程丛书编委会

2008年1月于厦门大学海韵园

目 录

第一章 电机与拖动实验的基本要求和安全操作规程 …… (1)

1—1 电机系统教学实验台使用说明 …… (1)
1—2 实验安全操作规程 …… (18)
1—3 电机实验网络管理系统使用说明 …… (18)

第二章 直流电机实验 …… (33)

2—1 认识实验 …… (33)
2—2 直流发电机 …… (38)
2—3 直流并励电动机 …… (46)
2—4 直流串励电动机 …… (52)
2—5 直流他励电动机在各种运转状态下的机械特性 …… (56)

第三章 变压器实验 …… (63)

3—1 单相变压器 …… (63)
3—2 三相变压器 …… (71)
3—3 三相变压器的联接组和不对称短路 …… (82)
3—4 三相三绕组变压器 …… (101)
3—5 单相变压器的并联运行 …… (104)
3—6 三相变压器的并联运行 …… (107)

第四章 异步电机实验 …… (112)

4—1 三相鼠笼异步电动机的工作特性 …… (112)
4—2 三相异步电动机的起动与调速 …… (120)
4—3 单相电阻起动异步电动机 …… (124)
4—4 单相电容起动异步电动机 …… (127)
4—5 单相电容运转异步电动机 …… (130)
4—6 双速异步电动机 …… (133)
4—7 三相异步发电机 …… (135)
4—8 三相异步电动机在各种运行状态下的机械特性 …… (139)

第五章 控制微电机实验 …… (147)

5—1 永磁式直流测速发电机 …… (147)

5—2 步进电动机……(148)
5—3 伺服电动机……(158)
5—4 自整角机……(172)

第六章 电力拖动继电接触控制……(180)

6—1 三相异步电动机点动和自锁控制线路……(180)
6—2 三相异步电动机的正反转控制线路……(183)
6—3 工作台自动往返循环控制线路……(186)
6—4 顺序控制线路……(188)
6—5 两地控制线路……(191)
6—6 三相鼠笼式异步电动机的降压起动控制线路……(193)
6—7 三相线绕式异步电动机的起动控制线路……(197)
6—8 双速异步电动机的控制线路……(198)
6—9 三相异步电动机的制动控制线路……(201)

第七章 同步电机实验……(206)

7—1 三相同步发电机的运行特性……(206)
7—2 三相同步发电机的并联运行……(215)
7—3 三相同步电动机……(224)
7—4 三相同步电机参数的测定……(230)

附录Ⅰ DDSZ-1 型电机及电气技术实验装置受试电机铭牌数据一览表……(239)
附录Ⅱ MEL—Ⅰ型电机教学实验台中各被试电机的额定值……(240)

参考文献……(242)

第一章　电机与拖动实验的基本要求和安全操作规程

1—1　电机系统教学实验台使用说明

一、DDSZ-1 型电机系统教学实验台概述

(一)DDSZ-1 型电机系统教学实验台

总体外观结构如图 1-1 所示。

图 1-1　SSDZ-1 电机系统教学实验台总体外观

主要部件包括：

1. 电源控制屏，配置指针式和数字式电压表，通过调压器输出单相或三相连续可调的交流电源。

2. 实验桌，内可放置各种组件及电机，桌面上放置测功机及导轨、被试电机的转速表。

3. 仪表屏，为实验时所需的仪表，可调电阻器，可调电抗器和开关箱等组件。这些组件在实验台的控制屏上可任意移动。组件内容可以根据实验要求进行搭配。

4. 测试电机，安装在电机工作台上的被试电机。被试电机可以根据不同的实验内容进行更换。在机组安装时，将各电机之间通过联轴器同轴联结，被试电机的底脚安放在电机工作台

的导轨上，旋紧两只底脚螺钉，就能准确达到各电机快速安装的目的。

（二）电源的开启与关闭

实验中开启及关闭电源都在控制屏上操作。

1. 开启三相交流电源的步骤为

（1）开启电源前。要检查控制屏下面“直流电机电源”的“电枢电源”开关（右下角）及“励磁电源”开关（左下角）都须在“关”断的位置。控制屏左侧端面上安装的调压器旋钮必须在零位，即必须将它向逆时针方向旋转到底。

（2）检查无误后开启“电源总开关”，“关”按钮指示灯亮，表示实验装置的进线接到电源，但还不能输出电压。此时在电源输出端进行实验电路接线操作是安全的。

（3）按下“开”按钮，“开”按钮指示灯亮，表示三相交流调压电源输出插孔 U、V、W 及 N 上已接电。实验电路所需的不同大小的交流电压，都可适当旋转调压器旋钮用导线从这三相四线制插孔中取得。输出线电压为 0～450 V（可调）并可由控制屏上方的三只交流电压表指示。当电压表下面左边的“指示切换”开关拨向“三相电网电压”时，它指示三相电网进线的线电压；当“指示切换”开关拨向“三相调压电压”时，它指示三相四线制插孔 U、V、W 和 N 输出端的线电压。

（4）实验中如果需要改接线路，必须按下“关”按钮以切断交流电源，保证实验操作安全。实验完毕，还需关断“电源总开关”，并将控制屏左侧端面上安装的调压器旋钮调回到零位。将“直流电机电源”的“电枢电源”开关及“励磁电源”开关拨回到“关”断位置。

2. 开启直流电机电源的操作

（1）直流电源由交流电源变换而来，开启“直流电机电源”，必须先完成开启交流电源，即开启“电源总开关”并按下“开”按钮。

（2）在此之后，接通“励磁电源”开关，可获得约为 220 V、0.5 A 不可调的直流电压输出。接通“电枢电源”开关，可获得 40～230 V、3 A 可调节的直流电压输出。励磁电源电压及电枢电源电压都可由控制屏下方的 1 只直流电压表指示。当将该电压表下方的“指示切换”开关拨向“电枢电压”时，指示电枢电源电压，当将它拨向“励磁电压”时，指示励磁电源电压。但在电路上“励磁电源”与“电枢电源”，“直流电机电源”与“交流三相调压电源”都是经过三相多绕组变压器隔离的，可独立使用。

（3）“电枢电源”是采用脉宽调制型开关式稳压电源，输入端接有滤波用的大电容，为了不使过大的充电电流损坏电源电路，采用了限流延时的保护电路。所以本电源在开机时，从电枢电源开合闸到直流电压输出约有 3～4 秒钟的延时，这是正常的。

（4）电枢电源设有过压和过流指示告警保护电路。当输出电压出现过压时，会自动切断输出，并告警指示。此时需要恢复电压，必须先将“电压调节”旋钮逆时针旋转调低电压到正常值（约 240 V 以下），再按“过压复位”按钮，即能输出电压。当负载电流过大（即负载电阻过小）超过 3 A 时，也会自动切断输出，并告警指示，此时需要恢复输出，只要调小负载电流（即调大负载电阻）即可。有时候在开机时出现过流告警，说明在开机时负载电流太大，需要降低负载电流，可在电枢电源输出端增大负载电阻或甚至暂时拔掉一根导线（空载）开机，待直流输出电压正常后，再插回导线加正常负载（不可短路）工作。若在空载时开机仍发生过流告警，这是由于气温或湿度明显变化，造成光电耦合器 TIL117 漏电使过流保护起控点改变所致，一般经过空载开机（即开启交流电源后，再开启“电枢电源”开关）预热几十分钟，即可停止告警，恢复正常。所有这些操作到直流电压输出都有 3～4 秒钟的延时。

（5）在做直流电动机实验时，要注意开机时须先开“励磁电源”，后开“电枢电源”；在关机时，则要先关“电枢电源”而后关“励磁电源”的次序。同时要注意在电枢电路中串联起动电阻以防止电源过流保护。具体操作要严格遵照实验指导书中有关内容的说明。

*二、MEL—Ⅰ电机系统教学实验台使用说明

MEL—Ⅰ型电机系统教学实验台总体外观结构如图 1-2 所示。图中序号 5 为涡流测功机及其导轨，序号 8 为安装在电机工作台上的被试电机。被试电机可以根据不同的实验内容进行更换。为了实验时机组安装方便和快速的要求，实验台的各类电机均设计成相同的中心高。同时，各电机的底脚采用了与普通电机不同的特殊结构形式。在机组安装时，将各电机之间通过联轴器同轴联结，被试电机的底脚安放在电机工作台的导轨上，只要旋紧两只底脚螺钉，不需做任何调整，就能准确保证各电机之间同心度，达到快速安装的目的。当测量被试电动机输出转矩时，可从序号 4 的测功机力矩显示窗中直接读取。被试电机的转速是通过与测功机同轴联接的直流测速发电机来测量的。转速高低可以从图 1-4 的转速表直接读取。

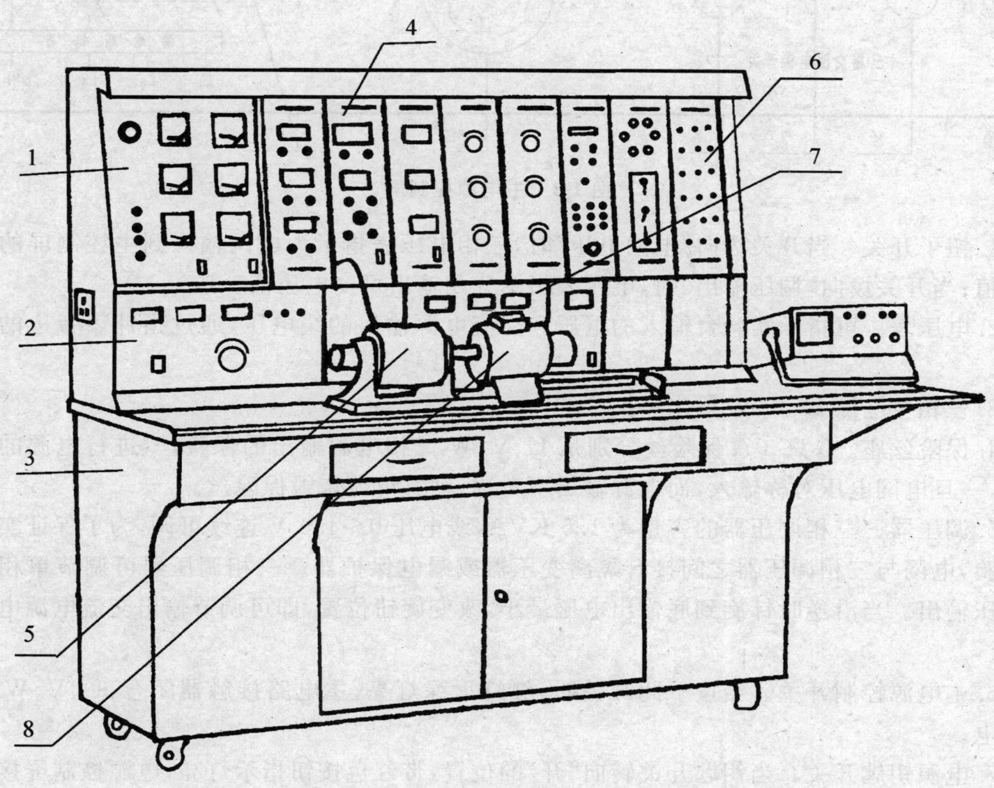

图 1-2　MEL—Ⅰ电机系统教学实验台总体外观

序号 2 为电源控制屏，通过调压器输出单相或三相连续可调的交流电源。

序号 1 为仪表屏，根据用户的需要配置指针式和数字式表。

序号 3 为实验桌，内可放置各种组件及电机，桌面上放置测功机及导轨。

序号 6 为实验时所需的仪表，可调电阻器，可调电抗器和开关箱等组件。这些组件在实验台上可任意移动。组件内容可以根据实验要求进行搭配。

主要结构部件：

(一)电源控制屏

面板图如图 1-3,图中各部件的序号为:

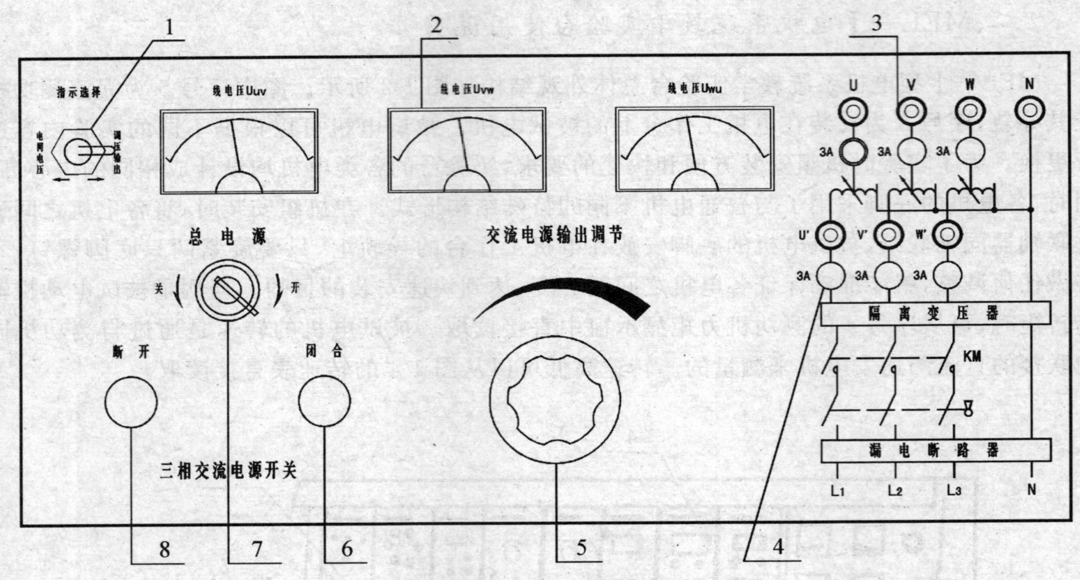

图 1-3　主电源控制屏

1. 钮子开关。当开关拨向“电网电压”时,三相电压表指示为电网输入到主控制屏的三相电压值;当开关拨向“调压输出”时,电压表指示三相输出可变电压值。

2. 电压表。可指示实验台输入的电压和交流电源输出的线电压,通过指针表旁边的开关切换。

3. 三相主电源 U、V、W 输出。

4. 保险丝座。3 只 3 A 保险丝分别是 U、V、W 三相电源输出的保险丝,进行电源的短路保护,一旦电网电压对称输入,而电源输出不对称,则有可能烧毁保险丝。

5. 调压器。三相调压器的容量为 1.5 KVA,线电压 0～430 V 连续可调,为了保证实验者的实验,电网与三相调压器之间接有隔离变压器或漏电保护器。三相调压器可调节单相或三相电压输出。当沿逆时针旋到底输出电压最小,改变旋钮位置,即可调节输出交流电源电压的大小。

6. 主电源控制开关。当按下此开关时,红灯灭绿灯亮,主电路接触器闭合,U、V、W 输出交流电。

7. 电源钥匙开关。当钥匙开关转向“开”的位置,带红色按钮指示灯亮,电源控制屏接通电网。

8. 交流电源断开开关。按下此按钮开关,绿灯灭红灯亮,表明三相交流电源 U、V、W 无电压输出。

(二)测功机组件

测功机组件含 MEL-13 和电机导轨及测功机两部分,主要完成四个功能:

①对电机进行加载;②测量电机的转矩;③测量电机的转速;④对异步电机进行 M～S 曲线测绘。

1. 涡流测功机

涡流测功机如图 1-1。实心圆盘与它的转轴由被试电动机驱动，磁极、励磁绕组、指针和转轴为一个整体，可以对机座支架左右偏转。当励磁绕组通过直流电流后，磁极产生的磁通，经气隙、钢盘，气隙回到相邻的磁极而闭合。被试电动机带动钢盘旋转切割磁力线，在钢盘中产生涡流，此涡流与磁场相互作用产生电磁转矩(制动转矩)，则磁极将受到与此制动转矩大小相等方向相反的电磁转矩，使磁极顺电机旋转方向偏转一角度，并与平衡钟随之偏转而产生的转矩相平衡，于是指针在刻度盘上指示转矩值，改变励磁电流，即可改变制动转矩，而被试电动机负载也随之改变。

涡流测功机结构简单，调节方便，运行稳定，但输入钢盘的大部分由涡流损耗转换成热能，此热量主要散发在周围空气中，一部分被钢盘及轴承吸收，将使钢盘、轴承等温度升高。因此，涡流测功机运行时要采取散热措施。此外，当转速很小时制动转矩很小，所以涡流测功机不能测量低速电动机转矩和电机的堵转矩。

2. 加载及转矩测量

测功机是一台定、转子均可转动的异步电机。它既可以做异步电动机运行，也可以作测功机用。作为测功机用时，定子绕组施加直流电压产生恒定磁场，当被试电动机拖动异步电机旋转时，转子将产生制动性质的电磁转矩，异步电机处于制动状态。若在异步电机定子上配备测力装置，即可测得被试电动机输出转矩，该测功机的优点是无电刷以及不需要外接电阻负载。当改变施加在测功机上直流励磁电压时，电磁转矩就随着变化，即被试电动机的负载大小就发生改变。在测功机的下部安装一电阻应变式压力传感器，根据压力传感器输出力的大小即可得出力矩值。

3. 转速的测量

转速的测量可采用永磁直流测速发电机和光电编码器。测速发电机的优点是信号处理简单，但存在安装不方便、线性度、对称性较大的缺陷。本组件采用光电码盘，即在测功机的转轴上安装一光栅，两边各有一发射管和接收管，根据接收管收到的脉冲周期用单片机进行处理，即可测得转速。它具有和转轴无机械接触、安装方便、读数精度高等优点。

4. 导轨

导轨的作用是安装电机。为了实验时机组安装方便和快速的要求，被试电机均设计成相同的中心高。电机的底脚采用了与普通电机不同的特殊结构形式。在机组安装时，各电机之间通过联轴器同轴联接，被试电机的底脚安放在电机导轨上，只要旋紧两只底脚螺钉，不需做调整，就能准确保证各电机之间的同心度，达到快速安装的目的。

5. M～S 曲线测绘

电机的 M～S 曲线测绘指电机转速从 0～额定转速时，转矩和转速的曲线关系。由于交流电机存在不稳定区域，因而在转速开环情况下，当负载增大到超过最大转矩时，电机转速迅速下降，无法读出转速值。此时，必须利用转速反馈，根据转速的高低动态地调整加载的转矩，使电机能够在任何一个转速条件下稳定运行。

6. MEL-13 的说明

面板如图 1-4。图中各部件的序号为：

(1)转速表。电机系统教学实验台转速的测量是采用光电码盘，用单片机进行处理，计算脉冲的宽度，即可测得转速。较早的测速是采用永磁直流测速发电机，将测速发电机输出的电压通过限流电阻接到直流电流表上，就构成了测量电机转速的转速表。

(2)转速模拟量输出。将脉冲信号经过 D/A 转换，再进行滤波输出，幅值为 0～±10 V。

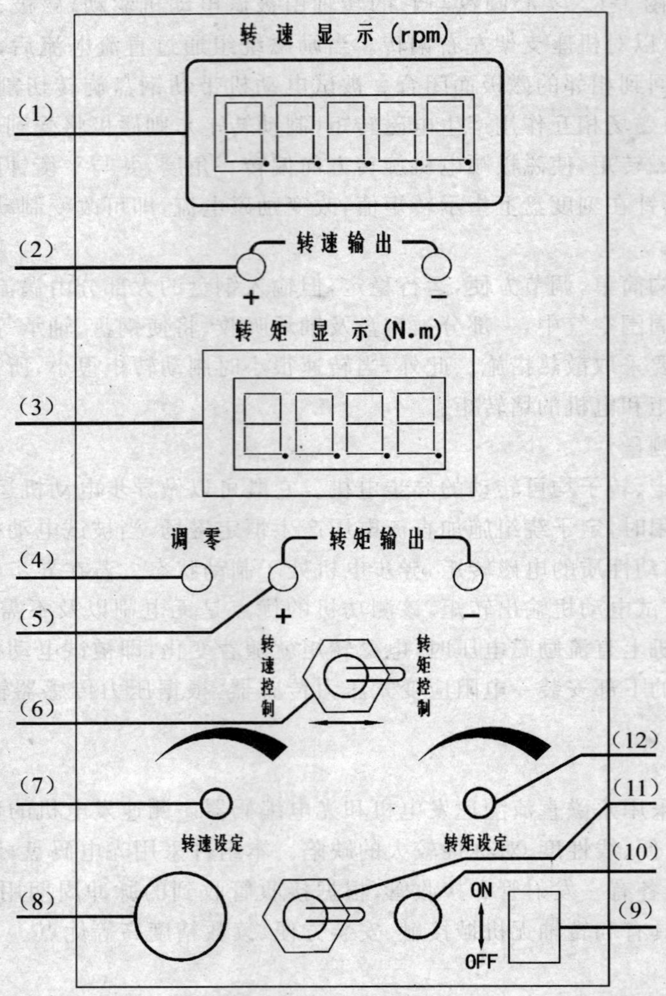

图 1-4　测功机转速转矩测量面板图

(3)转矩显示。测功机进行加载时,测功机的定子将反向偏转一角度,通过电阻应变式压力传感器测出力的大小,进行换算后,可显示转矩大小。

(4)转矩调零电位器。

(5)转矩模拟量输出。

(6)“转矩控制”、“转速控制”选择开关。

(7)“转速设定”电位器,可对电机转速进行控制,顺时针转到底,转速最高。

(8)航空插座。与测功机相连,提供测功机所需的励磁电流以及转速、转矩反馈信号。

(9)电源控制船形开关。

(10)保险丝座。

(11)突加突减负载开关。当开关往下扳时,电机处于空载状态,当开关往上扳时,负载的大小由“转矩设定”电位器和“转速设定”电位器进行控制。

(12)“转矩设定”电位器。

目前,实验台上加载采用两种方式:

(1)自耦调压器的输出电压经过整流向测功机励磁绕组提供电流。通过改变自耦调压器的输出电压,也就改变了测功机励磁电流,从而改变输出转矩。

(2)采用电流源控制。采用电流源控制后,易于实现转速的闭环调节,即使在电机转速的不稳定区域也能保持电机转速稳定,从而测出电机的 M—S 曲线,存在的缺点是对异步电机而言,存在较大的加载死区。操作方法为:

将电机导轨及测功机的信号线通过一塑料软管与 MEL-13 相连。MEL-13 挂件的电源和交流 220 V 相连。

a. 将 MEL-13 的"转矩控制"、"转速控制"选择开关打向"转矩控制",启动电机,则通过调节"转矩设定"电位器,即可方便地对被试电机进行加载试验。可分别从上下两个数显窗中读出转速和转矩值。逆时针旋到底,被试电动机的负载为零,顺时针转动,被试电动机负载增加。当需要测取电动机的堵转转矩时,可在测功机定子销紧孔中插入一根圆棒,将测功机定、转子销住,即可测取堵转转矩。

b. 将 MEL-13 的"转矩控制"、"转速控制"选择开关打向"转速控制",则通过调节"转速设定"电位器,使电机可稳定地运行于任何一转速(最低转速为 300 转/分左右),从而可通过测量转矩、转速画出电机的 M～S 曲线。

(三)仪表屏

为电机实验提供需要的交流电流表、交流电压表、功率表。具体配置由所采购的设备型号不同由所差别。若设备为 MEL-I 系列,则交流电流表、电压表为三组指针式模拟表,量程可根据需要选择,功率表采用单独的组件(MEL-20 或 MEL-24);若设备为 MEL-II 系列,则上述仪表为智能型数字仪表,量程可自动也可手动选择,功率表含在主控屏上如图 1-5 所示。仪表数量也可能由于设备型号不同而不同。故不同的实验台,其接线图也不同。

功率表接线时,需注意电压线圈和电流线圈的同名端,避免接错线。

所有仪表具有过压过流,错接线路不损坏仪表等功能。

日光灯功能开关,当拨到左边时,日光灯接入 220 V 交流电,作照明用;当拨到右边时,日光灯的四个接线柱引出可做日光灯实验用。

(四)220 V 直流稳压电源和直流电机励磁电源

本实验台提供两组直流电源,分别是供直流电机励磁绕组用的直流电机励磁电源以及供电枢绕组用的可调直流稳压电源。面板如图 1-6 和图 1-7。

图 1-6 中各部件的序号分别是:

1. 数字式直流电压表
2. 直流电压幅度调节电位器
3. 直流电源输出接线柱
4. 保险丝座
5. 电源控制船形开关
6. 复位按钮
7. 过流指示发光二极管
8. 工作指示发光二极管
9. 直流电流表接线柱

可调稳压电源具体技术指标为:

输出电压:90～250 V 连续可调

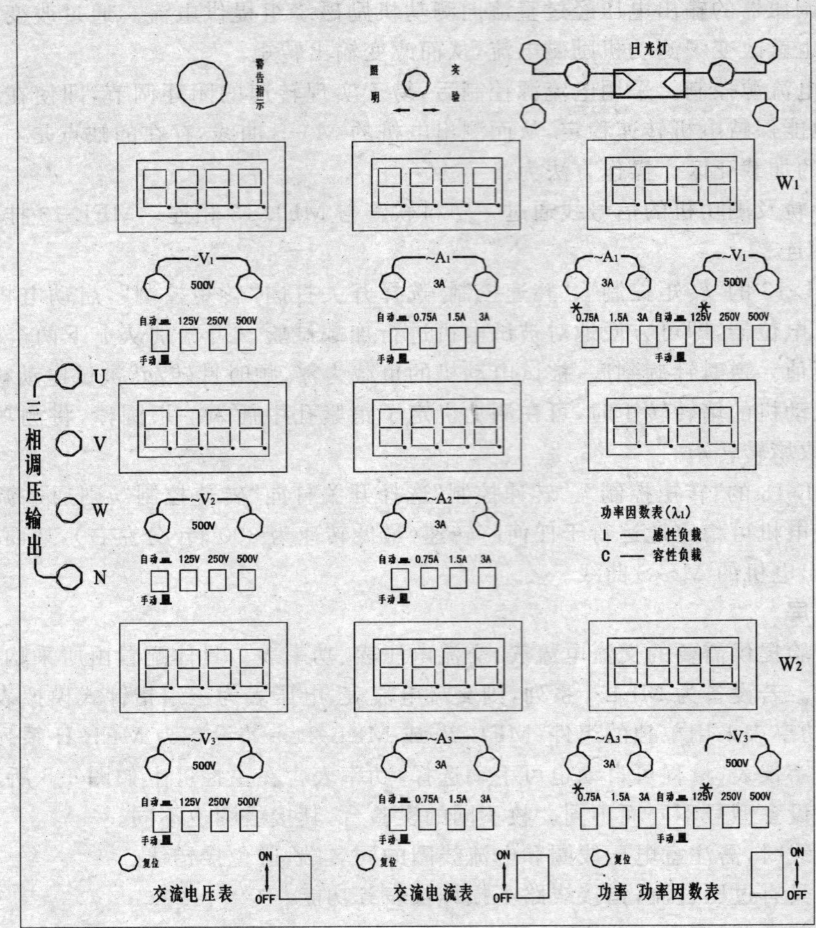

图 1-5　仪表面板图

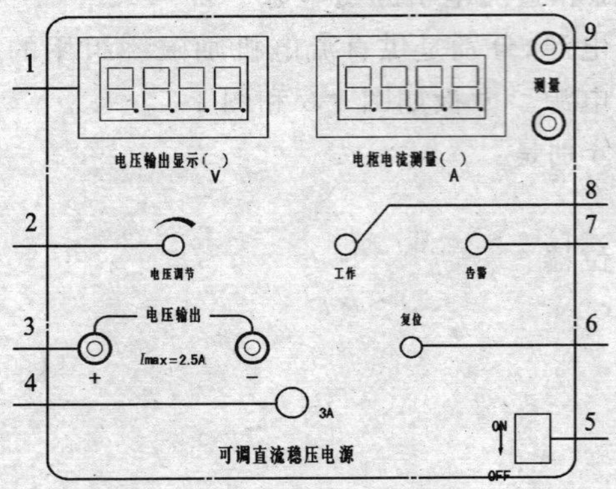

图 1-6　可调直流稳压电源

输出电流：$I_{max}=2$ A

负载调整率不大于 1 V

电源带有完善的过压、过流保护措施，以确保学生误操作时不至于损坏电源。一旦输出发生短路，过流保护动作，自动切断功率场效应管的脉冲信号，从而保护功率器件，只需按下复位按钮，就可重新建立电压。可调直流稳压电源的电压输出端子只能用作电压输出，不能作为测试端输入电压。

正常工作时，绿色发光二极管亮，过载后，红色告警发光二极管亮。电压调节电位器逆时针旋到底，输出电压最低不大于 90 V，顺时针旋转，电压逐渐提高。

可调直流稳压电源带有电压表和电流表。其中电压表内部已接好，直接指示输出电压，而电流表的输入信号根据实验内容而定，可用作本装置的电流测量显示，也可用作外接电路电流的测量显示。

图 1-7 中各部件的序号分别是：

1. 直流毫安表接线柱
2. 直流励磁电源输出接线柱
3. 保险丝座
4. 电源控制船形开关
5. 工作指示发光二极管
6. 数字式直流毫安表

220 V 直流电机励磁电源提供 220 V～230 V/0.5 A 的直流电源，供直流电机励磁绕组使用，其电压输出端子只能输出电压，不能作为测试端输入电压，工作时工作指示灯亮。配置的直流毫安表即可用作直流电机励磁电源的电流测量显示，也可用作外接电路电流的测量显示，用作外接时注意电流不要超过 200 mA。直流毫安表电源受可调直流稳压电源控制。

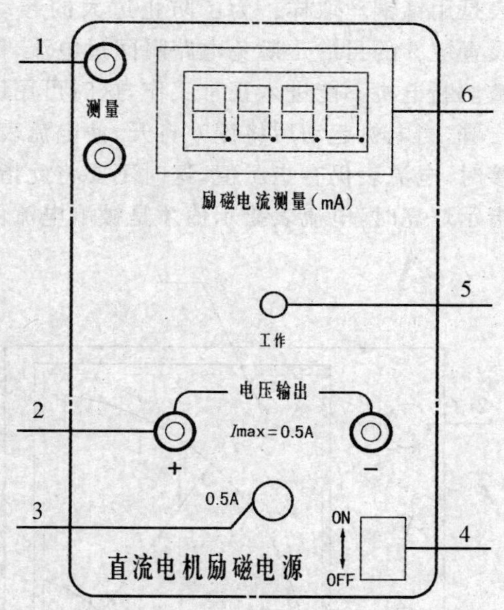

图 1-7　直流电机励磁电源

（五）同步电机励磁电源

面板如图 1-8，序号中各部件为：

1. 励磁电源输出接线柱
2. 告警发光二极管
3. 复位按钮
4. 电源控制船形开关
5. 电流调节电位器
6. 工作发光二极管
7. 直流电流表

同步电机励磁电源属电流源，其调节范围为 0～2.5 A，最大输出电压为 24 V，带三位半数显监视输出电流，并具有开路保护功能。本电流输出显示只能供本装置使用，不可用作外接。电流调节顺时针增大，工作时工作指示灯亮，当告警时，可按下复位按钮即可正常工作。

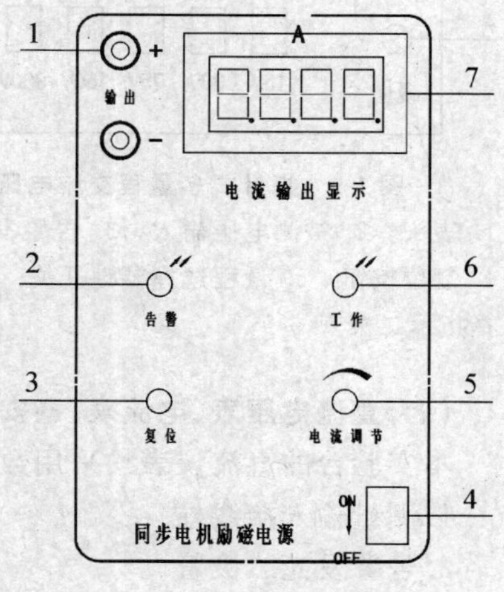

图 1-8　同步电机励磁电源

（六）指针式交流电压表和交流电流表

指针式表均由电子线路配上磁电系指针式表头构成，并具有超满量程切断电源及声光告警的功能。

电压表分 15 V、30 V、75 V、150 V、300 V、450 V 六档，电流表分 0.25 A、0.5 A、1 A、2.5 A、5 A 五档。

多量程电压表面板如图 1-9。

量程选择琴键开关用于选择合适的测量量程，为了提高测量精度，应当当指针偏转2/3时进行读数。

为了防止选择电压量程时，高电压输入小量程测量，从而损坏仪表，指针表还设有过量程保护电路，一旦输入电压超过量程的 5%～10%，则仪表告警电路自动切断主电源，同时，告警指示发光二极管发亮。当故障排除后，按下复位按钮，仪表恢复正常工作。

指针式交流电流表工作原理与交流电压表原理相似，面板如图 1-10。不同之处在于电流表是用锰铜丝取样。为了防止过大的起动电流对仪表的冲击，并设置了短路直键开关键 4。设置键 6 的目的是避免电路瞬间过电流，例如电机起动时电流很大可能超过满量程告警，电源被切断电机不能进入正常工作，这时可用键 6 在电机起动时将电流表短接使电流表不会出现告警，当电机起动后将键 6 打开，使电流表处于测量状态。应该指出，因接触电阻的存在，当短接时，电流表仍有指示值，这时不要将此指示值误认为是电路被测的电流值，因此，只有当测量指示灯亮时，电流表指示值才是被测电流值。

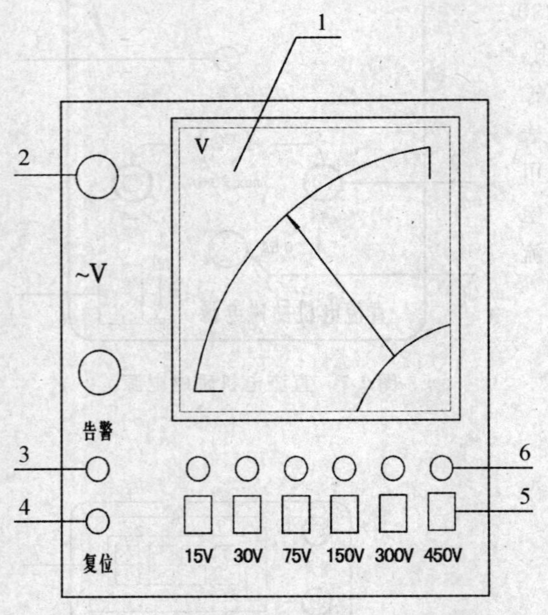

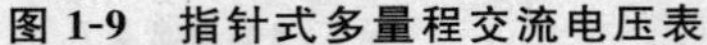

图 1-9 指针式多量程交流电压表

1. 表头 2. 被测电压输入 3. 告警发光二极管 4. 复位按钮 5. 量程选择琴键开关 6. 量程选择指示二极管

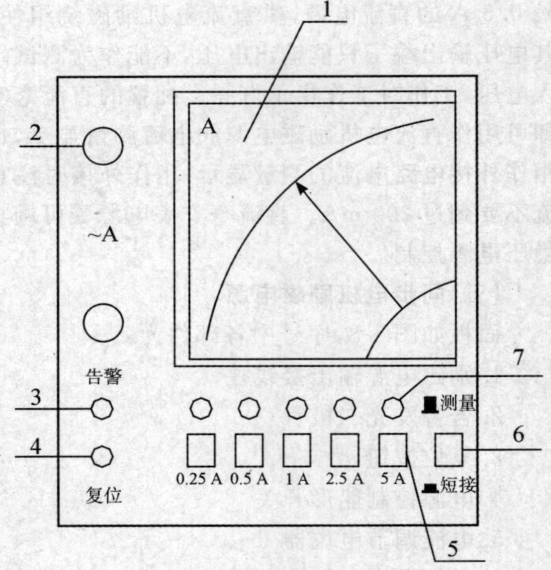

图 1-10 指针式多量程交流电流表

1. 表头 2. 被测电流输入 3. 告警发光二极管 4. 复位按钮 5. 量程选择琴键开关 6. 测量短路选择开关 7. 量程选择指示二极管

(七)直流电压表、电流表、毫安表

本实验台的直流仪表均采用数字式显示(ICL7107)，直流电压表面板框图如图 1-11。

1. 测量输入接线柱
2. 告警发光二极管
3. 复位按钮

4. 电源控制开关

5. 量程选择开关

6. 数显表头

电压表量程分 2 V、20 V、300 V 四档。

数字式仪表显示的数值为平均值，但由于告警电路是根据输入的最大值来整定的，因而当输入直流脉动电压或电流时，虽然显示未超量程，但告警线路仍可能工作。

设有过量程保护电路，一旦输入电压超过量程的 5%～10%，则仪表告警，同时，告警指示发光二极管发亮。当故障排除后，按下复位按钮，仪表恢复正常工作。

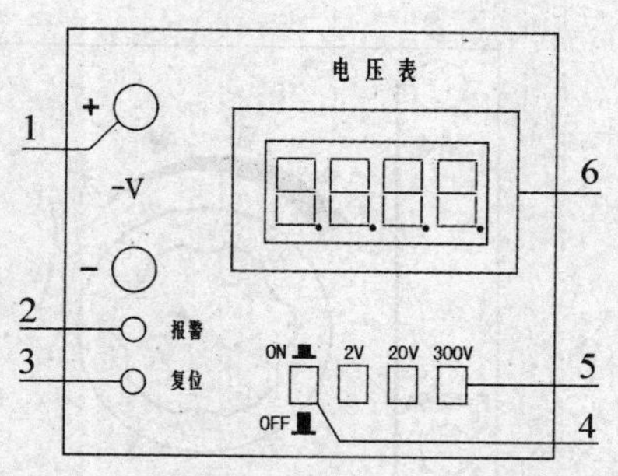

图 1-11　直流电压表

直流毫安表、电流表的面板框图如图 1-12、1-13。

毫安表量程分 2 mA、20 mA、200 mA。

电流表量程分 2 A、5 A。

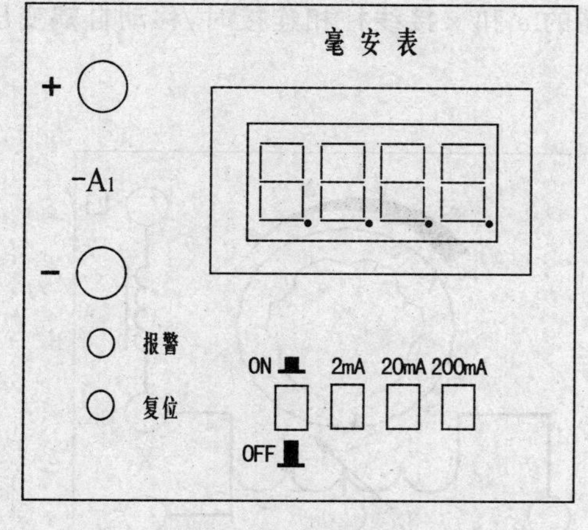

图 1-12　直流毫安表

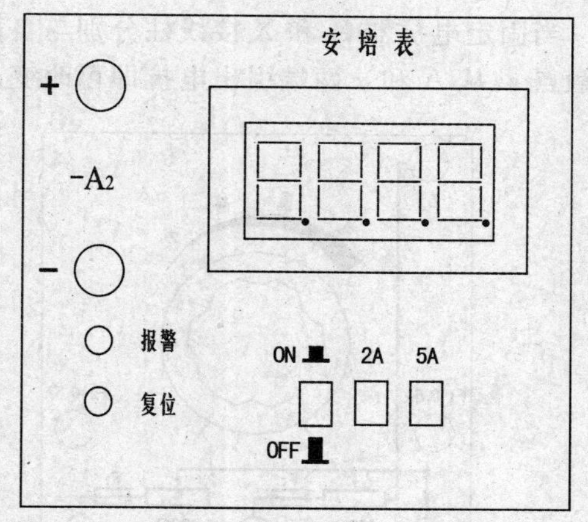

图 1-13　直流安培表

(八)三相可变电阻器

三相可变电阻分 MEL-03、MEL-04 两种。

每相有两只电阻，每只电阻可调范围为 0 ～ 900 Ω(或 0 ～ 90 Ω)，允许电流为 0.4 A(或 1.3 A)。两只电阻作为可变电阻使用时可有串联或并联两种联接方法。串联接法如图 1-14 所示：将 A_3 接线柱不用，A_1A_2 两接线柱之间电阻可调范围为 0 ～ 2×900 Ω。并联接法如图 1-15 所示：将 A_1 与 A_2 短接。A_1A_3 两接线柱之间电阻可调范围为 0～900 Ω/2。

由于实验的需要，A 相两只电阻除了做可变电阻使用外，还可采用电位器接法做分压器用。例如他励直流电机励磁电压调节就是采用电位器接法。作分压器时可以单只使用，也可并联使用。如图 1-16 面板图所示，固定电压施加在 A_2A_4 端，而可变电压可以从 A_3A_2(或 A_3A_4)端引出。

(九)三相可变电抗器

三相可变电抗器面板如图 1-17 所示。

每相可变电抗均由一只 250 VA 自耦变压器和一个 1.08 H 的固定线电抗器所组成。其中自耦变压器允许最大电压为 250 V，最大电流为 0.45 A，电抗器允许最大电流为 0.5 A。

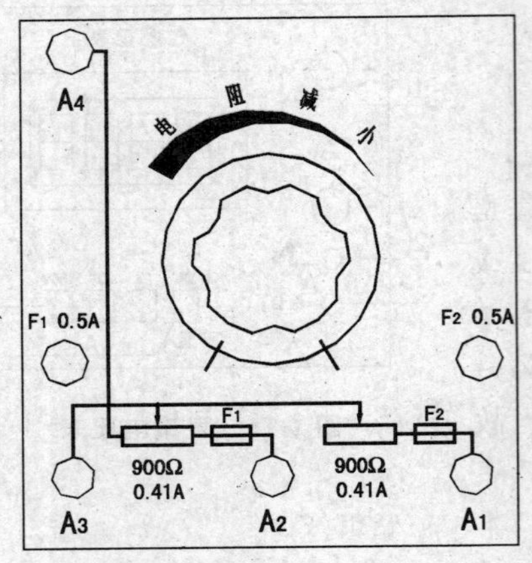

图 1-14 电阻串联

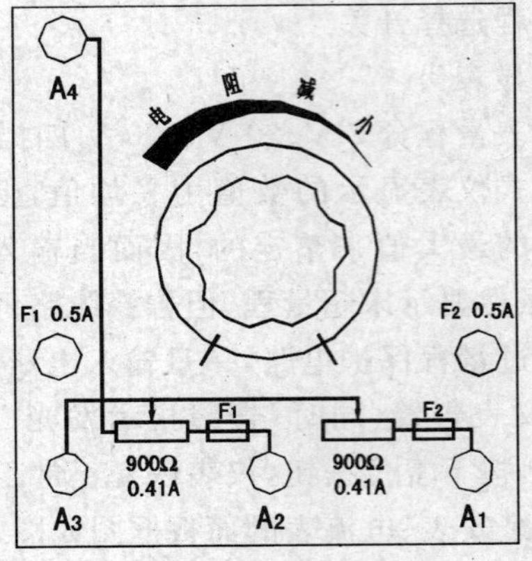

图 1-15 电阻并联

当固定电抗器 L_1 和 X 接线柱分别与自耦变压器的 a 和 x 接线柱相连接时，移动自耦变压器触点 a，从 A 和 x 两端引出电抗即可改变。

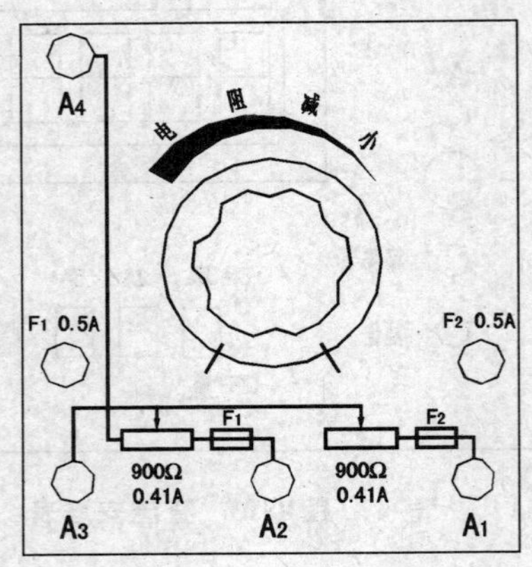

图 1-16 电位器接法

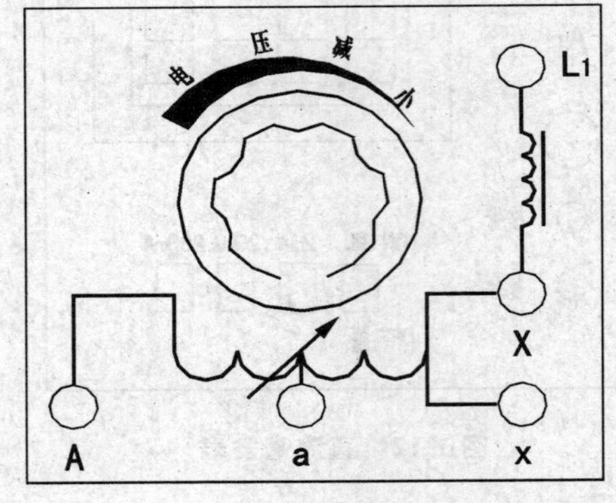

图 1-17 三相可变电抗

(十)步进电动机及驱动系统

步进电动机是将输入的电脉冲信号转换成角位移的特殊同步电动机，由于每输入一个电脉冲，转子就前进一步，故称步进电动机，因为它输出的角位移与输入的电脉冲数成正比，而且不受电压波动、负载变化和环境条件的影响，故可以通过改变输入电脉冲数的频率，能在很宽的范围内调节电动机转速，并能快速起动、制动和反转。步进电动机在正常运行时(不丢步也不越步)，其步距误差不会累积，所以它更适用于数字控制的开环系统。

1. 技术指标

功能：能实现单步运行、连续运行和预置数运行，能实现单拍、双拍及电机的可逆运行。

电脉冲频率：不小于 5 Hz～1 kHz。

工作条件：供电电源 AC220 V±10%，50 Hz

环境温度：－5℃～40℃

2. 面板示意图

面板示意图见图 1-18。

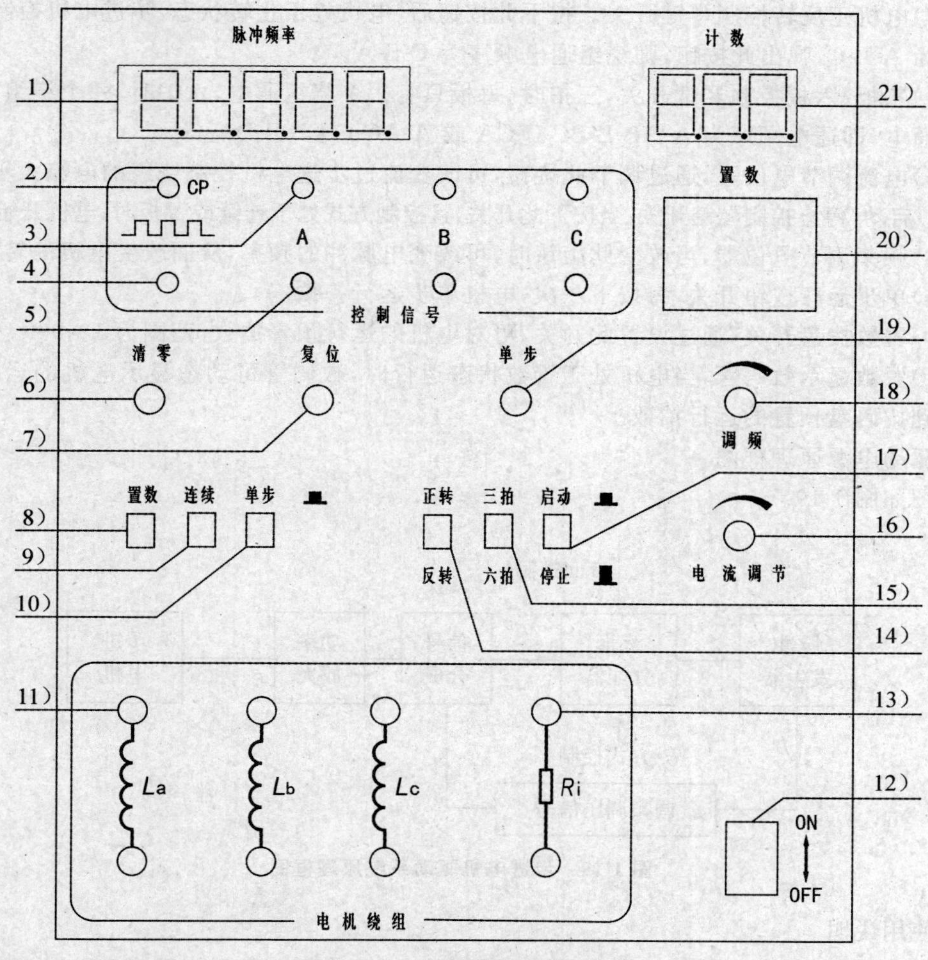

图 1-18　步进电机驱动系统

(1)电脉冲频率显示，为 6 位数码管组成，可显示 1 Hz～10 kHz。

(2)电脉冲信号观察点，可连接至示波器观察电脉冲信号。

(3)三相反应式步进电动机 A 组脉冲发光二极管指示。

(4)控制信号接地点，当观察脉冲信号时，示波器的地线接此点。

(5)三相反应式步进电动机 A 相脉冲示波器观察点。

(6)电脉冲计数显示清零按钮，当按下此按钮后，计数数码管显示为“000”，重新开始计数。

(7)复位按钮，当按下此按钮时，电机处于初始状态(电机处于三拍运行状态时，C 相通电，电机处于六拍状态时，C 相通电)，每次改变电机控制方式，或重新起动电机，均需按下此按钮。

(8)置数控制琴键开关。

(9)连续运行控制琴键开关。

(10)单步运行控制琴键开关。

(11)驱动电源输出接线柱，引全步进电动机控制绕组。

(12)电源控制铅形开关。

(13)取样电取输入接线柱。将取样电阻 R 接入三相步进电动机任一相控制绕组，则通过此取样电阻可用示波器观察电流波形。

(14)电机正反转控制琴键开关。按下此按钮后，电机处于止转状态，步进电机控制绕组通电顺序为 A-B-C，弹出此按钮，则绕组通电顺序为 C-B-A。

(15)三板/六板控制琴键开关，三拍时，每板只有一个绕组通电，六拍时，一个绕组，两个绕组轮流通电，即通电顺序为 A-AB-B-BC-C-CA 或 A-AC-C-CB-B-BA。

(16)电流调节电位置，通过调节此旋钮，可改变流过步进电机控制绕组的电流大小。

(17)启动/停止控制琴键开关，当按下此开关，且控制方式处于连续或置板时，电机开始运行。

(18)频率调节电位器，当改变此旋钮时，可改变电脉冲的频率，从而改变电机的转速。

(19)单步运行按钮开关，每按下一次，电机单步运行一拍。

(20)置数拨盘开关，通过设置此开关，可对电机的运行预置拍数，范围为 1～999。

(21)置数显示数码管，当电机处于置数状态运行时，数码管可动态显示电机的运行拍数，直至达到拔码盘预置的运行拍数。

3. 驱动电源原理框图

框图如图 1-19。

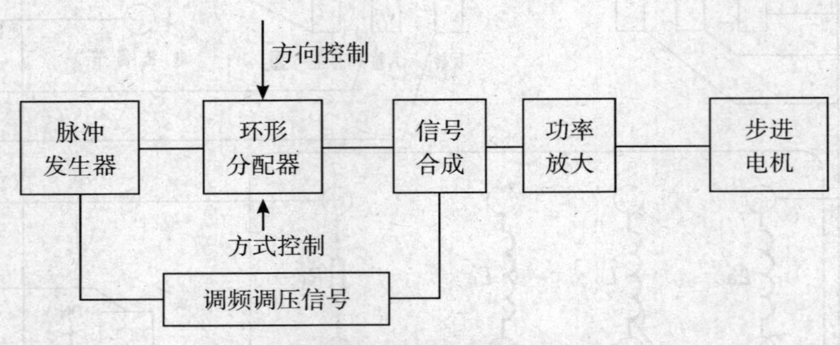

图 1-19 步进电机驱动系统原理框图

4. 使用说明

开启电源控制船形开关，驱动系统处于通电状态，脉冲频率显示数码管显示当前的电脉冲频率，计数显示数码管则显示“000”，按一下复位按钮，电机处于初始状态，可根据需要进行进一步操作。

操作示例：

(1)单步操作运行：“单步”运行控制琴键开关按下，每按一下“单步”运行按钮，电机完成一拍，若连续按钮，则由三只发光二极管组成的绕组通电状态指示器 A、B、C 将依次循环发亮，以示电脉冲的分配规律。

(2)连续运行：分别按下“连续”运行控制、“正转/反转”、“三拍/六拍”控制琴键开关，以确定步进电机当前所需的运行方式。最后按下“启动/停止”开关，即可实现电机的连续运行。

(3)置数运行：分别按下“置数”、“正转/反转”、“三拍/六拍”控制琴键开关，再由置数拔码预置拍数，最后按下“启动”开关。

(4)步进电机转速的调节与电脉冲频率显示。

改变面板上“调频”电位器旋钮，即可改变电脉冲的频率，从而改变步进电机的转速。同时，由频率计显示，电脉冲的频率。

(5)脉冲波形的观察。

分别将 CP 及 A、B、C 各观察点接到示波器输入端，即可观察到相应的脉冲波形。

5. 步进电动机技术数据

相数：三相

每相绕组电阻：0.45 Ω

每相静态电流：3 A

直流励磁电压：24 V

(十一)旋转变压器

旋转变压器是一种输出电压随转子转角变化的信号元件。当激磁绕组以一定频率的交流电激励时，输出绕组的电压与转角的正弦、余弦成函数关系，或在一定范围内可能成线性关系。它广泛用于自动控制系统中的三角运算、传输角度数据等，也可以作为移相器用。

1. 使用说明

旋转变压器实验装置由旋转变压器中频电源和旋转变压器实验仪两部分组成。

(1)旋转变压器技术指标

型号：36XZ20-5

电压比：0.56

电压：60 V

频率：400 Hz

激励方：定子

空载阻抗：2 000 Ω

绝缘电阻：≥100 MΩ

精度：1 级

(2)刻度盘

a. 本装置将旋转变压器转轴与刻度盘固紧连接，使用时旋转刻度盘手柄即可完成转轴旋转。

b. 刻度盘上的分尺有 20 小格刻度线，每小格为 $3'$，转角按游标尺读数。

c. 将固紧滚花螺母拧松后，便可轻松旋转刻度盘(不允许用力向外接，以防轴头变形)。需固定刻度盘时，可旋紧滚花螺母。

(3)接线柱

本装置将旋转变压的引线端与接线柱一一对应连接，使用时根据实验接线图用手枪插头(或鳄鱼夹)，将接线柱连接即可完成实验要求。

2. 中频电源

波形：正弦波

频率：400 Hz±5 Hz

电压：0～70 V

失真度：1%

负载：36XZ20-5 旋转变压器

(十二) 自整角机

自整角机是一种对角位移或角速度的偏差有自整步能力的控制电机，他广泛用于显示装置和随动系统中，使机械上互不相连的两根或多根转轴能自动保持相同的转角变化或同步旋转，在系统中通常是两台或多台自整角机组合使用。产生信号的一方称发送机，接收信号的一方称为接收机。

1. 使用说明

自整角机技术参数

发送机型号 BD-404A-2

接收机型号 BS-404A

激磁电压　20 V±5%

激磁电流　0.2 A

次级电压　49 V

频率　50 Hz

2. 发送机的刻度盘及接收机的指针调准在特定位置的方法

旋松电机轴头螺母，拧紧电机后轴头，旋转刻度盘(或手拨指针圆盘)至某要求的刻度值位置，保持该电机转轴位置并旋紧轴头螺母。

3. 接线柱的使用方法

本装置将自整角机的五个输出端分别与接线柱对应相连，激磁绕组用 L_1、L_2(L_1'、L_2')表示；次级绕组用 T_1、T_2、T_3(T_1'、T_2'、T_3')表示。使用时根据实验接线图要求用手枪插头线分别将接线连接，即可完成实验要求。(注：电源线、连接导线出厂配套)。

4. 发送机的刻度盘上边和接收机的指针两端均有 20 小格的刻度线，每一小格为 $3'$，转角按游标尺方法读数。

5. 接收机的指针圆盘直径为 4 cm，测量静态步转矩＝砝码重力×圆盘半径＝砝码重力×2 cm。

6. 将固紧滚花螺钉拧松后，便可用手柄轻巧旋转发送机的刻度盘(不允许用力向外接，以防轴头变形)。如需固定刻度盘在某刻度值位置不动，可用手旋紧滚花螺钉。

7. 需吊砝码实验时，将串有砝码勾的线端的指针小圆盘的小孔上，将线绕过小圆盘上边凹槽，在砝码即可。

8. 每套自整角机实验装置中的发送机、接收机均应配套，按同一编号配套。

9. 自整角机变压器用力矩式自整角接收机代用。

10. 需要测试激磁绕组的信号，在该部件的电源插座上插上。

(十三)操作步骤

1. 上电步骤

(1)合上漏电保护器。

(2)把日光灯开关打向照明，看到日光灯会被点亮。

(3)把总电源开关打向“开”的位置，断开指示灯亮。控制屏上所有单相电源插座有交流 220 V 电压输出，把“指示选择”开关打向电网电压侧，则三只指针表应有 380 V 电压指示。这时，若将同步电机励磁电源的电源开关打向 ON 处，侧此设备工作指示灯亮，电流输出显示为 0；若将三相交流电压表、三相交流电流表的电源开关打向 ON 处，若打开主控屏上所挂挂箱的电源，上面的表头在漏电的情况下会有显示或指示。

(4)将三相调压器旋钮左旋到底，按下闭合按钮，听到继电器吸合声，断开按钮指示灯在，闭合按钮指示灯亮，将直流电机励磁电源和可调直流稳压电源的电源开关打向 ON 处，则直流电机励磁电源有 220～230 V 的直流电压输出。可调直流稳压电源告警灯亮，若按下复位按钮，则电压输出显示有电压指示，当调节电压调节旋钮，则会有 90～250 V 的直流电压输出。

(5)将“指示选择”开关拨向调压输出侧，顺时针调节调压器旋钮，则三只指针表将会有相同幅值的电压输出，用万用表测量，U、V、W、N 将会有相电压显示。

(6)若需做实验，可按实验指导书上所要求来做。

2. 断电步骤

(1)按下断开按钮，断开指示灯亮，将所有实验挂箱及仪表电源开关打向 OFF 处，关闭日光灯。

(2)把钥匙开关打向关的位置。

(3)断电漏电保护器。

三、实验的基本要求

电机与拖动实验课的目的在于培养学生掌握基本的实验方法与操作技能。培养学生学会根据实验目的，实验内容及实验设备拟定实验线路，选择所需仪表，确定实验步骤，利用计算机测取所需数据，进行分析研究，得出必要结论，从而完成实验报告。在整个实验过程中，必须集中精力，及时认真做好实验。现按实验过程提出下列基本要求。

1. 实验前的准备

实验前应复习教科书有关章节，认真预习实验指导书，了解实验目的、内容、方法与步骤，明确实验过程中应注意的问题(有些内容可到实验室对照实验预习，如熟悉组件的编号，使用及其规定值等)，并按照实验项目准备，并要熟悉实验中用到的实验软件等。

实验前应写好预习报告，认真作好实验前的准备工作，这对于培养同学独立工作能力，提高实验质量和保护实验设备都是很重要的。

2. 实验的进行

(1)建立小组，合理分工

每次实验都以小组为单位进行，每组由 2～3 人组成，实验进行中的接线、调节负载、保持电压或电流、采集数据等工作每人应有明确的分工，以保证实验操作协调，采样数据准确可靠。

(2)选择组件和仪表

实验前先熟悉该次实验所用的组件，记录电机铭牌和选择仪表量程，然后依次排列组件和仪表便于连接电路。

(3)按图接线

根据实验线路图及所选组件、仪表、按图接线，线路力求简单明了，接线原则是先接串联主回路，再接并联支路。为查找线路方便，每路可用相同颜色的导线或插头。

(4)打开计算机，并登录要选做的实验

打开计算机及实验管理软件，按组别或个人注册登录。并选好要做的实验并选好要采样的仪表。

(5)起动电机，观察仪表

在正式实验开始之前，按一定规范起动电机，观察所有仪表是否正常(如指针正、反向是否超满量程等)。如果出现异常，应立即切断电源，并排除故障；如果一切正常，即可正式开始实验。

(6)测取数据

预习时对电机的试验方法及所测数据的大小做到心中有数。正式实验时，根据实验步骤逐次测取数据。

(7)认真负责，实验有始有终

实验完毕，须将所测数据通过计算机提交给指导教师审阅。经指导教师认可后，才允许拆线并把实验所用的组件、导线及仪器等物品整理好。

3. 实验报告

实验报告是根据实测数据和在实验中观察和发现的问题，经过自己分析研究或分析讨论后写出的心得体会。

实验报告要简明扼要、图表整洁、结论明确。

1—2 实验安全操作规程

为了按时完成电机与拖动的实验，确保实验时人身安全与设备安全，要严格遵守如下规定的安全操作规程：

1. 实验时，人体严禁接触电路中不绝缘的金属导线和带电连接点。万一遇到触电事故，应立即切断电源，保证人身安全。

2. 接线或拆线都必须在切断电源的情况下进行(包括安全电压)，并且实行牵手操作。

3. 学生独立完成接线或改接线路后必须经指导教师检查和允许，并使组内其他同学引起注意后方可接通电源。实验中，特别是设备刚投入运行时，要随时注意仪器设备的运行情况，如发现有超量程、过热、异味、冒烟、火花等，应立即切断电源，并请指导老师检查，经查清问题和妥善处理故障后，才能继续进行实验。

4. 电机如直接起动则应先检查功率表及电流表的电流量程是否符合要求，有否短路回路存在，以免损坏仪表或电源。如发现烧坏保险丝，可用同规格保险丝替换，不能过大或过小。

5. 总电源或实验台控制屏上的电源接通应由实验指导人员来控制，其他人只能由指导人员允许后方可操作，不得自行合闸。实验时应精力集中，同组者必须密切配合，接通电源前必须通知同组同学，以防止触电事故。

1—3 电机实验网络管理系统使用说明

一、DDSZ-1 网络电机教学实验台

本软件可以辅助学生更好地完成实验，完成对学生在实验过程中所生成的实验数据的管理，辅助指导教师可以更好的指导实验教学。学生通过局域网络提交实验过程中实验结果，指导老师完成对系统自动生成的实验报告进行显示，打印和批改等操作，指导老师可以利用网络对学生进行网上实验教学。指导老师负责在实验开始前选择实验，在实验过程中对学生提交的实验数据进行审核，对学生所得到的实验数据的合理性做出判断，以便决定学生该次实验是否成功，不成功者可要求其重做，实验结束后，对学生本次实验进行评分，在学期结束后对整个学期的所有实验进行综合评分，并生成每个班级的学生成绩表。学生在实验指导老师选择实验后登录，实验进程按照实验指导书所述的过程进行。实验中产生的实验数据分为两部分，由实验平台中的智能仪表产生的实验数据由单片机通过通信接口存入信息库中，学生不得对其进行修改，经分析和计算得出实验数据则由学生通过本软件录入，实验报告由实验目的、实验原理、设备、实验内容、实验数据、实验结果图形和实验答题等组成。

(一)操作功能简介

学生登录以后，学生选择实验指导老师指定的实验开始做实验，实验进程按照实验指导书所述的过程进行。如果学生做实验前要预习该实验可以先登录在线实验教学网，在网上我们提供了所有常规实验的实验预习。实验中产生的实验数据分为两部分，由实验平台中的测量仪表所产生的实验数据学生不得对其进行修改，实验的计算和分析所得到的数据则由学生通过本软件录入，实验报告是由实验目的、实验原理、实验设备、实验数据、实验问答题所组成。学生可以进行下述操作：(1)选择实验；(2)实验操作；(3)历次成绩查询；(4)实验结果查询；(5)实验报告建立；(6)口令修改；(7)使用实用工具。学生在实验过程中，随时都可以使用各种实用工具：(1)在线实验教学；(2)画图工具；(3)科学计算器。主程序界面如下：

1. 功能按钮介绍

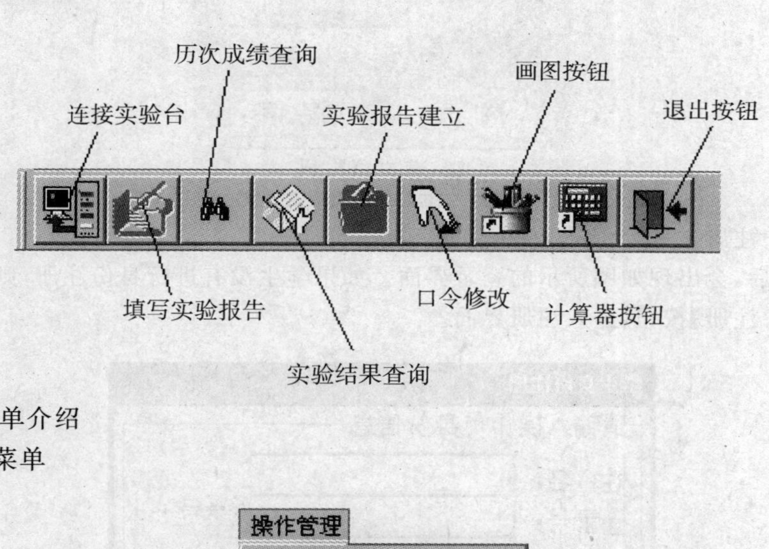

2. 功能菜单介绍

操作管理菜单

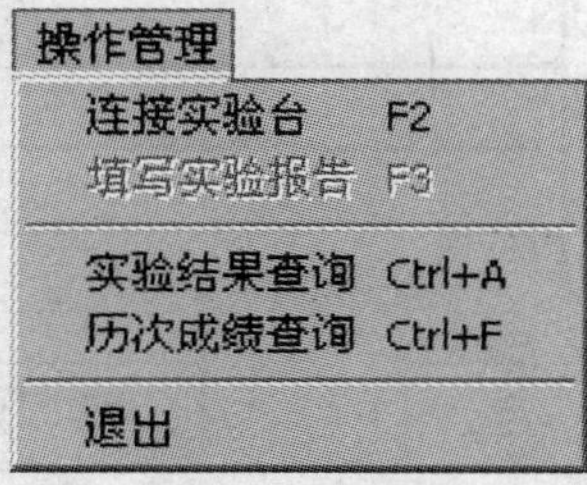

档案管理菜单

档案管理
实验报告建立　Ctrl+B

系统设置菜单

系统设置
口令修改　Ctrl+K

工具菜单

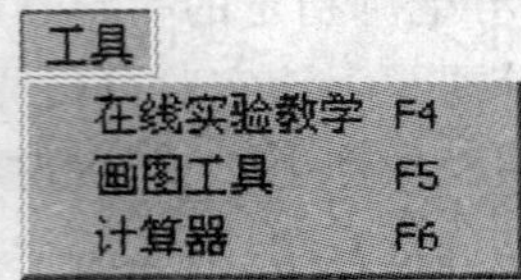

帮助菜单

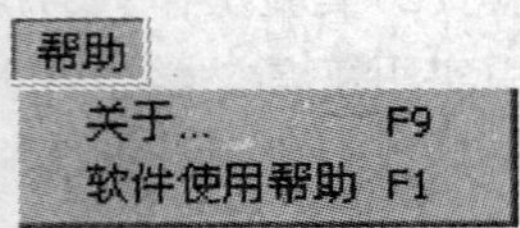

3. 进入程序

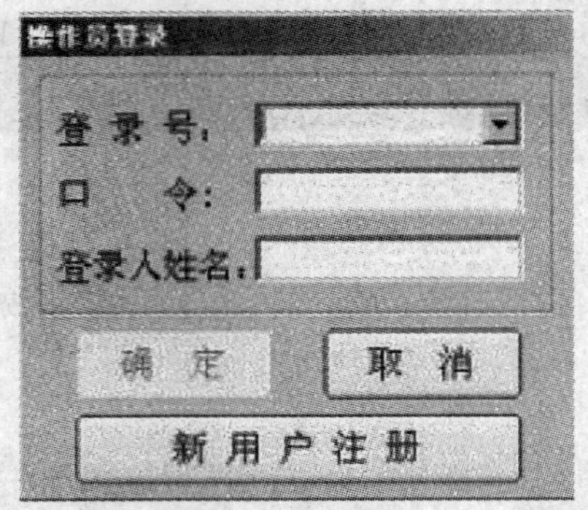

(1)新用户注册

启动程序后,会出现如图所示的登录界面。如果学生没有进行身份注册,则可以在此界面上点击【新用户注册】按钮,进入注册界面。

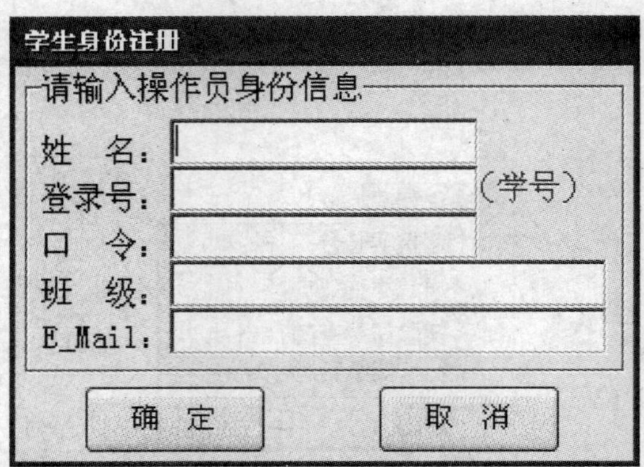

在此界面中,学生输入自己的身份信息,点击【确定】按钮,如果数据库中没有相同的登录号,则会出现注册成功的提示。

(2)登录程序

身份注册成功后,返回如上图所示的登录界面。在此界面中操作员输入自己的登录号和口令后,点击【确定】按钮进入主程序界面。

(3)连接实验台,选择实验

登录主界面以后,选择菜单【操作管理】/【连接实验台】,出现登录实验台界面。

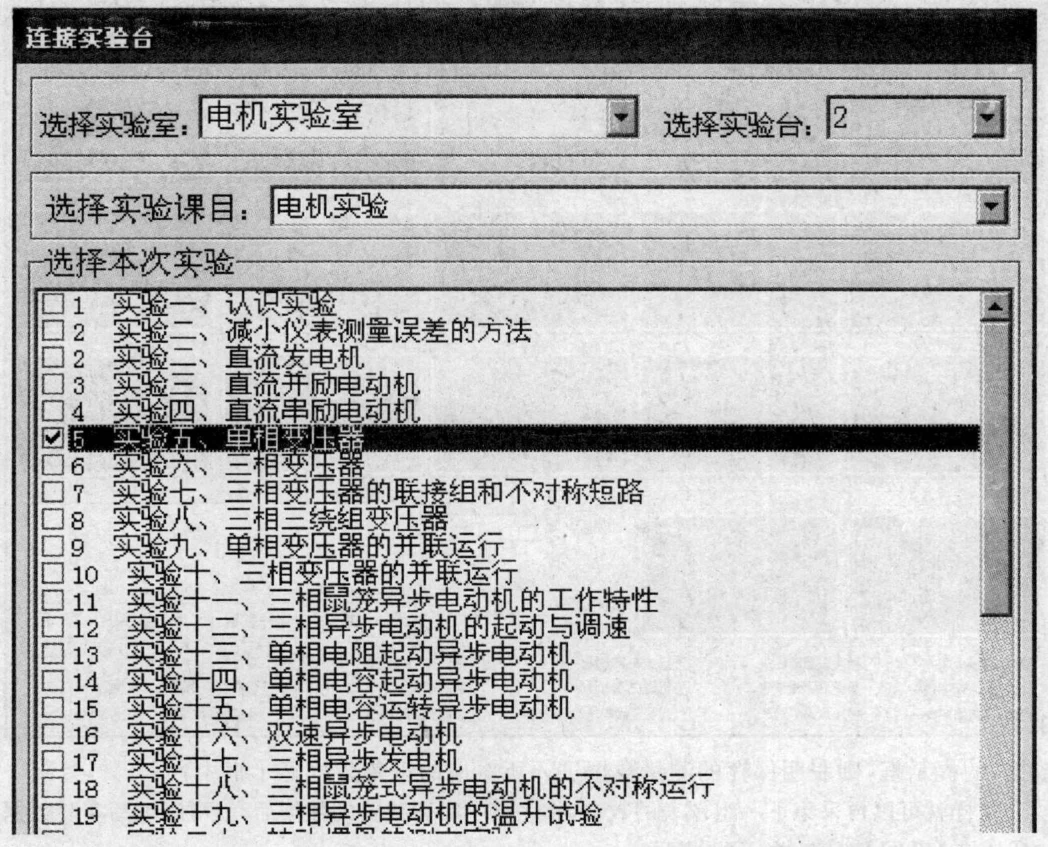

在〖选择实验室〗的下拉框中选择相应的实验室名称，在〖选择实验台〗的下拉框中选择相应 的实验台号。

在〖选择实验课目〗的下拉框中选择相应的实验课目。特殊学生建立的特殊实验，在〖选择实 验课目〗的下拉框中会出现“特殊实验”名称。选择实验课目，〖选择本次实验〗。实验选择成功后，按【确定】按钮，连接实验台界面关闭，菜单中【操作管理】【填写实验报告】变为有效。若是联网型的实验台，会出现与实验台连接成功！提示框，表明与实验台成功建立通信连接。

按【取消】按钮，则返回主界面。

(4)实验操作

点击菜单【操作管理】/【填写实验报告】，进入实验填写数据界面

电机实验台仪表实时数据显示界面

在下图界面上，点击【采集仪表实时数据】，进入电机实验台仪表实时数据显示界面。

界面分为三个部分：仪表数据显示框，通讯信息显示框和基本操作框。仪表数据显示框：主要用于显示实验平台仪器仪表上的实时数据，分指针式和数字式两种显示方式，可以用【显示切换】按钮来切换。通讯信息显示框：主要显示上位机和下位机的通讯记录。基本操作介绍：

①学生在实验电路搭好以后，选择要采集的仪表。点击【采集数据】按钮，则计算机开始采集相应仪表的数据，所有的按钮都变灰色。在通讯消息显示框中可以看到上位机和下位机的通讯信息。仪表数据采集成功后，所有按钮都可以使用；

②数据采集结束后，若需要保存所采集的仪表数据，按【保存数据】按钮，出现“成功保存一

组数据”的提示框，则表明保存的测量数据进入所对应的采集数据显示框中；

③这样就可以再采集下一组仪表的数据，作完整个实验线路的数据后，就可以填写实验数据；

④点击【返回】按钮，关闭此界面。

(5)填写表格数据

在仪器仪表界面上点击【保存数据】按钮后，仪器仪表的数据保存在存储数据选择框中。注意：仪表采集到数据只是保存在内存中，若退出程序，则所有数据都会丢失。

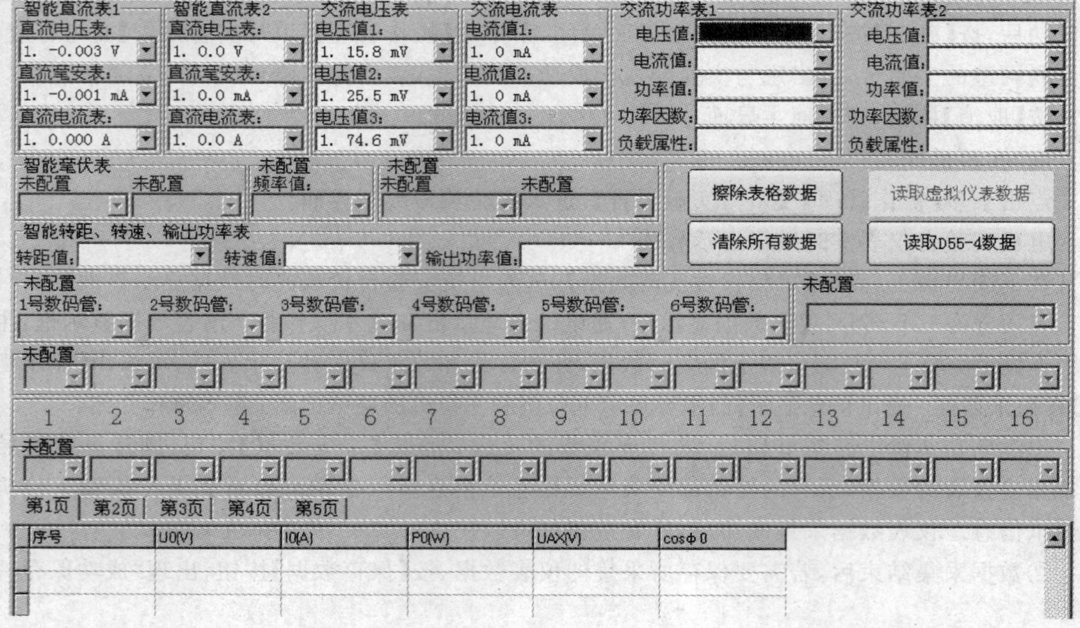

填写数据介绍：

①在存储数据选择框中，点击相应仪表的数据下拉框，会出现所保存的仪表测量数据。

②鼠标点击相应的数据后，移向所要填写的实验表格处。

③点击鼠标后，仪表的测量数据就进入实验表格中。（注：实验表格中，单元格是黄色的，表示是仪表的测量数据填写单元。若单元格是白色的，则表示要填 写实验中经计算和分析所得到的数据，这由学生手动通过键盘输入。）

④若要擦除实验表格中的测量数据，点击【擦除表格数据】按钮，再把鼠标移向所要擦 除数据的实验表格，点击鼠标后，表格中的数据自动擦除。

点击【清除所有数据】按钮，清除所有采集到的仪表数据。

(6)查看实验测量曲线

实验测量结束以后，学生可以对实验数据可以进行曲线分析。点击【查看实验测量曲线】就会 弹出一个数据输入框，只要把数据输入就可以得到相应的曲线。注意：输数据时一 定要按顺序输，中间绝对不能有空缺的数据项。如果数据输完以后最后一个数据底色是白色，你一定要按“TAB”键，否则系统会认为此数据为空，将会出错得不到曲线。

在〖图形标题〗中输入实验曲线的名称后，按【确定】按钮，进入显示曲线界面。按【返回】按钮，则此界面自动缩回。

(7)填写图表题

学生在前面得到的实验图形后，点击【填写图表题】按钮，

(8)填写主观题

点击【填写主观题】按钮，进入填写主观题界面．在此界面中，学生根据问题，在相应的问题下的空白框写入答案，填写完毕后，按【提交】按钮，即可保存。点击【返回】按钮退出此界面。

(9)提交实验报告

学生在完成整个实验后，如果认为没有错误，点击【提交】按钮，即可向服务器发送整个实验 报告的数据。

4. 历次成绩查询

点击菜单【操作管理】/【历次成绩查询】。进入历次成绩查询界面。学生〖选择实验类别号〗的下拉框中选择相对应的实验类别号，点击【查询】按钮，就可以查询到 学生自己历次实验理论成绩和操作成绩。

5. 实验结果查询

点击菜单【操作管理】/【实验结果查询】。学生〖选择实验类别号〗的下拉框中选择相对应的实验类别号，点击【查询】按钮，就可以查询到学生自己历次实验的故障次数、重做次数、开始时间、终止时间和实验日期。

6. 口令修改

点击菜单【系统设置】/【口令修改】或按按钮就可以进入口令修改界面，如图 1-20 所示。在此界面首先输入旧的口令，然后输入新的口令，确认以后，按【确定】进行修改，将原来的口令修改为新的口令。按【取消】返回主界面。

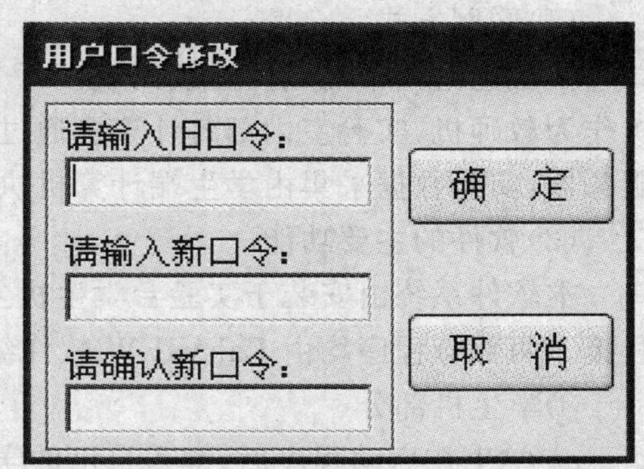

图 1-20　口令修改

7. 实用工具

学生在实验过程中随时可以使用各种实用工具，其中包括：在线实验教学、实用画图工具、科学计算器等，具体使用详见相应工具的帮助。

8. 退出系统

点击按钮或点击菜单【操作管理】/【退出】就可以退出系统。

*二、MMEL-1A 网络型电机实验台介绍

1. 关于虚拟仪器的介绍

所谓虚拟仪器，就是在通用计算机平台上，用户根据自己的需求定义和设计仪器的测试功能，其实质是将传统仪器的硬件和最新的计算机软件技术充分结合起来，以实现并扩展传统仪器的功能。与传统仪器相比，虚拟仪器在智能化程度、处理能力、性能价格比、可操作性等方面均有明显的技术优势。

2. 数据采集卡功能介绍

WAVE-d 是一种小巧，轻便的数据采集卡。

基本功能：

* 清晰、准确、可靠、极高的性价比、完全符合传统操作习惯的数字存储示波器。
* 独立双通道 16 bit 分辨率，1 Msps 实时采样。
* 8 路 12 bit 分辨率，200 Ksps 实时采样。
* 电压档位 V/DIV 5 V～25 mV 8 档可调。
* 频率 T/DIV 2 S-5 uS18 档可调。
* 数字显示幅值和频率。
* 光标跟踪定位和测量。
* 波形数据的存储。
* USB 2.0 通讯接口，完全符合 USB 2.0 协议规范，可实现 480 M 比特/秒的高速数据传输。
* 2 路 12 bit D/A 输出。−10 V～10 V 标准信号。
* 8 路 TTL 输入。
* 8 路 TTL 输出。
* 14 路 RS232 串口。
* 3 路程控接口。程控电机加载、励磁控制、直流可调电源控制、转速转矩控制等功能。

3. 软件部分

(1)联网方式

实验室由一个局域网连接而成。每个实验台均配备一台计算机，实验室再配备一台计算机作为教师机，实验室内部各计算机通过集线器构建星型局域网(见图* 1-21)，由教师机担任服务器，实验数据采集由学生端计算机执行。

(2)软件的主要功能

本软件系统由安装于实验台学生机上的实验软件和教师机上的管理软件组成通过局域网联接。两部分程序均由 LabVIEW 软件编制。

①学生机部分

a. 学生在启动程序后，键入自己的学号，系统即在教师机数据库中找出该学生的姓名(如图* 1-22 所示)，经过学生确认后，学生选择所要做的相应实验，即进入正常的实验界面。

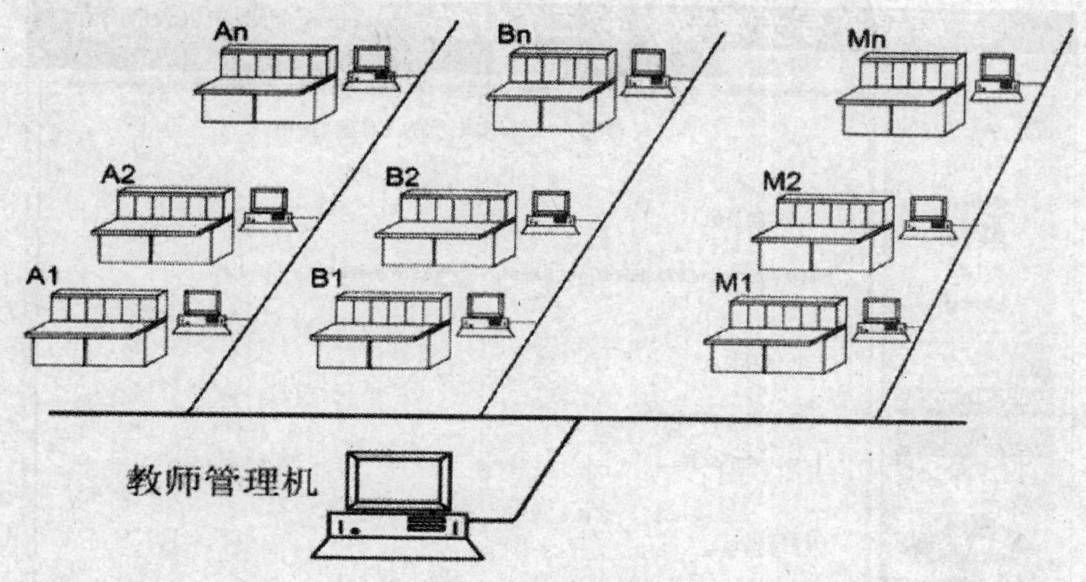

图* 1-21　实验室网络布局示意图

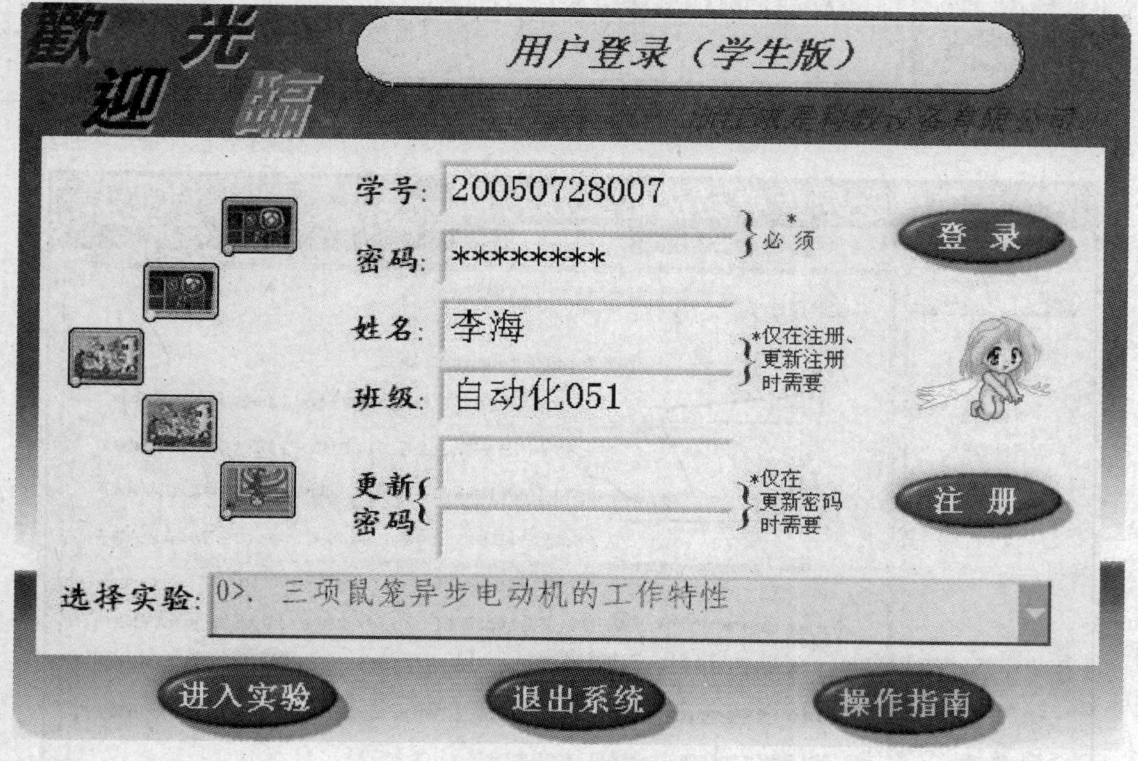

图* 1-22　学生登录界面

b. 在实验界面中，学生可以看到实验的原理说明，实验须知，实验内容和一些相关的技术文档（如图* 1-23，* 1-24 所示）。

c. 在实验过程中，实验的主界面显示实验的过程和必要的数据处理，学生机可以对实验

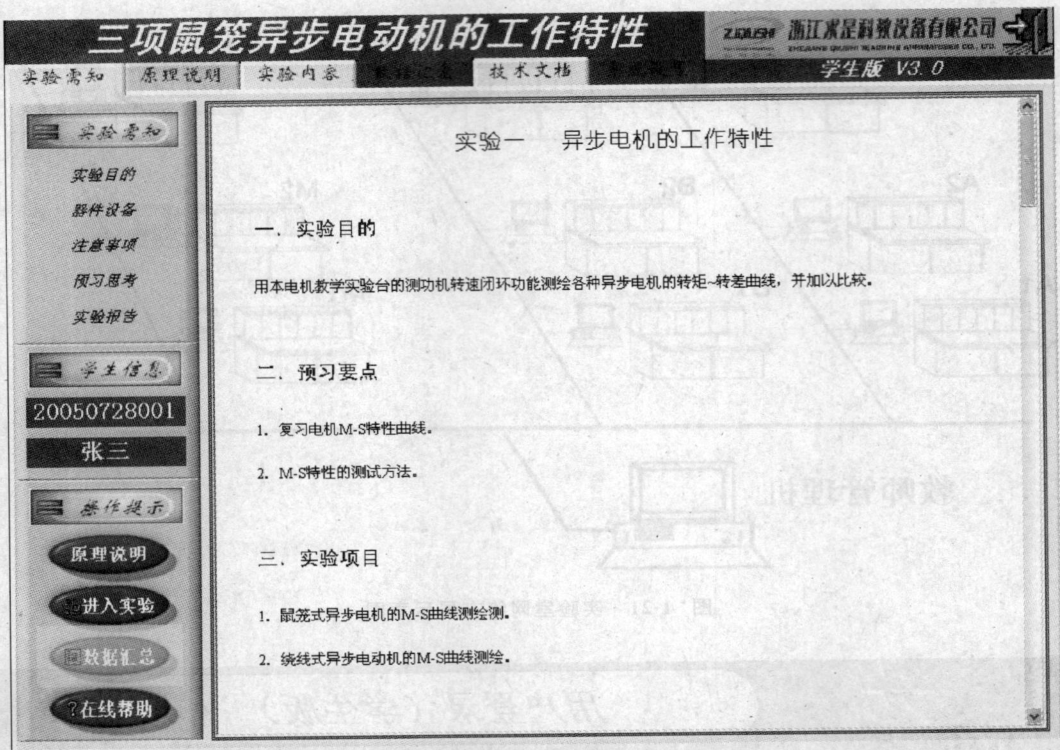

图 1-23 实验须知

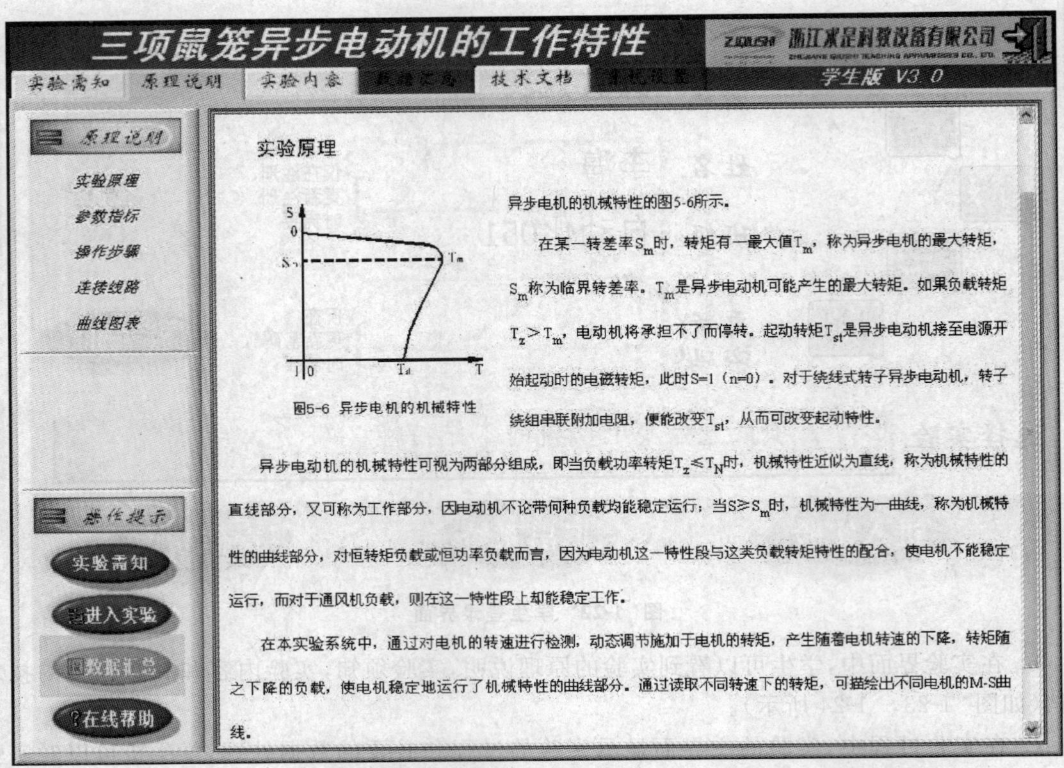

图 1-24 原理说明

台所有表头进行实时采集和数据填写。

d. 学生在实验中生成的实验数据实时通过局域网向教师机发送并保存在教师机的数据库中。

e. 实验方式：实验有手动、程控和全自动 3 种方式供实验者选择（如图* 1-25 所示）。

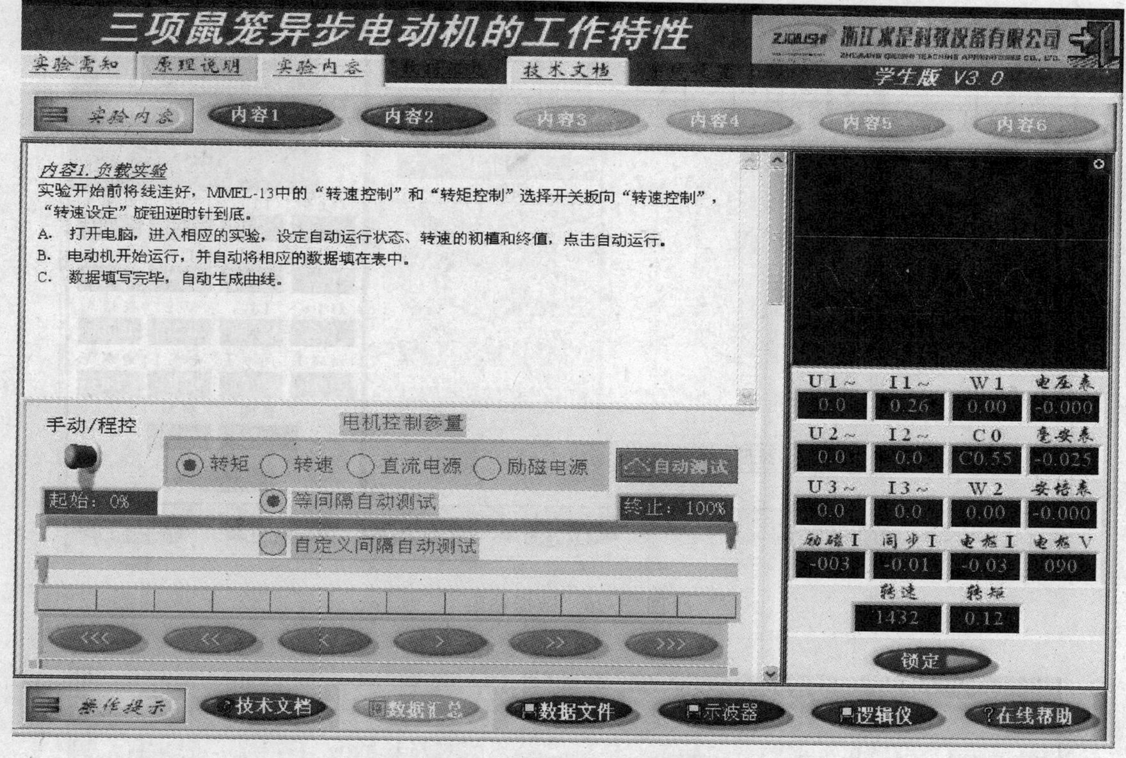

图* 1-25　上位机程控

f. 实验中所有直接测量的数据必须通过自动或手工粘贴的方式填入（如图* 1-26 所示），不允许学生用键盘输入和编辑。

g. 根据实验数据自动生成曲线（如图* 1-27 所示）。

h. 可以存储多路波形（如图* 1-28 所示），波形数据存储在数据库中。

i. 数字存储示波器功能：独立双通道 16 bit 分辨率，1 Msps 实时采样；数字显示双通道信号的频率峰峰值、有效值和平均值；光标跟踪定位和测量周期频率和幅值（如图* 1-29 所示）。

j. 具备完善的实验帮助指导功能，学生实验过程中可以随时查看帮助文件（如图* 1-30 所示）。

②教师机部分

a. 教师登录（如图* 1-31 所示），教师输入姓名和密码即可登录。

b. 教师总监控（如图* 1-32 所示），教师可以通过总监控界面看到学生机的开机和登录情况。双击学生机台号的圆形图标即可进入监视本学生机的状态。

c. 教师机可以对所有学生机实验的全过程进行动态监视，完成对整个实验台所有仪表的实时采集，随时掌握学生的实验情况。

d. 教师检索功能：学生实验后数据存储在教师机的服务器中，教师可以对学生的数据

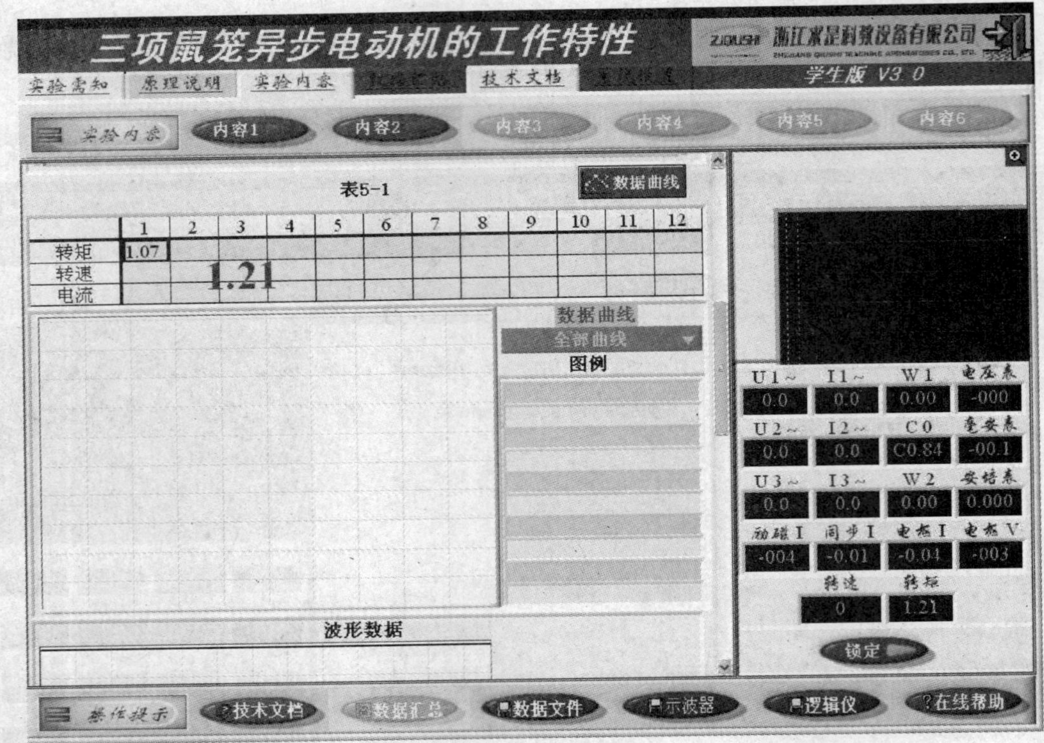

图 1-26　数据粘贴

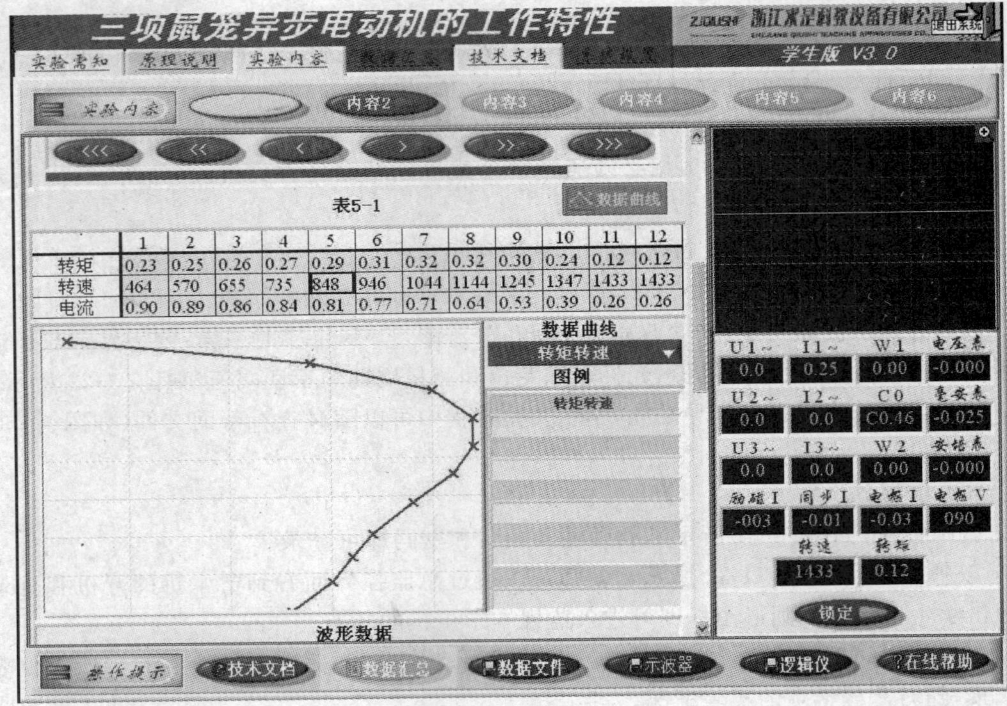

图 1-27　自动生成曲线

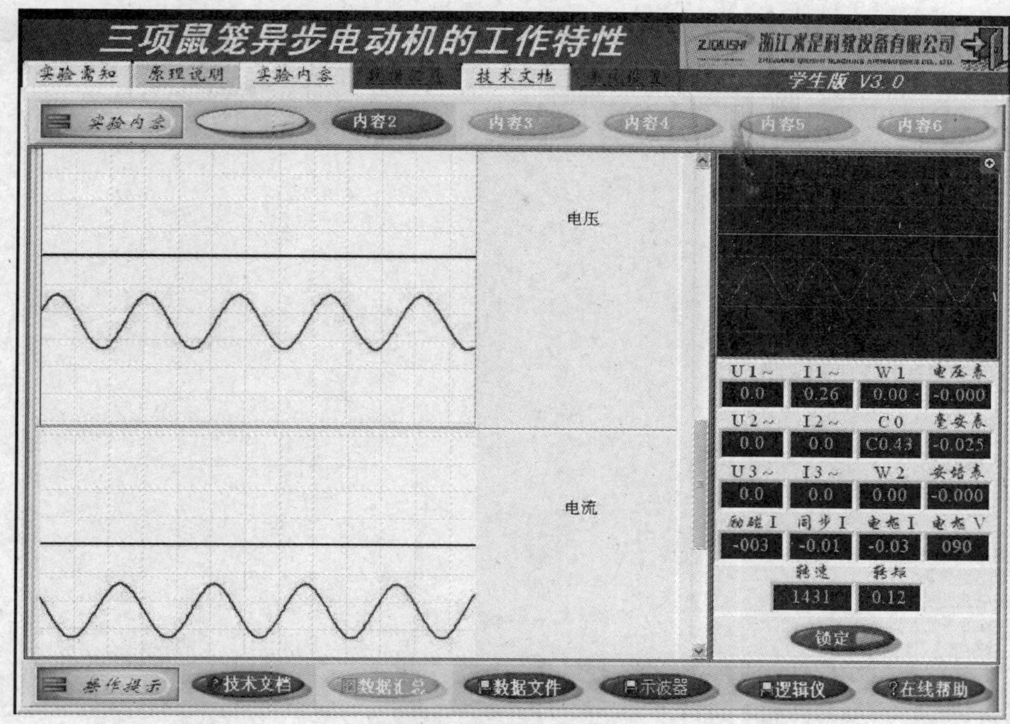

图* 1-28　多路波形存储

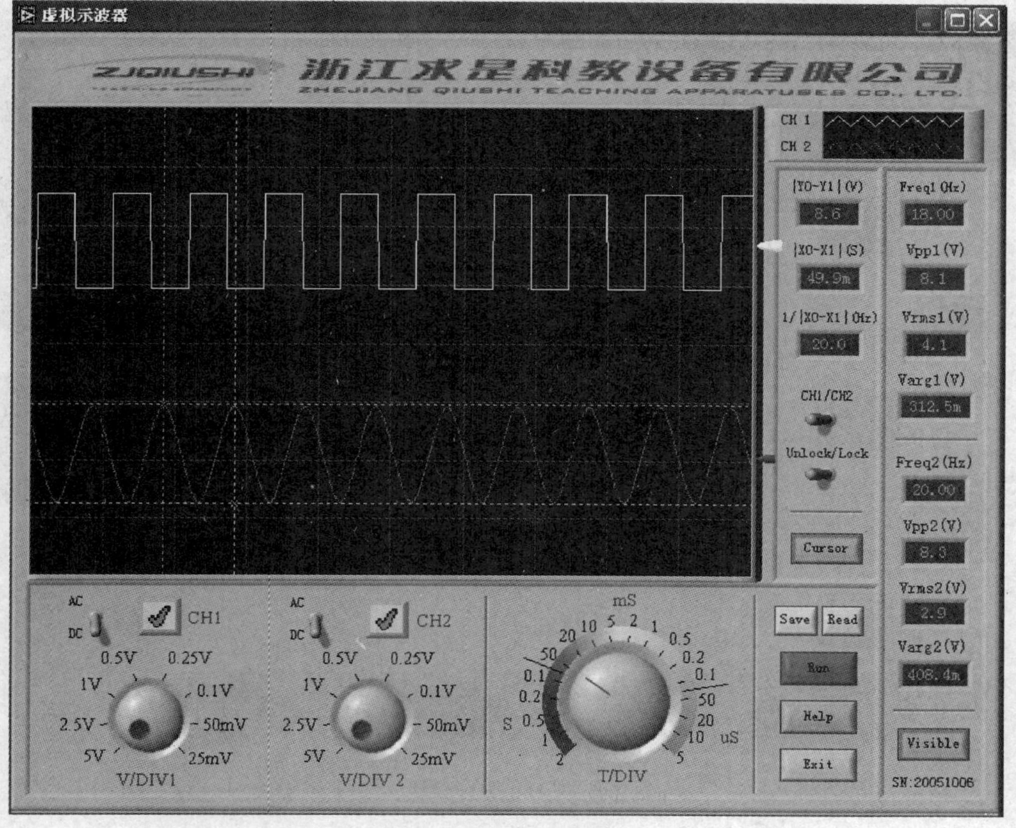

图* 1-29　示波器界面

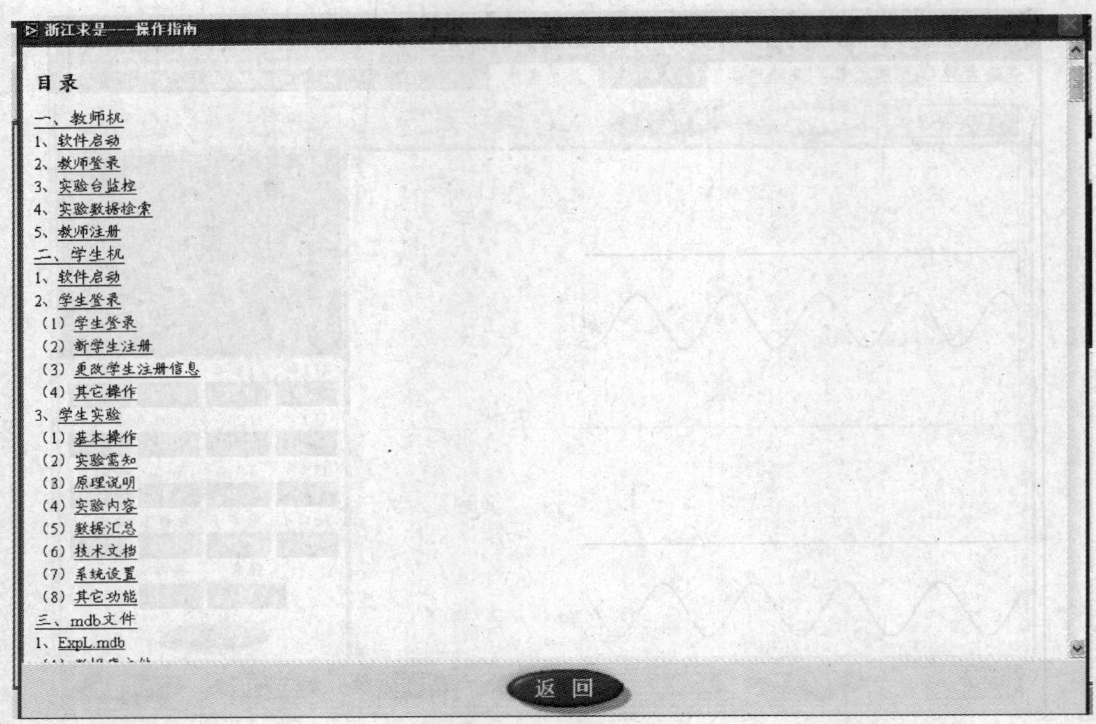

图 1-30 在线帮助

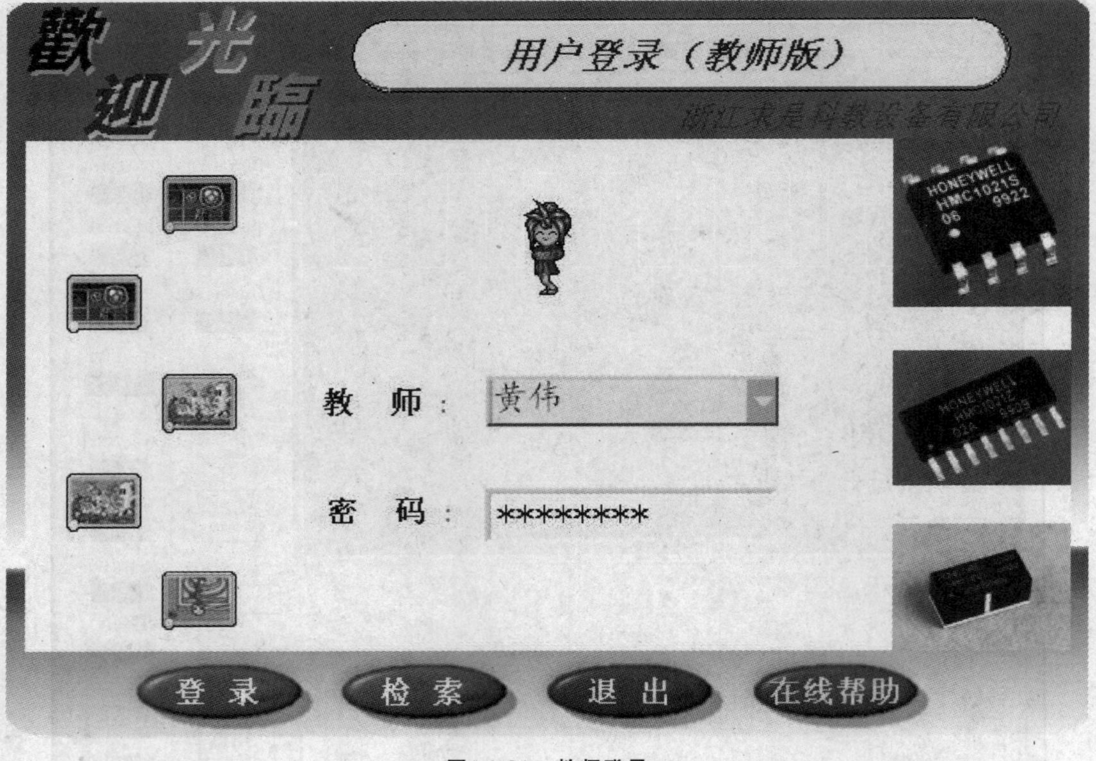

图 1-31 教师登录

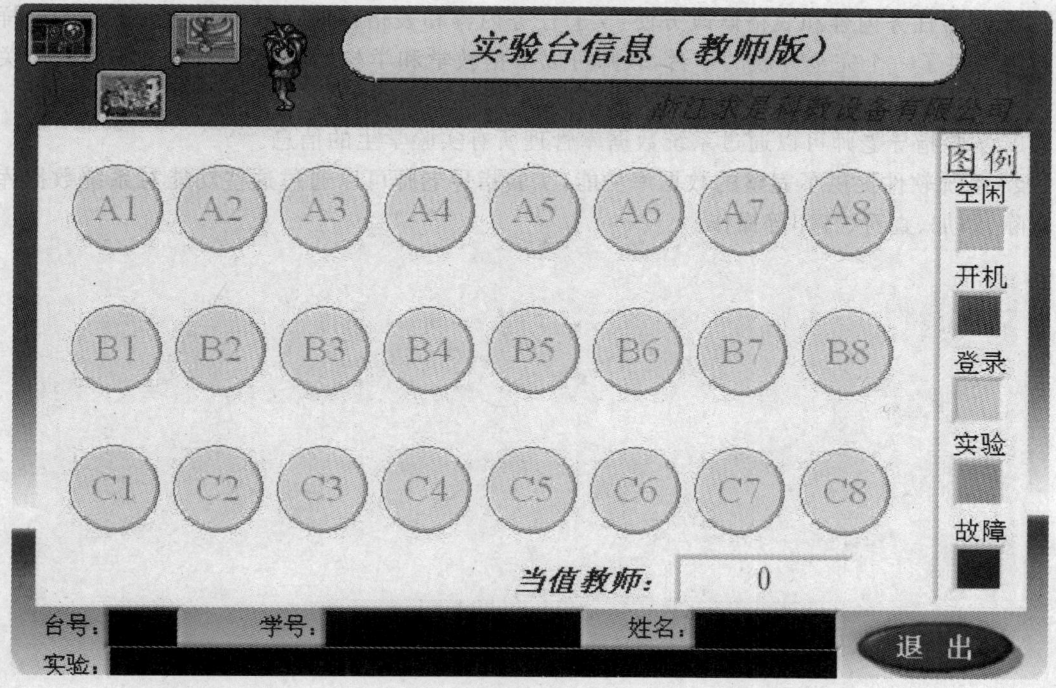

图* 1-32　教师总监控界面

进行检索和管理（如图* 1-33 所示）。

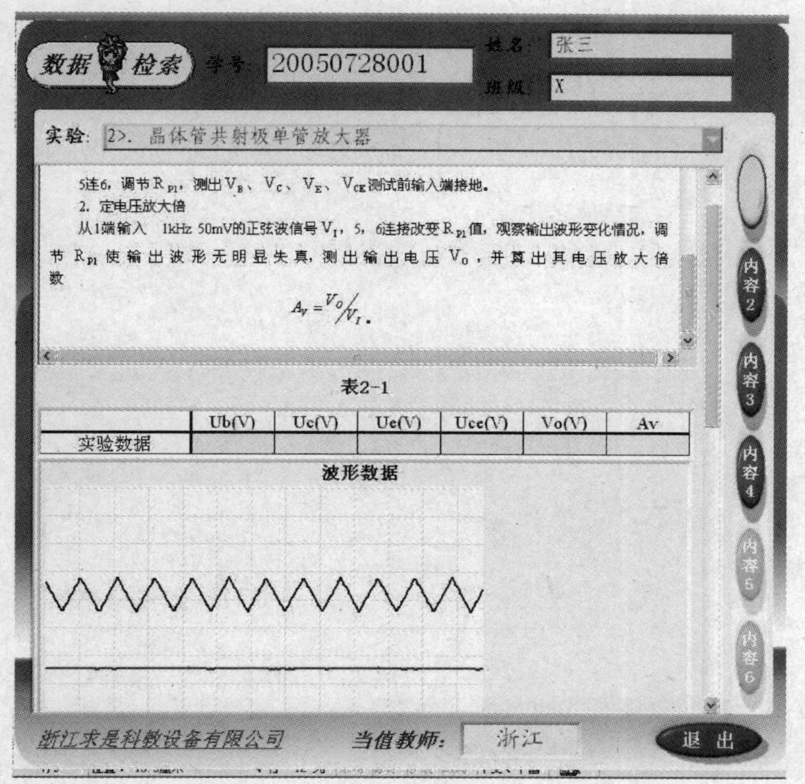

图* 1-33　教师检索

e. 实验任务内容和表格修改方便:实验任务内容和表格存储在教师机的数据库中这样就为教师提供了一个完全开放的平台,教师可以根据教学和学校的具体情况更改实验的相关内容。

f. 实验指导老师可以通过系统数据库管理所有实验学生的信息。

g. 系统软件提供了完整的数据库功能,实验指导老师可以通过这些功能对系统数据库进行删除、添加、查看、打印等操作。

第二章　直流电机实验

2—1　认识实验

一、实验目的

1. 学习电机实验的基本要求与安全操作注意事项。

2. 认识在直流电机实验中所用的电机、仪表、变阻器等组件及使用方法。

3. 熟悉他励电动机(即并励电动机按他励方式)的接线、起动、改变电机转向与调速的方法。

二、预习要点

1. 如何正确选择使用仪器仪表。特别是电压表电流表的量程选择。

2. 直流电动机起动时,为什么在电枢回路中需要串接起动变阻器?不串接将会产生什么严重后果?

3. 直流电动机起动时,励磁回路串接的磁场变阻器应调至什么位置?为什么?若励磁回路断开造成失磁时,会产生什么严重后果?

4. 直流电动机调速及改变转向的方法。

三、注意事项

1. 直流他励电动机起动时,须将励磁回路串联的电阻 R_{f1} 调至最小,先接通励磁电源,使励磁电流最大,同时必须将电枢串联起动电阻 R_1 调至最大,然后方可接通电枢电源。使电动机正常起动。起动后,将起动电阻 R_1 调至零,使电机正常工作。

2. 直流他励电动机停机时,必须先切断电枢电源,然后断开励磁电源。同时必须将电枢串联的起动电阻 R_1 调回到最大值,励磁回路串联的电阻 R_{f1} 调回到最小值。给下次起动做好准备。

3. 测量前注意仪表的量程、极性及其接法,是否符合要求。

四、实验设备及挂件排列

1. 实验设备

序 号	DDSZ-1	MEL-I	名 称	数 量
1	DJ23	G	校正直流(涡流)测功机	1台
2	DJ15	M03	直流并励电动机	1台
3	D31	MEL-06	直流电压、毫安、安培表	2件
4	D42		三相可调电阻器	1件
5	D44		可调电阻器、电容器	1件
6	D51		波形测试及开关板	1件
7	D41		三相可调电阻器	1件
8		MEL-13	转速转矩测量装置	1件
9		MEL-09	电机起动箱	1件

2. 在控制屏上按D31、D42、D41、D51、D31、D44(或MEL-13、MEL-09)挂件排列次序悬挂组件,并检查与直流电机和测功机的连接。

五、实验说明及操作步骤

(一)打开电脑,启动实验软件,输入实验组号(第一次要建立新用户),并选择好要做的实验

1. 用伏安法测直流电动机和直流发电机的电枢绕组的冷态电阻

(1)按图2-1接线,电阻R用D44(或MEL-09)上1 800 Ω和180 Ω串联共1 980 Ω阻值并调至最大。A表选用D31(或MEL-06)挂件上的直流安培表,量程选用5 A档。开关S选用D51挂件上的开关。

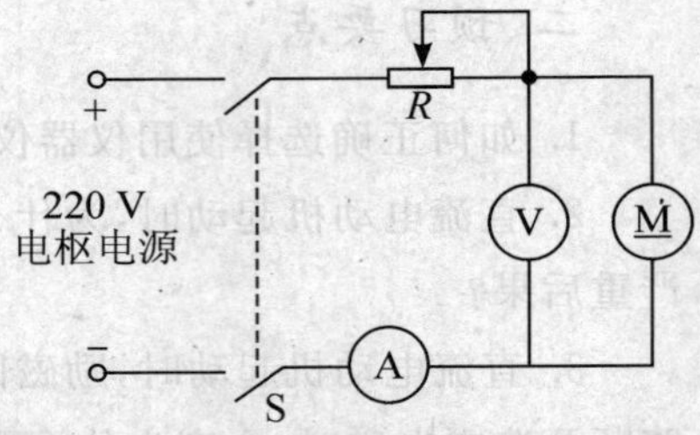

图2-1 测电枢绕组直流电阻接线图

(2)经检查无误后接通电枢电源,并调至220 V。调节R使电枢电流达到0.2 A(如果电流太大,可能由于剩磁的作用使电机旋转,测量无法进行;如果此时电流太小,可能由于接触电阻产生较大的误差),用计算机迅速测取电机电枢两端电压U和电流I。将电机分别旋转三分之一和三分之二周,同样测取U、I三组数据列于表2-1中。

(3)增大R使电流分别达到0.15 A和0.1 A,用同样方法测取六组数据列于表2-1中。

表2-1 **室温______℃**

序号	U(V)	I(A)	R(平均)(Ω)	R_a(Ω)	R_{aref}(Ω)
			R_{a11}=		
1			R_{a12}=	R_{a1}=	
			R_{a13}=		
			R_{a21}=		
2			R_{a22}=	R_{a2}=	
			R_{a23}=		
			R_{a31}=		
3			R_{a32}=	R_{a3}=	
			R_{a33}=		

取三次测量的平均值作为实际冷态电阻值

$$R_a=\frac{1}{3}(R_{a1}+R_{a2}+R_{a3})$$

表中：

$$R_{a1}=\frac{1}{3}(R_{a11}+R_{a12}+R_{a13})\quad R_{a2}=\frac{1}{3}(R_{a21}+R_{a22}+R_{a23})\quad R_{a3}=\frac{1}{3}(R_{a31}+R_{32}+R_{a33})$$

(4)计算基准工作温度时的电枢电阻

由实验直接测得电枢绕组电阻值，此值为实际冷态电阻值。冷态温度为室温。按下式换算到基准工作温度时的电枢绕组电阻值：

$$R_{aref}=R_a\frac{235+\theta_{ref}}{235+\theta_a}$$

式中R_{aref}——换算到基准工作温度时电枢绕组电阻(Ω)。

R_a——电枢绕组的实际冷态电阻(Ω)。

θ_{ref}——基准工作温度，对于 E 级绝缘为 75℃。

θ_a——实际冷态时电枢绕组的温度(℃)。

2. 直流仪表、转速表和变阻器的选择

直流仪表的量程是根据电机的额定值和实验中可能达到的最大值来选择，变阻器根据实验要求来选用，并按电流的大小选择串联、并联或串并联的接法。

(1)电压量程的选择

如测量电动机两端为 220 V 的直流电压，选用直流电压表为 300 V 量程档。

(2)电流量程的选择

因为直流并励电动机的额定电流为 1.2 A，测量电枢电流的电表 A_3 可选用直流电流表的 5 A 量程档；额定励磁电流小于 0.16 A，电流表 A_1 选用 200 mA 量程档。

(3)因采用光电编码器测速，则不需要量程选择。

(4)变阻器的选择

变阻器选用的原则是根据实验中所需的阻值和流过变阻器最大的电流来确定，

电枢回路 R_1 可选用 D44(或 MEL-09 上 100 Ω 电阻)挂件的 1.3 A 的 90 Ω 与 90 Ω 串联电阻；磁场回路 R_{f1} 可选用 D44(或 MEL-09 上 3 000 Ω 电阻)挂件的 0.41 A 的 900 Ω 与 900 Ω 串联电阻。

	DDSZ-1		MEL-I	
R_1	D44	180 Ω/1.3 A	MEL-09	100 Ω/1.22 A
R_{f1}	D44	1 800 Ω/0.41 A	MEL-09	3 000 Ω/0.2 A

(二)针对 DDSZ-1 型电机教学实验台

1. 直流他励电动机的起动准备

按图 2-2 接线，接好线后，检查 M 和 MG 之间是否用联轴器直接联接好。

图中直流他励电动机 M 用 DJ15，其额定功率 $P_N=185$ W，额定电压 $U_N=220$ V，额定电流 $I_N=1.2$ A，额定转速 $n_N=1\ 600$ r/min，额定励磁电流 $I_{fN}<0.16$ A。

校正直流测功机 MG 作为测功机使用，直流电流表选用 D31。

R_{f1} 用 D44 的 1 800 Ω 阻值作为直流他励电动机励磁回路串接的电阻。

R_{f2}选用 D42 的 1 800 Ω 阻值的变阻器。作为 MG 励磁回路串接的电阻。

R_1选用 D44 的 180 Ω 阻值作为直流他励电动机的起动电阻，

R_2选用 D41 的 90 Ω 电阻 6 只串联和 D42 的 900 Ω 与 900 Ω 并联电阻相串联作为 MG 的负载电阻。

2. 他励直流电动机起动步骤

(1)按图 2-2 的接线，并检查电表的极性、量程选择是否正确，检查电动机励磁回路接线是否牢靠。然后，将电动机电枢串联起动电阻 R_1、测功机 MG 的负载电阻 R_2、及 MG 的磁场回路电阻 R_{f2}调到阻值最大位置，M 的磁场调节电阻 R_{f1}调到最小位置，断开开关 S，并断开控制屏下方右边的电枢电源开关，作好起动准备。

(2)开启控制屏上的电源总开关，按下其上方的“开”按钮，接通其下方左边的励磁电源开关，观察 M 及 MG 的励磁电流值，调节 R_{f2}使 I_{f2}等于校正值(100 mA)并保持不变，再接通控制屏右下方的电枢电源开关，使 M 起动。

(3)M 起动后观察转速表。调节控制屏上电枢电源“电压调节”旋钮，使电动机端电压为 220 V。减小起动电阻 R_1阻值，直至短接。

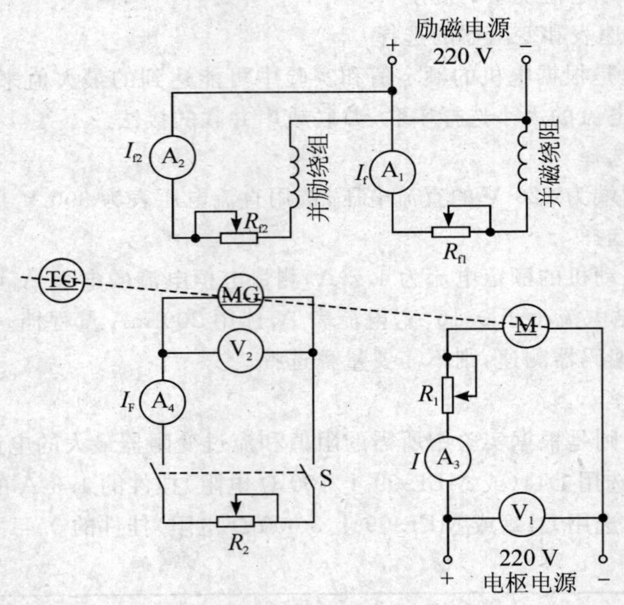

图 2-2 直流他励电动机接线图

(4)合上校正直流测功机 MG 的负载开关 S，调节 R_2阻值，使 MG 的负载电流 I_F改变，即直流电动机 M 的输出转矩 T_2改变，测去 M 不同的输出转矩 T_2值。

(5)调节他励电动机的转速，分别改变串入电动机 M 电枢回路的调节电阻 R_1和励磁回路的调节电阻 R_{f1}，观察转速变化情况。

(6)改变电动机的转向。将电枢串联起动变阻器 R_1的阻值调回到最大值，先切断控制屏上的电枢电源开关，然后切断控制屏上的励磁电源开关，使他励电动机停机。在断电情况下，将电枢(或励磁绕组)的两端接线对调后，再按他励电动机的起动步骤起动电动机，并观察电动机的转向及转速表指针偏转的方向。

***(三)针对 MEL 系列电机教学实验台**

1. 直流仪表、转速表和变阻器的选择

直流仪表、转速表量程是根据电机的额定值和实验中可能达到的最大值来选择，变阻器根据实验要求来选用，并按电流的大小选择串联，并联或串并联的接法。

(1)电压量程的选择

如测量电动机两端为 220 V 的直流电压，选用直流电压表为 300 V 量程档。

(2)电流量程的选择。

因为直流并励电动机的额定电流为 1.1 A，测量电枢电流的电表可选用 2 A 量程档，额定励磁电流小于 0.16 A，测量励磁电流的毫安表选用 200 mA 量程档。

(3)电机额定转速为 1 600 r/min，若采用指针表和测速发电机，则选用 1 800 r/min 量程档。若采用光电编码器，则不需要量程选择。

(4)变阻器的选择

变阻器选用的原则是根据实验中所需的阻值和流过变阻器最大的电流来确定。在本实验中，电枢回路调节电阻选用 MEL-09 组件的 100 Ω/1.22 A 电阻，磁场回路调节选用 MEL-09 的 3 000 Ω/200 mA 可调电阻。

2. 直流电动机的起动

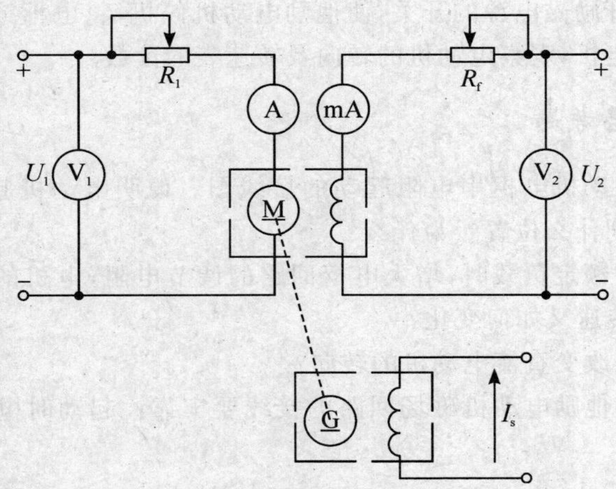

图 2-3　直流他励电动机接线图

R_1：电枢调节电阻(MEL-09)

R_f：磁场调节电阻(MEL-09)

M：直流并励电动机 M03

G：涡流测功机

I_S：电流源，位于 MEL-13，由“转矩设定”电位器进行调节。实验开始时，将 MEL-13“转速控制”和“转矩控制”选择开关板向“转矩控制”，“转矩设定”电位器逆时针旋到底。

U_1：可调直流稳压电源

U_2：直流电机励磁电源

V_1：可调直流稳压电源自带电压表

V_2：直流电压表，量程为 300 V 档，位于 MEL-06

A：可调直流稳压电源自带电流表

mA：毫安表，位于直流电机励磁电源部

(1)按图 2-3 接线，检查 M、G 之间是否用联轴器联接好，电机导轨和 MEL-13 的连接线是否接好，电动机励磁回路接线是否牢靠，仪表的量程，极性是否正确选择。

(2)将电机电枢调节电阻 R_1 调至最大，磁场调节电阻调至最小，转矩设定电位器(位于MEL-13)逆时针调到底。

(3)开启控制屏的总电源控制钥匙开关至“开”位置，按次序按下绿色“闭合”按钮开关，打开励磁电源船形开关和可调直流电源船形开关，按下复位按钮，此时，直流电源的绿色工作发光二极管亮，指示直流电压已建立，旋转电压调节电位器，使可调直流稳压电源输出 220 V 电压。

(4)减小 R_1 电阻至最小。

3. 调节他励电动机的转速

(1)分别改变串入电动机 M 电枢回路的调节电阻 R_1 和励磁回路的调节电阻 R_f。

(2)调节转矩设定电位器，注意转矩不要超过 1.1 N.m，以上两种情况可分别观察转速变化情况。

4. 改变电动机的转向

将电枢回路调节电阻 R_1 调至最大值，“转矩设定”电位器逆时针调到零，先断开可调直流电源的船形开关，再断开励磁电源的开关，使他励电动机停机，将电枢或励磁回路的两端接线对调后，再按前述起动电机，观察电动机的转向及转速表的读数。

六、实验报告及思考题

1. 画出直流他励电动机电枢串电阻起动的接线图。说明电动机起动时，起动电阻 R_1 和磁场调节电阻 R_{f1} 应调到什么位置？为什么？

2. 在电动机轻载及额定负载时，增大电枢回路的调节电阻，电机的转速如何变化？增大励磁回路的调节电阻，转速又如何变化？

3. 用什么方法可以改变直流电动机的转向？

4. 为什么要求直流他励电动机磁场回路的接线要牢靠？起动时电枢回路必须串联起动变阻器？

2—2 直流发电机

一、实验目的

1. 掌握用实验方法测定直流发电机的各种运行特性，并根据所测得的运行特性评定该被试电机的有关性能。

2. 通过实验观察并励发电机的自励过程和自励条件。

二、预习要点

1. 什么是发电机的运行特性？在求取直流发电机的特性曲线时，哪些物理量应保持不变，哪些物理量应测取。

2. 做空载特性实验时，励磁电流为什么必须保持单方向调节？

3. 并励发电机的自励条件有哪些？当发电机不能自励时应如何处理？

4. 如何确定复励发电机是积复励还是差复励？

三、注意事项

1. 直流电动机起动时，要注意须将 R_1 调到最大，R_{f1} 调到最小，先接通励磁电源，观察到励磁电流 I_{f1} 为最大后，接通电枢电源，电动机起动运转。起动完毕，应将 R_1 调到最小。

2. 做外特性时，当电流超过 0.4 A 时，R_2 中串联的电阻调至零并用导线短接，以免电流过大引起变阻器损坏或保险烧坏。

四、实验设备及仪器及在控制屏上的排列顺序

1. 设备与仪器

序 号	DDSZ-1	MEL-I	名 称	数 量
1	DJ23	G	校正直流（涡流）测功机	1 台
2		M03	直流并励电动机	1 台
3	DJ13	M01	直流复励电动机	
4	D31	MEL-06	直流电压、毫安、安培表	2 件
5	D42	MEL-03	三相可调电阻器	1 件
6	D44	MEL-04	可调电阻器、电容器	1 件
7	D51	MEL-05	波形测试及开关板	1 件
8	D41		三相可调电阻器	1 件
9		MEL-13	转速转矩测量装置	1 件
10		MEL-09	电机起动箱	1 件

2. 屏上挂件按一定顺序排序

五、实验说明及操作步骤

（一）针对 DDSZ-1 型电机教学实验台

1. 他励直流发电机实验

按图 2-4 接线。图中直流发电机 G 选用 DJ13，其额定值 $P_N=100$ W，$U_N=200$ V，$I_N=0.5$ A，$n_N=1\ 600$ r/min。校正直流测功机 MG 作为 G 的原动机（按他励电动机接线）。MG 和 G 由联轴器直接连接。开关 S 选用 D51 组件。

R_{f1} 选用 D44 的 1 800 Ω 变阻器，将 900 Ω 与 900 Ω 电阻串联所得；

R_{f2} 选用 D42 的 900 Ω 变阻器，并采用分压器接法；

R_1 选用 D44 的 180 Ω 变阻器；将 90 Ω 与 90 Ω 电阻串联所得；

R_2 为发电机的负载电阻选用 D42，采用串并联接法（900 Ω 与 900 Ω 电阻串联加上 900 Ω 与 900 Ω 并联），阻值为 2 250 Ω。当负载电流大于 0.4 A 时用并联部分，而将串联部分阻值调到最小并用导线短接。直流电流表、电压表选用 D31. 并选择合适的量程。

（1）测空载特性，保持 $n=n_N$ 使 $I_L=0$，测取 $U_0=f(I_f)$。

①把发电机 G 的负载开关 S 打开，接通控制屏上的励磁电源开关，将 R_{f2} 调至使 G 励磁电

压最小的位置。

②使MG电枢串联起动电阻 R_1 阻值最大，R_{f1} 阻值最小。仍先接通控制屏下方左边的励磁电源开关，在观察到MG的励磁电流为最大的条件下，再接通控制屏下方右边的电枢电源开关，起动直流电动机MG，其旋转方向应符合正向旋转的要求。

③电动机MG起动正常运转后，将MG电枢串联电阻 R_1 调至最小值，将MG的电枢电源电压调为220 V，调节电动机磁场调节电阻 R_{f1}，使发电机转速达额定值，并在以后整个实验过程中始终保持此额定转速不变。

④调节发电机励磁分压电阻 R_{f2}，使发电机空载电压达 $U_0=1.2U_N$ 为止。

⑤在保持 $n=n_N=1\ 600$ r/min 条件下，从 $U_0=1.2U_N$ 开始，单方向调节分压器电阻 R_{f2} 使发电机励磁电流逐次减小，每次测取发电机的空载电压 U_0 和励磁电流 I_f，直至 $I_f=0$（此时测得的电压即为电机的剩磁电压）。

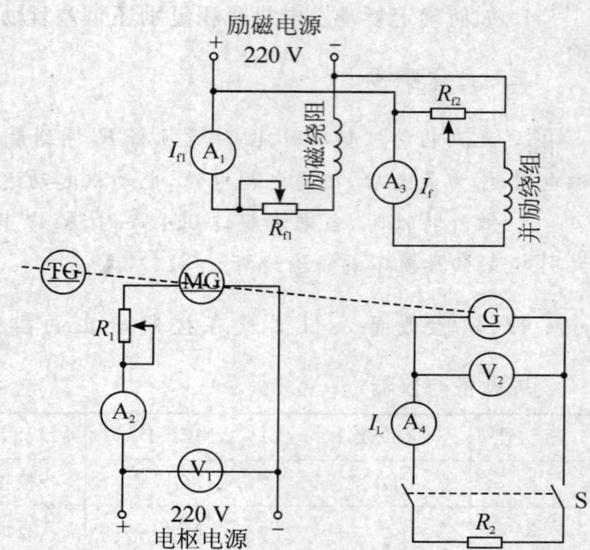

图 2-4 直流他励发电机接线图

⑥测取数据时 $U_0=U_N$ 和 $I_f=0$ 两点必测，并在 $U_0=U_N$ 附近测点应较密。

⑦共测取7～8组数据，记录于表2-2中

表 2-2 $n=n_N=1\ 600$ r/min $I_L=0$

U_0(V)									
I_f(mA)									

(2)测外特性，保持 $n=n_N$ 使 $I_f=I_{fN}$，测取 $U=f(I_L)$。

①把发电机负载电阻 R_2 调到最大值，合上负载开关S。

②同时调节电动机的磁场调节电阻 R_{f1}，发电机的分压电阻 R_{f2} 和负载电阻 R_2 使发电机的 $I_L=I_N$，$U=U_N$，$n=n_N$，该点为发电机的额定运行点，其励磁电流称为额定励磁电流 I_{fN}，记录该组数据。

③在保持 $n=n_N$ 和 $I_f=I_{fN}$ 不变的条件下，逐次增加负载电阻 R_2，即减小发电机负载电流 I_L，从额定负载到空载运行点范围内，每次测取发电机的电压 U 和电流 I_L，直到空载（断开开关S，此时 $I_L=0$），共取6～7组数据，记录于表2-3中。

表 2-3 $n=n_N=$ ______ r/min $I_f=I_{fN}=$ ______ mA

U(V)							
I_L(A)							

(3)测调整特性，保持 $n=n_N$ 使 $U=U_N$，测取 $I_f=f(I_L)$。

①调节发电机的分压电阻 R_{f2}，保持 $n=n_N$，使发电机空载达额定电压。

②在保持发电机 $n=n_N$ 条件下，合上负载开关S，调节负载电阻 R_2，逐次增加发电机输出电流 I_L，同时相应调节发电机励磁电流 I_f，使发电机端电压保持额定值 $U=U_N$。

③从发电机的空载至额定负载范围内每次测取发电机的输出电流 I_L 和励磁电流 I_f，共取

5～6 组数据记录于表 2-4 中。

表 2-4　　$n=n_N=$______r/min　　$U=U_N=$______V

I_L(A)							
I_f(mA)							

2. 并励发电机实验

(1)观察自励过程

①按实验 2-1 中注意事项 2 使电机 MG 停机，在断电的条件下将发电机 G 的励磁方式从他励改为并励，接线如图 2-5 所示。R_{f2} 选用 D42 的 900 Ω 电阻两只相串联并调至最大阻值，打开开关 S。

②按实验 2-1 中注意事项 1 起动电动机，调节电动机的转速，使发电机的转速 $n=n_N$，用直流电压表量发电机是否有剩磁电压，若无剩磁电压，可将并励绕组改接成他励方式进行充磁。

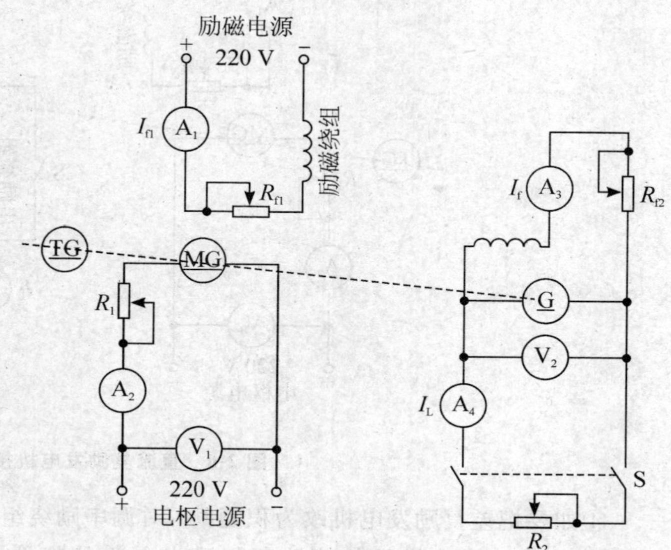

图 2-5　直流并励发电机接线图

③合上开关 S 逐渐减小 R_{f2}，观察发电机电枢两端的电压，若电压逐渐上升，说明满足自励条件。如果不能自励建压，将励磁回路的两个端头对调联接即可。

④对应着一定的励磁电阻，逐步降低发电机转速，使发电机电压随之下降，直至电压不能建立，此时的转速即为临界转速。

(2)测外特性，保持 $n=n_N$ 使 $R_{f2}=$ 常数，测取 $U=f(I_L)$

①按图 2-5 接线。调节负载电阻 R_2 到最大，合上负载开关 S。

②调节电动机的磁场调节电阻 R_{f1}、发电机的磁场调节电阻 R_{f2} 和负载电阻 R_2，使发电机的转速、输出电压和电流三者均达额定值，即 $n=n_N$，$U=U_N$，$I_L=I_N$。

③保持此时 R_{f2} 的值和 $n=n_N$ 不变，逐次减小负载，直至 $I_L=0$，从额定到空载运行范围内每次测取发电机的电压 U 和电流 I_L。

④共取 6～7 组数据，采集于表 2-5 中。

表 2-5　　$n=n_N=$______r/min　$R_{f2}=$常值

U(V)							
I_L(A)							

*3. 复励发电机实验

(1)积复励和差复励的判别

①接线如图 2-6 所示，R_{f2} 选用 D42 的 1 800 Ω 阻值，C_1、C_2 为串励绕组。

②合上开关 S_1 将串励绕组短接，使发电机处于并励状态运行，按上述并励发电机外特性试验方法，调节发电机输出电流 $I_L=0.5I_N$。

③打开短路开关 S_1，在保持发电机 n，R_{f2} 和 R_2 不变的条件下，观察发电机端电压的变化，若此时电压升高即为积复励，若电压降低则为差复励。

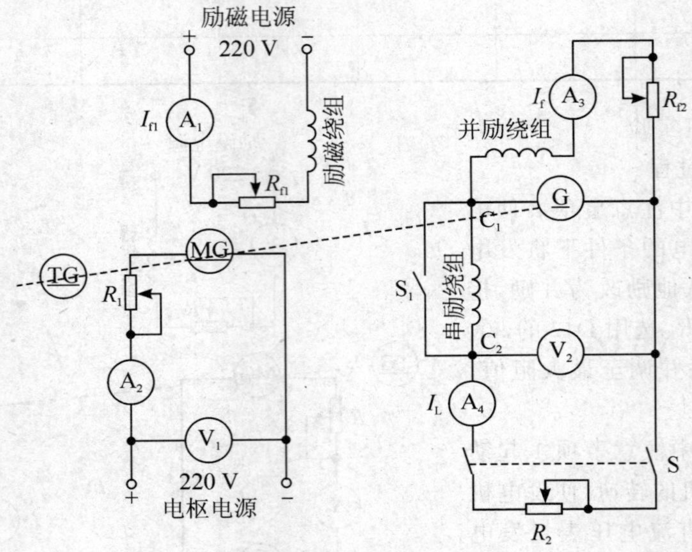

图 2-6 直流复励发电机接线图

④如要把差复励发电机改为积复励，对调串励绕组接线即可。

(2)积复励发电机的外特性积复励发电机外特性，保持 $n=n_N$ 使 $R_{f2}=$ 常数，测取 $U=f(I_L)$。

①实验方法与测取并励发电机的外特性相同。先将发电机调到额定运行点，$n=n_N$，$U=U_N$，$I_L=I_N$。

②保持此时的 R_{f2} 和 $n=n_N$ 不变，逐次减小发电机负载电流，直至 $I_L=0$。

③从额定负载到空载范围内，每次测取发电机的电压 U 和电流 I_L，共取 6～7 组数据，记录于表 2-6 中。

表 2-6 $n=n_N=$ ______ r/min，$R_{f2}=$常数

U(V)								
I_L(A)								

(二)针对 MEL 系列电机教学实验台

1. 他励发电机

按图 2-7 接线。

G：直流发电机 M01，$P_N=100$ W，$U_N=200$ V，$I_N=0.5$ A，$N_N=1\ 600$ r/min

M：直流电动机 M03，按他励接法

S_1、S_2：双刀双掷开关，位于 MEL-05

R_1：电枢调节电阻 100 Ω/1.22 A，位于 MEL-09。

R_{f1}：磁场调节电阻 3 000 Ω/200 mA，位于 MEL-09。

R_{f2}：磁场调节变阻器，采用 MEL-03 最上端 900 Ω 变阻器，并采用分压器接法。

R_2：发电机负载电阻，采用 MEL-03 中间端和下端变阻器，采用串并联接法，阻值为2 250

Ω(900 Ω 与 900 Ω 电阻串联加上 900 Ω 与 900 Ω 并联)。调节时先调节串联部分,当负载电流大于 0.4 A 时用并联部分,并将串联部分阻值调到最小并用导线短接以避免烧毁熔断器。

mA_1、A_1:分别为毫安表和电流表,位于直流电源上。

U_1、U_2:分别为可调直流稳压电源和电机励磁电源。

V_2、mA_2、A_2:分别为直流电压表(量程为 300 V 档),直流毫安表(量程为 200 mA 档),直流安培表(量程为 2 A 档)。

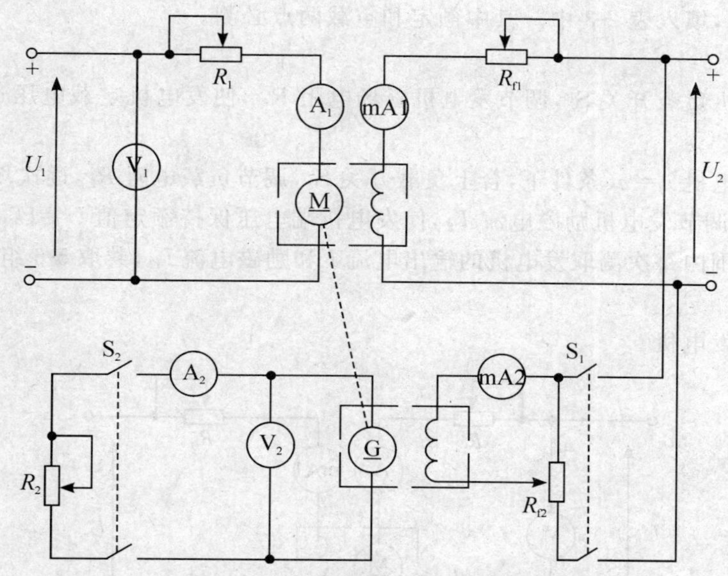

图 2-7　直流他励发电机接线图

(1)空载特性

①打开发电机负载开关 S_2,合上励磁电源开关 S_1,接通直流电机励磁电源,调节 R_{f2},使直流发电机励磁电压最小,mA_2 读数最小。此时,注意选择各仪表的量程。

②调节电动机电枢调节电阻 R_1 至最大,磁场调节电阻 R_{f1} 至最小,起动可调直流稳压电源(先合上对应的船形开关,再按下复位按钮,此时,绿色工作发光二极管亮,表明直流电压已正常建立),使电机旋转。

③从数字转速表上观察电机旋转方向,若电机反转,可先停机,将电枢或励磁两端接线对调,重新起动,则电机转向应符合正向旋转的要求。

④调节电动机电枢电阻 R_1 至最小值,可调直流稳压电源调至 220 V,再调节电动机磁场电阻 R_{f1},使电动机(发电机)转速达到 1 600 r/min(额定值),并在以后整个实验过程中始终保持此额定转速不变。

⑤调节发电机磁场电阻 R_{f2},使发电机空载电压达 $V_0=1.2U_N$(240 V)为止。

⑥在保持电机额定转速(1 600 r/min)条件下,从 $U_0=1.2U_N$ 开始,单方向调节分压器电阻 R_{f2},使发电机励磁电流逐次减小,直至 $I_{f2}=0$。

每次测取发电机的空载电压 U_0 和励磁电流 I_{f2},只取 7～8 组数据,填入表 2-2 中,其中 $U_0=U_N$ 和 $I_{f2}=0$ 两点必测,并在 $U_0=U_N$ 附近测点应较密。

(2)外特性

①在空载实验后,把发电机负载电阻 R_2 调到最大值(把 MEL-03 中间和下端的变阻器逆

时针旋转到底)，合上负载开关 S_2。

②同时调节电动机磁场调节电阻 R_{f1}，发电机磁场调节电阻 R_{f2} 和负载电阻 R_2，使发电机的 $n=n_N$，$U=U_N$(200 V)，$I=I_N$(0.5 A)，该点为发电机的额定运行点，其励磁电流称为额定励磁电流 $I_{f2N}=$ A.

③在保持 $n=n_N$ 和 $I_{f2}=I_{f2N}$ 不变的条件下，逐渐增加负载电阻，即减少发电机负载电流，在额定负载到空载运行点范围内，每次测取发电机的电压 U 和电流 I，直到空载(断开开关 S_2)，共取 6～7 组数据，填入表 2-3 中。其中额定和空载两点必测。

(3)调整特性

①断开发电机负载开关 S_2，调节发电机磁场电阻 R_{f2}，使发电机空载电压达额定值($U_N=$ 200 V)

②在保持发电机 $n=n_N$ 条件下，合上负载开关 S_2，调节负载电阻 R_2，逐次增加发电机输出电流 I，同时相应调节发电机励磁电流 I_{f2}，使发电机端电压保持额定值 $U=U_N$，从发电机的空载至额定负载范围内每次测取发电机的输出电流 I 和励磁电流 I_{f2}，共取 5-6 组数据填入表 2-4 中。

2. 并励直流发电机

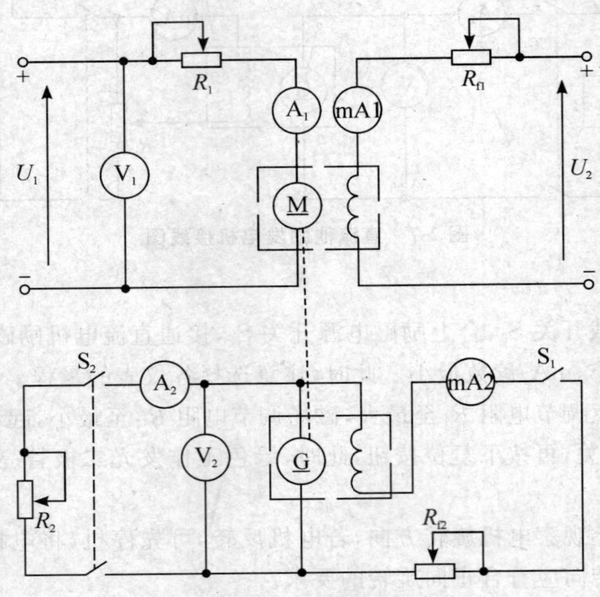

图 2-8 直流并励发电机接线图

(1)观察自励过程

①断开主控制屏电源开关，即按下红色按钮，钥匙开关拨向“关”。

按图 2-8 接线。

R_1、R_{f1}：电动机电枢调节电阻和磁场调节电阻，位于 MEL-09。

A_1、mA_1：直流电流表、毫安表，位于可调直流电源和励磁电源上。

mA_2、A_2：直流毫安表、电流表位于 MEL-06。

R_{f2}：MEL-03 中二只 900 Ω 电阻相串联，并调至最大。

R_2：采用 MEL-03 中间端和下端变阻器，采用串并联接法，阻值为 2 250 Ω。

S_1、S_2：位于 MEL-05。

V_1、V_2：直流电压表，其中 V_1 位于直流可调电源上，V_2 位于 MEL-06。

②断开 S_1、S_2，按前述方法（他励发电机空载特性实验 b）起动电动机，调节电动机转速，使发电机的转速 $n=n_N$，用直流电压表测量发电机是否有剩磁电压，若无剩磁电压，可将并励绕组改接他励进行充磁。

③合上开关 S_1，逐渐减少 R_{f2}，观察电动机电枢两端电压，若电压逐渐上升，说明满足自励条件，如果不能自励建压，将励磁回路的两个端头对调联接即可。

(2)外特性

①在并励发电机电压建立后，调节负载电阻 R_2 到最大，合上负载开关 S_2，调节电动机的磁场调节电阻 R_{f1}，发电机的磁场调节电阻 R_{f2} 和负载电阻 R_2，使发电机 $n=n_N$，$U=U_N$，$I=I_N$。

②保证此时 R_{f2} 的值和 $n=n_N$ 不变的条件下，逐步减小负载，直至 $I=0$，从额定到负载运行范围内，每次测取发电机的电压 U 和电流 I，共取 6～7 组数据，填入表 2-5 中，其中额定和空载两点必测。

*3.复励发电机

(1)积复励和差复励的判别

①接线如图 2-9 所示。

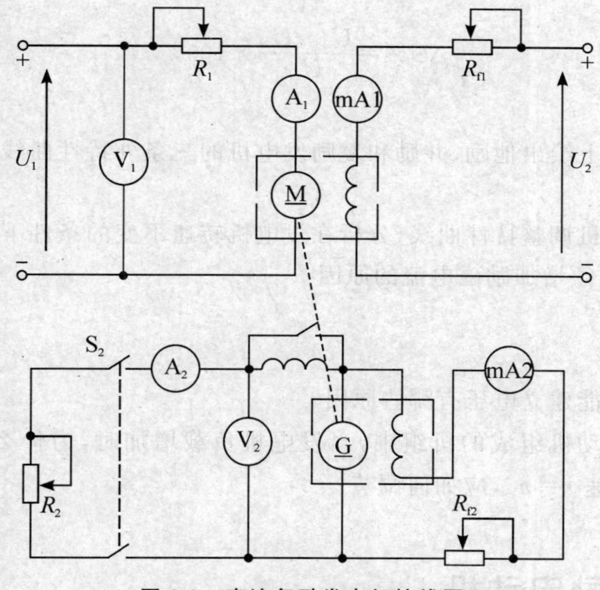

图 2-9 直流复励发电机接线图

R_1、R_{f1}：电动机电枢调节电阻和磁场调节电阻，位于 MEL-09。

A_1、mA_1：直流电流、毫安表

V_2、A_2、mA_2：直流电压、电流、毫安表，采用 MEL-06 组件。

R_{f2}：采用 MEL-03 中两只 900 Ω 电阻串联。

R_2：采用 MEL-03 中四只 900 Ω 电阻串并联接法，最大值为 2 250 Ω。

S_1、S_2：单刀双掷和双刀双掷开关，位于 MEL-05 开关板上。

按图接线，先合上开关 S，将串励绕组短接，使发电机处于并励状态运行，按上述并励发电机外特性试验方法，调节发电机输出电流 $I=0.5I_N$，$n=n_N$，$U=U_N$。

②打开短路开关 S_1，在保持发电机 n，R_{f2} 和 R_2 不变的条件下，观察发电机端电压的变化，

若此电压升高即为积复励，若电压降低为差复励，如要把差复励改为积复励，对调串励绕组接线即可。

(2)积复励发电机的外特性。

实验方法与测取并励发电机的外特性相同。先将发电机调到额定运行点，$n=n_N$，$U=U_N$，$I=I_N$，在保持此时的 R_{f2} 和 $n=n_N$ 不变的条件下，逐次减小发电机负载电流，直至 $I=0$。从额定负载到空载范围内，每次测取发电机的电压 U 和电流 I，共取 6～7 组数据，记录于表 2-7 中，其中额定和空载两点必测。

表 2-7　　$n=n_N=$ ______ r/min，$R_{f2}=$常数

U(V)							
I(A)							

六、实验报告

1. 根据空载实验数据，做出空载特性曲线，由空载特性曲线计算出被试电机的饱和系数和剩磁电压的百分数

$$\Delta U\%=\frac{U_0-U_N}{U_N}\times 100\%$$

并分析差异原因。

2. 在同一坐标纸上绘出他励、并励和复励发电机的三条外特性曲线。分别算出三种励磁方式的电压变化率。

3. 绘出他励发电机调整特性曲线，分析在发电机转速不变的条件下，为什么负载增加时，要保持端电压不变，必须增加励磁电流的原因。

七、思考题

1. 并励发电机不能建立电压有哪些原因？

2. 在发电机—电动机组成的机组中，当发电机负载增加时，为什么机组的转速会变低？为了保持发电机的转速 $n=n_N$，应如何调节？

2—3　直流并励电动机

一、实验目的

1. 掌握用实验方法测取直流并励电动机的工作特性和机械特性。

2. 掌握直流并励电动机的调速方法。

二、预习要点

1. 什么是直流电动机的工作特性和机械特性？

2. 直流电动机调速原理是什么？

三、实验设备及挂件排列

1. 实验设备

序　号	DDSZ-1	MEL-I	名　称	数　量
1	DJ23	G	校正直流(涡流)测功机	1 台
2	DJ15	M03	直流并励电动机	1 台
3	D31	MEL-06	直流电压、毫安、安培表	2 件
4	D42	MEL-03	三相可调电阻器	1 件
5	D44	MEL-04	可调电阻器、电容器	1 件
6	D51	MEL-05	波形测试及开关板	1 件
7	D41		三相可调电阻器	1 件
8	DD03	MEL-13	转速转矩测量装置	1 件
9		MEL-09	电机起动箱	1 件

2. 屏上挂件按一定顺序排列

四、实验方法

(一)针对 DDSZ-1 型电机教学实验台

1. 并励电动机的工作特性和机械特性

保持 $U=U_N$ 和 $I_f=I_{fN}$ 不变，测取 n、T_2、$\eta=f(I_a)$、$n=f(T_2)$。

(1)按图 2-10 接线。校正直流测功机 MG 按他励发电机连接，在此作为直流电动机 M 的负载，用于测量电动机的转矩和输出功率。

Rf_1 选用 D44 的 900 Ω 串联 900 Ω 共 1 800 Ω 阻值；

Rf_2 选用 D42 的 900 Ω 串联 900 Ω 共 1 800 Ω 阻值；

R_1 用 D44 的 90 Ω 串联 90 Ω 共 180 Ω 阻值；

R_2 选用 D42 的 900 Ω 串联 900 Ω 再加 900 Ω 并联 900 Ω 共 2 250 Ω 阻值。

(2)将直流并励电动机 M 的磁场调节电阻 R_{f1} 调至最小值，电枢串联起动电阻 R_1 调至最大值，接通控制屏下边右方的电枢电源开关使其起动。

(3)M 起动正常后，将其电枢串联电阻 R_1 调至零，调节电枢电源的电压为 220 V，调节校正直流测功机的励磁电流 I_{f2} 为校正值(50 mA 或

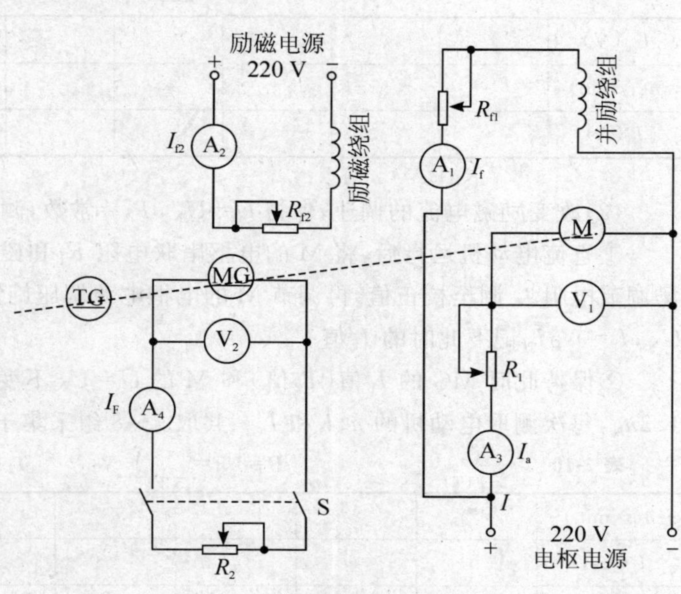

图 2-10　直流并励电动机接线图

100 mA)，再调节其负载电阻 R_2 和电动机的磁场调节电阻 R_{f1}，使电动机达到额定值：$U=U_N$，$I=I_N$，$n=n_N$。此时 M 的励磁电流 I_f 即为额定励磁电流 I_{fN}。

(4)保持 $U=U_N$，$I_f=I_{fN}$，I_{f2} 为校正值不变的条件下，逐次减小电动机负载。测取电动机电枢输入电流 I_a，转速 n 和校正电机的负载电流 I_F 及电动机输出转矩 T_2。共取数据 9～10 组，采集于表 2-8 中。

表 2-8 **$U=U_N=$____V　$I_f=I_{fN}=$____mA　$I_{f2}=$____mA**

实验数据	I_a(A)										
	n(r/min)										
	I_F(A)										
	T_2(N·m)										
计算数据	P_2(W)										
	P_1(W)										
	η(%)										
	Δn(%)										

2. 调速特性

(1)改变电枢端电压的调速，保持 $U=U_N$、$I_f=I_{fN}=$常数，$T_2=$常数，测取 $n=f(U_a)$。

①直流电动机 M 运行后，将电阻 R_1 调至零，I_{f2} 调至校正值，再调节负载电阻 R_2、电枢电压及磁场电阻 R_{f1}，使 M 的 $U=U_N$，$I=0.5I_N$，$I_f=I_{fN}$ 记下此时 MG 的 I_F 值。

②保持此时的 I_F 值(即 T_2 值)和 $I_f=I_{fN}$ 不变，逐次增加 R_1 的阻值，降低电枢两端的电压 U_a，使 R_1 从零调至最大值，每次测取电动机的端电压 U_a，转速 n 和电枢电流 I_a。

③共取数据 8～9 组，采集于表 2-9 中

表 2-9 **$I_f=I_{fN}=$____mA　$T_2=$____N·m**

U_a(V)									
n(r/min)									
I_a(A)									

(2)改变励磁电流的调速，保持 $U=U_N$，$T_2=$常数，测取 $n=f(I_f)$。

①直流电动机运行后，将 M 的电枢串联电阻 R_1 和磁场调节电阻 R_{f1} 调至零，将 MG 的磁场调节电阻 I_{f2} 调至校正值，再调节 M 的电枢电源调压旋钮和 MG 的负载，使电动机 M 的 $U=U_N$，$I=0.5I_N$ 记下此时的 I_F 值。

②保持此时 MG 的 I_F 值(T_2 值)和 M 的 $U=U_N$ 不变，逐次增加磁场电阻阻值：直至 $n=1.3n_N$，每次测取电动机的 n、I_f 和 I_a。共取 7～8 组采集于表 2-10 中。

表 2-10 **$U=U_N=$____V　$T_2=$____N·m**

n(r/min)									
I_f(mA)									
I_a(A)									

3. 能耗制动

①实验设备

序号	型号	名　称	数量
1	DD03	导轨、测速发电机及转速表	1 台
2	DJ23	校正直流测功机	1 台
3	DJ15	直流并励电动机	1 台
4	D31	直流电压、毫安、安培表	2 件
5	D41	三相可调电阻器	1 件
6	D42	三相可调电阻器	1 件
7	D44	可调电阻器、电容器	1 件
8	D51	波形测试及开关板	1 件

②将挂件在屏上按 D31、D42、D51、D41、D31、D44 排列顺序排好

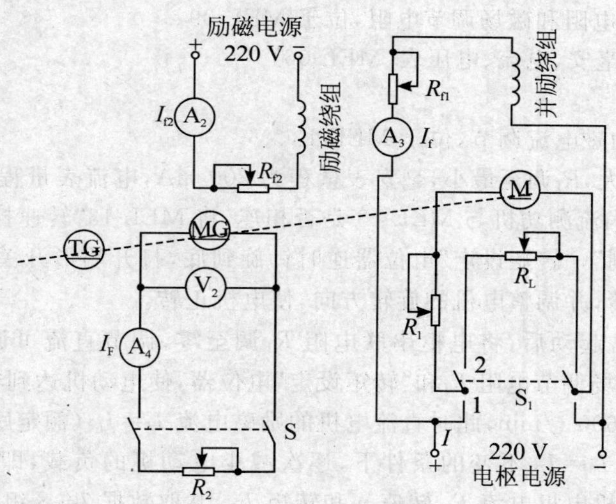

图 2-11　并励电动机能耗制动接线图

③按图 2-11 接线，先把 S_1 合向 2 端，合上控制屏下方右边的电枢电源开关，把 M 的 R_{f1} 调至零，使电动机的励磁电流最大。

④把 M 的电枢串联起动电阻 R_1 调至最大，把 S_1 合至电枢电源，使电动机起动，能耗制动电阻 R_L 选用 D41 上 180 Ω 阻值。

⑤运转正常后，从 S_1 任一端拔出一根导线插头，使电枢开路。由于电枢开路，电机处于自由停机，

⑥重复起动电动机，待运转正常后，把 S_1 合向 R_L 端，记录停机时间。

⑦选择 R_L 不同的阻值，观察对停机时间的影响。

(二)针对 MEL-I 型电机教学实验台

1. 并励电动机的工作特性和机械特性

实验线路如图 2-12 所示。

U_1：可调直流稳压电源

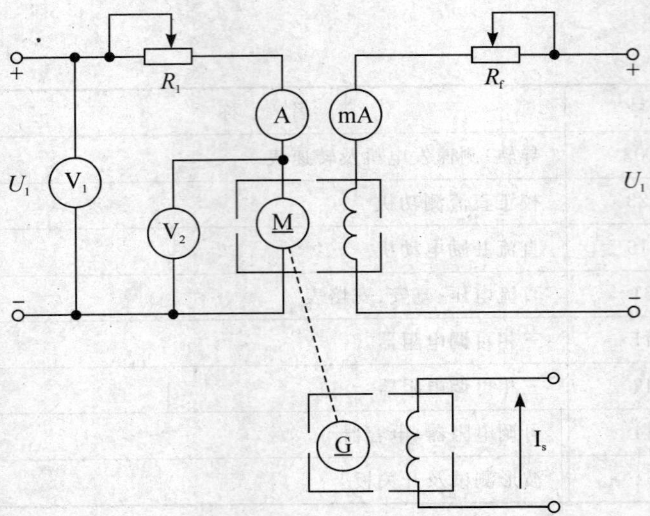

图 2-12 直流并励电动机接线图

R_1、R_f:电枢调节电阻和磁场调节电阻,位于 MEL-09。

mA、A、V_2:直流毫安、电流、电压表(MEL-06)

G:涡流测功机

I_S:涡流测功机励磁电流调节,位于 MEL-13。

(1)将 R_1 调至最大,R_f 调至最小,毫安表量程为 200 mA,电流表量程为 2 A 档,电压表量程为 300 V 档,检查涡流测功机与 MEL-13 是否相连,将 MEL-13"转速控制"和"转矩控制"选择开关板向"转矩控制","转矩设定"电位器逆时针旋到底,打开船形开关,按实验一方法起动直流电源,使电机旋转,并调整电机的旋转方向,使电机正转。

(2)直流电机正常起动后,将电枢串联电阻 R_1 调至零,调节直流可调稳压电源的输出至 220 V,再分别调节磁场调节电阻 R_f 和"转矩设定"电位器,使电动机达到额定值:$U=U_N=220$ V,$I_a=I_N$,$n=n_N=1\ 600$ r/min,此时直流电机的励磁电流 $I_f=I_{fN}$(额定励磁电流)。

(3)保持 $U=U_N$,$I_f=I_{fN}$ 不变的条件下,逐次减小电动机的负载,即逆时针调节"转矩设定"电位器,测取电动机电枢电流 I_a、转速 n 和转矩 T_2,共取数据 7~8 组填入表 2-8 中。

2. 调速特性

(1)改变电枢端电压的调速

①按上述方法起动直流电机后,将电阻 R_1 调至零,并同时调节负载,电枢电压和磁场调节电阻 R_f,使电机的 $U=U_N$,$I_a=0.5I_N$,$I_f=I_{fN}$,记录此时的 $T_2=$____N. m

②保持 T_2 不变,$I_f=I_{fN}$ 不变,逐次增加 R_1 的阻值,即降低电枢两端的电压 U_a,R_1 从零调至最大值,每次测取电动机的端电压 U_a,转速 n 和电枢电流 I_a,共取 7~8 组数据填入表 2-9 中。

(2)改变励磁电流的调速

①直流电动机起动后,将电枢调节电阻和磁场调节电阻 R_f 调至零,调节可调直流电源的输出为 220 V,调节"转矩设定"电位器,使电动机的 $U=U_N$,$I_a=0.5I_N$,记录此时的 $T_2=$____N. m

②保持 T_2 和 $U=U_N$ 不变,逐次增加磁场电阻 R_f 阻值,直至 $n=1.3n_N$,每次测取电动机的 n、I_f 和 I_a,共取 7~8 组数据填写入表 2-10 中。

(3)能耗制动

按图 2-13 接线。

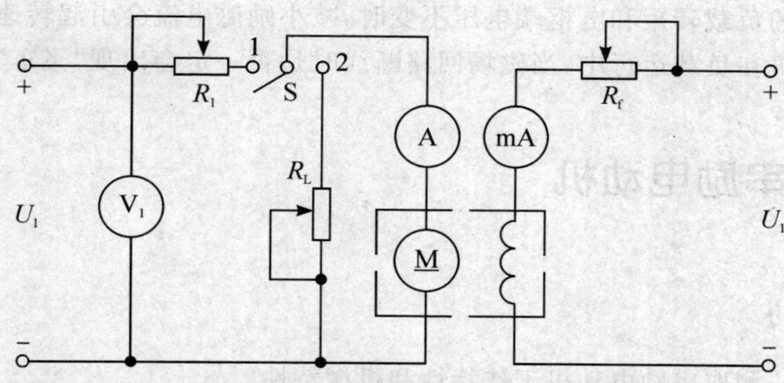

图 2-13　直流并励电动机能耗制动接线图

U_1:可调直流稳压电源

R_1、R_f:直流电机电枢调节电阻和磁场调节电阻(MEL-09)

R_L:采用 MEL-03 中两只 900 Ω 电阻并联。

S:双刀双掷开关(MEL-05)

①将开关 S 合向"1"端,R_1调至最大,R_f调至最小,起动直流电机。

②运行正常后,从电机电枢的一端拨出一根导线,使电枢开路,电机处于自由停机,记录停机时间。

③重复起动电动机,待运转正常后,把 S 合向"2"端记录停机时间。

④选择不同 R_L阻值,观察对停机时间的影响。

五、实验报告

1. 由表 2-7 计算出 P_2和 η,并给出 n、T_2、$\eta = f(I_a)$及 $n = f(T_2)$的特性曲线。

电动机输出功率:$P_2 = 0.105nT_2$

式中输出转矩 T_2的单位为 N. m(由 I_{f2}及 I_F值,从校正曲线 $T_2 = f(I_F)$查得),转速 n 的单位为 r/min。

电动机输入功率:$P_1 = UI$

输入电流:$I = I_a + I_{fN}$

电动机效率:$\eta = \dfrac{P_2}{P_1} \times 100\%$

由工作特性求出转速变化率:

$$\Delta n\% = \frac{n_0 - n_N}{n_N} \times 100\%$$

2. 绘出并励电动机调速特性曲线 $n = f(U_a)$和 $n = f(I_f)$。分析在恒转矩负载时两种调速的电枢电流变化规律以及两种调速方法的优缺点。

3. 耗制动时间与制动电阻 R_L的阻值有什么关系?为什么?该制动方法有什么缺点?

六、思考题

1. 并励电动机的速率特性 $n = f(I_a)$为什么是略微下降?是否会出现上翘现象?为什么?上翘的速率特性对电动机运行有何影响?

2. 当电动机的负载转矩和励磁电流不变时，减小电枢端电压，为什么会引起电动机转速降低？

3. 当电动机的负载转矩和电枢端电压不变时，减小励磁电流会引起转速的升高，为什么？

4. 并励电动机在负载运行中，当磁场回路断线时是否一定会出现“飞车”？为什么？

2—4 直流串励电动机

一、实验目的

1. 用实验方法测取串励电动机工作特性和机械特性。

2. 了解串励电动机起动、调速及改变转向的方法。

二、预习要点

1. 串励电动机与并励电动机的工作特性有何差别。串励电动机的转速变化率是怎样定义的？

2. 串励电动机的调速方法及其注意问题。

三、实验设备与挂件排列

1. 实验设备

序号	DDSZ-1	MEL-I	名　称	数量
1	DD03	MEL-13	导轨、测速发电机及转速表	1 台
2	DJ23	G	校正直流测功机	1 台
3	DJ14	M02	直流串励电动机	1 台
4	D31	MEL-06	直流电压、毫安、安培表	2 件
5	D41	MEL-04	三相可调电阻器	1 件
6	D42		三相可调电阻器	1 件
7	D51	MEL-05	波形测试及开关板	1 件

2. 屏上挂件按一定顺序排列

四、实验线路及操作步骤

(一)对于 DDSZ-1 型电机教学实验台

实验线路如图 2-14 所示，图中直流串励电动机选用 DJ14，校正直流测功机 MG 作为电动机的负载，用于测量 M 的转矩，两者之间用联轴器直接联接。R_{f1} 也选用 D41 的 180 Ω 和 90 Ω 串联共 270 Ω 阻值，R_{f2} 选用 D42 上 1 800 Ω 阻值，R_1 用 D41 的 180 Ω 阻值，R_2 选用 D42 上 900 Ω 和 900 Ω 串联再加上 900 Ω 和 900 Ω 并联共 2 250 Ω 阻值，直流电压表、电流表选用 D31。

1. 工作特性和机械特性

(1)由于串励电动机不允许空载起动，因此校正直流测功机 MG 先加他励电流 I_{f2} 为校正值，并接上一定的负载电阻 R_2，使电动机在起动过程中带上负载。

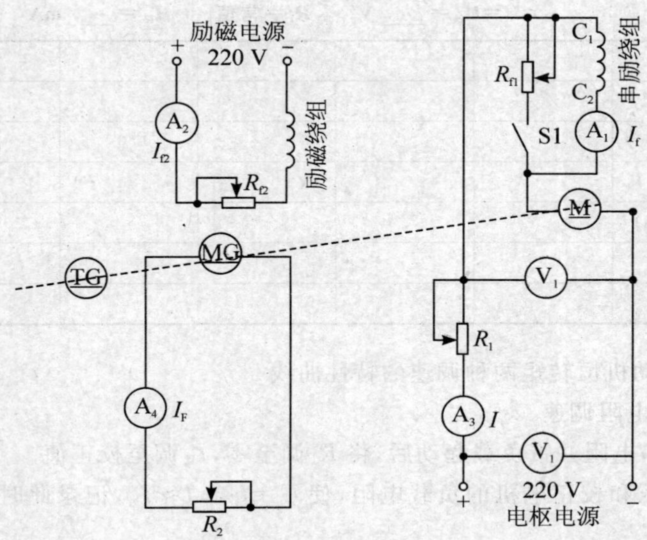

图 2-14　串励电动机接线图

(2)调节直流串励电动机 M 的电枢串联起动电阻 R_1 及磁场分路电阻 R_{f1} 到最大值，打开磁场分路开关 S_1，合上控制屏上的电枢电源开关，起动 M，并观察转向是否正确。

(3)M 运转后，调节 R_1 至零，同时调节 MG 的负载电阻值 R_2，控制屏上的电枢电压调压旋钮，使 M 的电枢电压 $U_1=U_N$、$I=1.2I_N$。

(4)在保持 $U_1=U_N$，I_{f2} 为校正值的条件下，逐次减小负载(即增大 R_2)直至 $n<1.4n_N$ 为止，每次测取 I、n、I_F，共取数据 6～7 组，采集于表 2-11 中。

(5)若要在实验中使串励电动机 M 停机，须将电枢串联起动电阻 R_1 调回到最大值，断开控制屏上电枢电源开关，使 M 失电而停止。

表 2-11　　　　$U_1=U_N=$____V　　　　$I_{f2}=$____mA

实验数据	I(A)							
	n(r/min)							
	I_F(A)							
计算数据	T_2(N. m)							
	P_2(W)							
	η(%)							

2. 测取电枢串电阻后的人为机械特性

(1)保持 MG 的他励电流 I_{f2} 为校正值，调节负载电阻 R_2。断开直流串励电动机 M 的磁场分路开关 S_1，调节电枢串联起动电阻 R_1 到最大值，起动 M(若在上一步骤 1，实验中未使 M 停机，可跳过这步接着做)。

(2)调节串入 M 电枢的电阻 R_1、电枢电源的调压旋钮和校正电机 MG 的负载电阻 R_2，使 M 的电枢电源电压等于额定电压(即 $U=U_N$)、电枢电流 $I=I_N$、转速 $n=0.8n_N$。

(3)保持此时的 R_1 不变和 $U=U_N$，逐次减小电动机的负载，直至 $n<1.4n_N$ 为止。每次测取 U_1、I、n、I_F，共取数据 6～7 组，采集于表 2-12 中。

表 2-12 $U=U_N=$____V $R_1=$常值 $I_{f2}=$____mA

实验数据	U_2(V)						
	I(A)						
	I_F(A)						
	n(r/min)						
计算数据	T_2(N. m)						
	P_2(W)						
	η(%)						

3. 绘出串励电动机恒转矩两种调速的特性曲线

(1)电枢回路串电阻调速

①电动机电枢串电阻并带负载起动后，将 R_1 调至零，I_{f2} 调至校正值。

②调节电枢电压和校正电机的负载电阻，使 $U=U_N$，$I\approx I_N$，记录此时串励电动机的 n、I 和电机 MG 的 I_F。

③在保持 $U=U_N$ 以及 T_2(即保持 I_F)不变的条件下，逐次增加 R_1 的阻值，每次测量 n、I、U_2。

④共取数据 6～8 组，采集于表 2-13 中。

表 2-13 $U=U_N=$____V $I_{f2}=$____mA $I_F=$____A

n(r/min)									
I(A)									
U_2(V)									

(2)磁场绕组并联电阻调速

①接通电源前，打开开关 S_1，将 R_1 和 R_{f1} 调至最大值。

②电动机电枢串电阻并带负载起动后，调节 R_1 至零，合上开关 S_1。

③调节电枢电压和负载，使 $U=U_N$，$T_2=0.8T_N$。记录此时电动机的 n、I、I_{f1} 和校正直流测功机电枢电流 I_F。

④在保持 $U=U_N$ 及 I_F(即 T_2)不变的条件下，逐次减小的 R_{f1} 的阻值，注意 R_{f1} 不能短接，直至 $n<1.4n_N$ 为止。每次测取 n、I、I_{f1}，共取数据 5～6 组，采集于表 2-14 中

表 2-14 $U=U_N=$____V $I_{f2}=$____mA $I_F=$____A

n(r/min)							
I(A)							
I_{f1}(A)							

*(二)针对 MEL-I 型电机教学实验台

实验线路如图 2-15 所示。

U_1：可调直流稳压电流

V_1、V_2：直流电压表，分别位于直流电源和 MEL-06

A_1、A_2：直流电流表，分别位于直流电源和 MEL-06

R_1、R_f：分别采用 MEL-04 两只 90 Ω 电阻相串联。

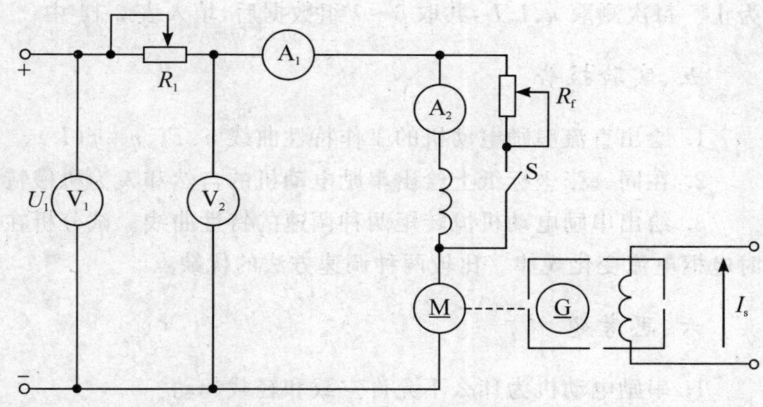

图 2-15　直流串励电动机接线图

M:直流串励电动机 M02

G:涡流测功机

I_S:测功机可调励磁电源,位于 MEL-13,通过航空插座和测功机相连。

开关 S 选用 MEL-05

1. 串励电动机的工作特性和机械特性。

a. 由于串励电动机不允许空载起动,所以测功机"转矩设定"电位器顺时针转过一定角度,即给串励电动机施加一定负载(MEL-13 的开关设置同实验三)

b. 调节直流串励电动机 M 的电枢串联起动电阻 R_1 和磁场调节电阻 R_f 到最大值,断开开关 S,按实验一方法起动直流电源,并观察转向是否正确。

c. 电机运转后,调节 R_1 至零,调节可调直流稳压电源使电动机的电枢电压 $U=U_N=220$ V,同时调节测功机"转矩设定"电位器,使电机电枢电流 $I=1.2I_N$。

d. 在保持 $U_1=U_N$ 的条件下,逐次减小负载直至 $n<1.5n_N$ 为止,每次测取 I、N、T_2,共取 6-7 组数据填入表 2-11 中。

e. 若要在实验中使串励电动机 M 停机,须将电枢回路的串联起动电阻 R_1 调回到最大值,断开直流电源。

2. 测取电枢串电阻后的人为机械特性。

a. 按前述方法起动串励电动机 M 后,调节可调直流稳压电源至 220 V,并同时调节串入电枢的电阻 R_1 和测功机"转矩设定"电位器旋钮,使电机的电枢电流 $I=I_N$,转速 $n=0.8n_N$。

b. 保持此时的 R_1 不变和 $U=U_N$,逐次减小电动机的负载,直至 $n\leqslant 1.5n_N$ 为止,每次测取 U_2、I、n、T_2,共取 6～7 组数据填入表 2-12 中。

3. 调速特性

(1)电枢回路串电阻调速

a. 按前述方法电动机带负载起动后,将 R_1 调至零。同时调节可调直流稳压电源和测功机"转矩设定"电位器旋转,使 $U_1=U_N=220$ V,$I\approx I_N$,记录此时电动机的 $n=$____r/min,$I=$____A,$T_2=$____N.m

b. 在保持 $U_1=U_N$ 以及 T_2 不变的条件下,逐次增加 R_1 阻值,每次测 n、I、U_2,共取 6～7 组数据,填入表 2-13 中。

(2)磁场绕组并联电阻调速

a. 合上电源前,打开开关 S,分别将 R_1 和 R_f 调至最大值。

b. 电机带负载起动后,调节 R_1 至零,合上开关 S。

c. 调节可调直流稳压电源使 $U_1=U_N=220$ V,$T_2=0.8\ T_N$,记录此时电动机的 N、I、I_f、T_2。

d. 在保持 $U=U_N$ 及 T_2 不变的条件下,逐次减小 R_f 阻值,注意 R_f 不能短接,直至 $n\leqslant 1.5n_N$

为止。每次测取 n、I、I_f，共取 6～7 组数据后，填入表 2-14 中。

五、实验报告

1. 绘出直流串励电动机的工作特性曲线 n、T_2、$\eta=f(I_a)$。
2. 在同一张坐标纸上绘出串励电动机的自然和人为机械特性。
3. 绘出串励电动机恒转矩两种调速的特性曲线。试分析在 $U=U_N$ 和 T_2 不变条件下调速时电枢电流变化规律。比较两种调速方法的优缺点。

六、思考题

1. 串励电动机为什么不允许空载和轻载起动？
2. 磁场绕组并联电阻调速时，为什么不允许并联电阻调至零？

2—5 直流他励电动机在各种运转状态下的机械特性

一、实验目的

了解和测定他励直流电动机在各种运转状态的机械特性。

二、预习要点

1. 改变他励直流电动机机械特性有哪些方法？
2. 他励直流电动机在什么情况下，从电动机运行状态进入回馈制动状态？他励直流电动机回馈制动时，能量传递关系，电动势平衡方程式及机械特性又是什么情况？
3. 他励直流电动机反接制动时，能量传递关系，电动势平衡方程式及机械特性。

三、实验设备与挂件排列

1. 实验设备

序号	DDSZ-1	MEL-I	名　称	数量
1	DD03	MEL-13	导轨、测速发电机及转速表	1 件
2	DJ15	M12	直流并励电动机	1 件
3	DJ23	G	校正直流测功机	1 件
4	D31	MEL-06	直流电压、毫安、安培表	2 件
5	D41	MEL-03	三相可调电阻器	1 件
6	D42	MEL-04	三相可调电阻器	1 件
7	D44	MEL-09	可调电阻器、电容器	1 件
8	D51	MEL-05	波形测试及开关板	1 件

2. 屏上挂件按一定顺序排列

四、实验方法

(一)针对 DDSZ-1 型电机教学实验台

按图 2-16 接线，图中 M 用编号为 DJ15 的直流并励电动机(接成他励方式)，MG 用编号为 DJ23 的校正直流测功机，直流电压表 V_1、V_2 的量程为 300 V，直流电流表 A_1、A_3 的量程为 200 mA，A_2、A_4 的量程为 5 A。R_1、R_2、R_3、及 R_4 依不同的实验而选不同的阻值。

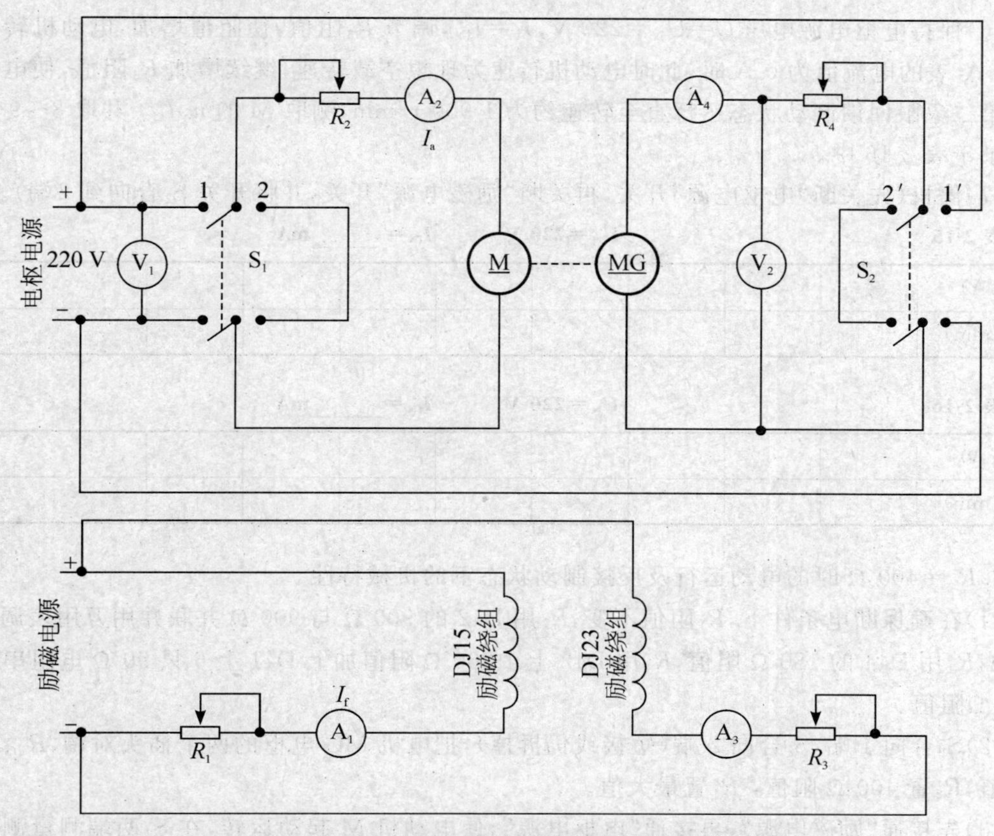

图 2-16　他励直流电动机机械特性测定的实验接线图

1. $R_2=0$ 时电动及回馈制动状态下的机械特性

(1) R_1、R_2 分别选用 D44 的 1 800 Ω 和 180 Ω 阻值，R_3 选用 D42 上 4 只 900 Ω 串联共 3 600 Ω阻值，R_4 选用 D42 上 1 800 Ω 再加上 D41 上 6 只 90 Ω 串联共 2 340 Ω 阻值。

(2) R_1 阻值置最小位置，R_2、R_3 及 R_4 阻值置最大位置，转速表置正向 1 800 r/min 量程。开关 S_1、S_2 选用 D51 挂箱上的对应开关，并将 S_1 合向 1 电源端，S_2 合向 2′短接端(见图 2-16)。

(3)开机时需检查控制屏下方左、右两边的“励磁电源”开关及“电枢电源”开关都须在断开的位置，然后按次序先开启控制屏上的“电源总开关”，再按下“开”按钮，随后接通“励磁电源”开关，最后检查 R_2 阻值确在最大位置时接通“电枢电源”开关，使他励直流电动机 M 起动运转。调节“电枢电源”电压为 220 V；调节 R_2 阻值至零位置，调节 R_3 阻值，使电流表 A_3 为 100 mA。

(4)调节电动机 M 的磁场调节电阻 R_1 阻值，和电机 MG 的负载电阻 R_4 阻值(先调节 D42 上 1 800 Ω 阻值，调至最小后应用导线短接)。使电动机 M 的 $n=n_N=1\ 600$ r/min，$I_N=I_f+I_a$

=1.2 A。此时他励直流电动机的励磁电流 I_f 为额定励磁电流 I_{fN}。保持 $U=U_N=220$ V,$I_f=I_{fN}$,A_3 表为 100 mA。增大 R_4 阻值,直至空载(拆掉开关 S_2 的 2′上的短接线),测取电动机 M 在额定负载至空载范围的 n、I_a,共取 8-9 组数据记录于表 2-15 中。

(5)**在确定 S_2 上短接线仍拆掉的情况下**,把 R_4 调至零值位置(其中 D42 上 1 800 Ω **阻值调至零值后用导线短接**),再减小 R_3 阻值,使 MG 的空载电压与电枢电源电压值接近相等(在开关 S_2 两端测),并且极性相同,把开关 S_2 合向 1′端。

(6)保持电枢电源电压 $U=U_N=220$ V,$I_f=I_{fN}$,调节 R_3 阻值,使阻值增加,电动机转速升高,当 A_2 表的电流值为 0 A 时,此时电动机转速为理想空载转速,继续增加 R_3 阻值,使电动机进入第二象限回馈制动状态运行直至转速约为 1 900 r/min,测取 M 的 n、I_a。共取 8～9 组数据记录于表 2-16 中。

(7)停机(先关断"电枢电源"开关,再关断"励磁电源"开关,并将开关 S_2 合向到 2′端)。

表 2-15 **U_N=220 V** **I_{fN}=______ mA**

I_a(A)									
n(r/min)									

表 2-16 **U_N=220 V** **I_{fN}=______ mA**

I_a(A)									
n(r/min)									

2. R_2=400 Ω 时的电动运行及反接制动状态下的机械特性

(1)在确保断电条件下,R_1 阻值不变,R_2 用 D42 的 900 Ω 与 900 Ω 并联并用万用表调定在 400 Ω,R_3 用 D44 的 180 Ω 阻值,R_4 用 D42 上 1 800 Ω 阻值加上 D41 上 6 只 90 Ω 电阻串联共 2 340 Ω阻值。

(2)S_1 合向 1 端,S_2 合向 2′端(短接线仍拆掉),把电机 MG 电枢的两个插头对调,R_1、R_3 置最小值,R_2 置 400 Ω 阻值,R_4 置最大值。

(3)先接通"励磁电源",再接通"电枢电源",使电动机 M 起动运转,在 S_2 两端测量测功机 MG 的空载电压是否和"电枢电源"的电压极性相反,若极性相反,检查 R_4 阻值确在最大位置时可把 S_2 合向 1′端。

(4)保持电动机的"电枢电源"电压 $U=U_N=220$ V,$I_f=I_{fN}$ 不变,逐渐减小 R_4 阻值(先减小 D44 上 1 800 Ω 阻值,调至零值后用导线短接),使电机减速直至为零。把转速表的正、反开关打在反向位置,继续减小 R_4 阻值,使电动机进入"反向"旋转,转速在反方向上逐渐上升,此时电动机工作于电势反接制动状态运行,直至电动机 M 的 $I_a=I_{aN}$,测取电动机在 1、4 象限的 n、I_a 共取 12～13 组数据记录于表 2-17 中。

(5)停机(必须记住先关断"电枢电源"而后关断"励磁电源"的次序,并随手将 S_2 合向到 2′端)。

表 2-17 **U_N=220 V** **I_{fN}=______ mA** **R_2=400 Ω**

I_a(A)													
n(r/min)													

3. 能耗制动状态下的机械特性

(1)图 2-16 中,R_1阻值不变,R_2用 D44 的 180 Ω 固定阻值,R_3用 D42 的 1 800 Ω 可调电阻,R_4阻值不变。

(2) S_1合向 2 短接端,R_1置最大位置,R_3置最小值位置,R_4调定 180 Ω 阻值,S_2合向 1′端。

(3)先接通“励磁电源”,再接通“电枢电源”,使校正直流测功机 MG 起动运转,调节“电枢电源”电压为 220 V,调节 R_1使电动机 M 的 $I_f=I_{fN}$,调节 R_3使电机 MG 励磁电流为 100 mA,先减少 R_4阻值使电机 M 的能耗制动电流 $I_a=0.8I_{aN}$,然后逐次增加 R_4阻值,其间测取 M 的 I_a、n 共取 8～9 组数据记录于表 2-18 中。

(4)把 R_2调定在 90 Ω 阻值,重复上述实验操作步骤(2)、(3),测取 M 的 I_a、n 共取 5～7 组数据记录于表 2-19 中。

当忽略不变损耗时,可近似认为电动机轴上的输出转矩等于电动机的电

磁转矩 $T=C_M\Phi I_a$,他励电动机在磁通 Φ 不变的情况下,其机械特性可以由曲线 $n=f(I_a)$ 来描述。

表 2-18 **$R_2=180$ Ω** **$I_{fN}=$ ____ mA**

I_a(A)								
n(r/min)								

表 2-19 **$R_2=90$ Ω** **$I_{fN}=$ ____ mA**

I_a(A)								
n(r/min)								

*(二)针对 MEL-I 型电机教学实验台

按图 2-16 接线,图中 M 用编号为 M12 的直流并励电动机(接成他励方式),$U_N=220$ V,$I_N=0.55$ A,$n_N=1\ 600$ r/min,$P_N=80$ W;励磁电压 $U_f=220$ V,励磁电流 $I_f<0.13$ A。

MG 用编号为 M03 的测功机,$U_N=220$ V,$I_N=1.1$ A,$n_N=1\ 600$ r/min;

直流电压表 V_1为 220 V 可调直流稳压电源自带,V_2的量程为 300 V(MEL-06);

直流电流表 mA_1、A_1分别为 220 V 可调直流稳压电源自带毫安表、安培表;

mA_2、A_2分别选用量程为 200 mA、5 A 的毫伏表、安培表(MEL-06)

R_1选用 900 Ω 欧姆电阻(MEL-03)

R_2选用 180 欧姆电阻(MEL-04 中两 90 欧姆电阻相串联)

R_3选用 3 000 Ω 磁场调节电阻(MEL-09)

R_4选用 2 250 Ω 电阻(用 MEL-03 中两只 900 Ω 电阻相并联再加上两只 900 Ω 电阻相串联)

开关 S_1、S_2选用 MEL-05 中的双刀双掷开关。

按图 2-16 接线,在开启电源前,检查开关、电阻等的设置。

(1)开关 S_1合向“1”端,S_2合向“2”端。

(2)电阻 R_1至最小值,R_2、R_3、R_4阻值最大位置。

(3)直流励磁电源船形开关和 220 V 可调直流稳压电源船形开关须在断开位置。

实验步骤:

a. 按次序先按下绿色“闭合”电源开关、再合励磁电源船型开关和 220 V 电源船形开

关，使直流电动机 M 起动运转，调节直流可调电源，使 V_1 读数为 $U_N=220$ V，调节 R_2 阻值至零。

b. 分别调节直流电动机 M 的磁场调节电阻 R_1，发电机 G 磁场调节电阻 R_3、负载电阻 R_4（先调节相串联的 900 Ω 电阻旋钮，**调到零用导线短接以免烧毁熔断器**，再调节 900 Ω 电阻相并联的旋钮），使直流电动机 M 的转速 $n_N=1\,600$ r/min，$I_f+I_a=I_N=0.55$ A，此时 $I_f=I_{fN}$，记录此值。

c. 保持电动机的 $U=U_N=220$ V，$I_f=I_{fN}$ 不变，改变 R_4 及 R_3 阻值，测取 M 在额定负载至空载范围的 n、I_a，共取 5～6 组数据填入表 2-20 中。

表 2-20　　$U_N=220$ 伏　　$I_{fN}=$______ A

I_a(A)						
n(r/min)						

d. 拆掉开关 S_2 的短接线，调节 R_3，使发电机 G 的空载电压达到最大（不超过 220 V），并且极性与电动机电枢电压相同。

e. 保持电枢电源电压 $U=U_N=220$ V，$I_f=I_{fN}$，把开关 S_2 合向"1"端，把 R_4 值减小，直至为零（先调节相串联的 900 Ω 电阻旋钮，调到零用导线短接以免烧毁熔断器）。再调节 R_3 阻值使阻值逐渐增加，电动机 M 的转速升高，当 A_1 表的电流值为 0 时，此时电动机转速为理想空载转速，继续增加 R_3 阻值，则电动机进入第二象限回馈制动状态运行直至电流接近 0.8 倍额定值（实验中应注意电动机转速不超过 2 100 r/min）。

测取电动机 M 的 n、I_a，共取 5～6 组数据填入表 2-21 中。

表 2-21　　$U_N=220$ 伏　　$I_{fN}=$______ A

I_a(A)						
n(r/min)						

因为 $T_2=C_M\Phi I_2$，而 $C_M\Phi$ 中为常数，则 $T\propto I_2$，为简便起见，只要求 $n=f(I_a)$ 特性，见图 2-17。

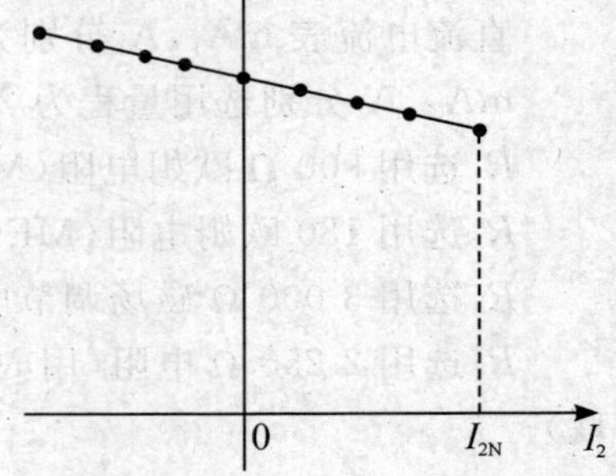

图 2-17　直流他励电动机电动及回馈制动特性

电动及反接制动特性：

在断电的条件下，对图 2-16 作如下改动：

(1)R_1 为 MEL-09 的 3 000 Ω 磁场调节电阻，R_2 为 MEL-03 的 900 Ω 电阻，R_3 不用，R_4 不变。

(2)S_1 合向"1"端，S_2 合向"2"端（短接线拆掉），把发电机 G 的电枢两个插头对调。

实验步骤：

a. 在未上电源前，R_1 置最小值，R_2 置 300 Ω 左右，R_4 置最大值。

b. 按前述方法起动电动机，测量发电机 G 的空载电压是否和直流稳压电源极性相反，若极性相反可把 S_2 含向"1"端。

c. 调节 R_2 为 900 Ω，调节直流电源电压 $U=U_N=220$ V，调节 R_1 使 $I_f=I_{fN}$，保持以上值不变，逐渐减小 R_4 阻值，电机减速直至为零，继续减小 R_4 阻值，此时电动机工作于反接制动状态运行（第四象限）；

d. 再减小 R_4阻值，直至电动机 M 的电流接近 0.8 倍 I_N，测取电动机在第 1、第 4 象限的 n、I_2，共取 5～6 组数据记录于表 2-22 中。

表 2-22　　**$R_2=900\ \Omega$**　**$U_N=220\ V$**　**$I_{fN}=$ ____ A**

I_2(A)							
n(r/min)							

为简便起见，画 $n=f(I_a)$，见图 2-18。

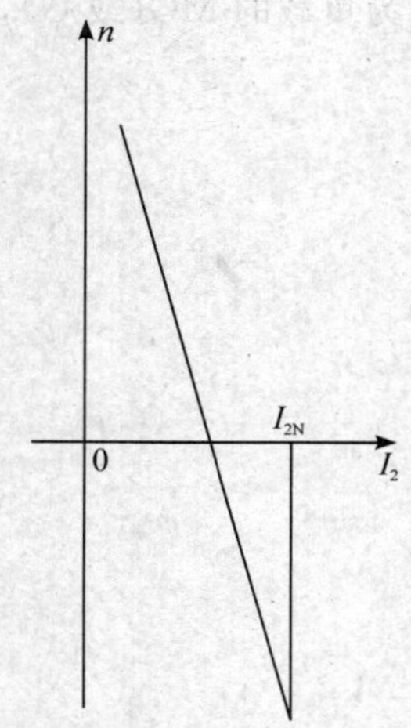

图 2-18　直流他励电动机电动及反接制动特性

能耗制动特性：

图 2-16 中，R_1用 3 000 Ω，R_2改为 360 欧（采用 MEL-04 中只 90 Ω 电阻相串联），R_3 采用 MEL-03 中的 900 欧电阻，R_4 仍用 2 250 Ω电阻。

操作前，把 S_1合向"2"端，R_1、R_2 置最大值，R_3 置最大值，R_4 置 300 欧（把两只串联电阻调至零位，并用导线短接，把两只并联电阻调在 300 欧位置），S_2合向"1"端。

按前述方法起动发电机 G（此时作电动机使用），调节直流稳压电源使 $U=U_N=220$ 伏，调节 R_1使电动机 M 的 $I_f=I_{fN}$，调节 R_3 使发电机 G 的 $I_f=80$ mA，调节 R_4并先使 R_4阻值减小，使电机 M 的能耗制动电流 I_a接近 $0.8I_{aN}$数据，记录于表 2-23 中。

表 2-23　　**$R_2=360\ \Omega$**　**$I_{fN}=$ ____ mA**

I_a(A)							
n(r/min)							

调节 R_2的 180 Ω，重复上述实验步骤，测取 I_a、n，共取 6～7 组数据，记录于表 2-24 中。

表 2-24　　**$R_2=180\ \Omega$**　**$I_{fN}=$ ____ mA**

I_a(A)							
n(r/min)							

当忽略不变损耗时，可近似为电动机轴上的输出转矩等于电动机的电磁转矩 $T=CM\Phi I_a$，他励电动机在磁通 Φ 不变的情况下，其机械特性可以由曲线 $n=f(I_a)$来描述。画出以上二条能耗制动特此曲线 $n=f(I_a)$，见图 2-19。

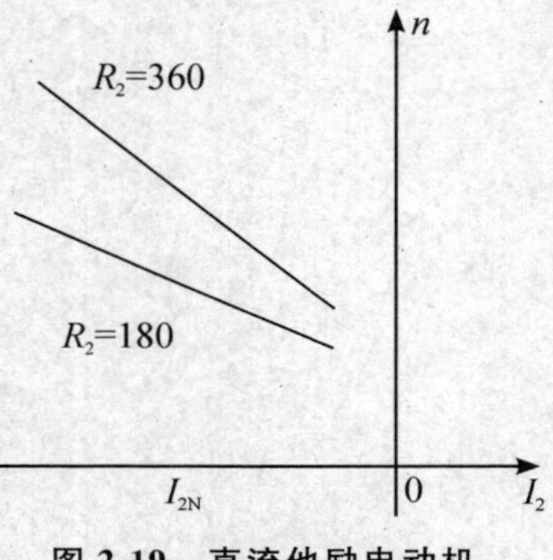

图 2-19　直流他励电动机能耗制动特性

五、实验报告

根据实验数据，绘制他励直流电动机运行在第一、第二、第四象限的电动和制动状态及能耗制动状态下的机械特性 $n=f(I_a)$（用同一坐标纸绘出）。

六、思考题

1. 回馈制动实验中，如何判别电动机运行在理想空载点？

2. 直流电动机从第一象限运行到第二象限转子旋转方向不变，试问电磁转矩的方向是否也不变？为什么？

3. 直流电动机从第一象限运行到第四象限，其转向反了，而电磁转矩方向不变，为什么？作为负载的 MG(或 G)，从第一象限到第四象限其电磁转矩方向是否改变？为什么？

第三章　变压器实验

3—1　单相变压器

一、实验目的

1. 通过空载和短路实验测定变压器的变比和参数。
2. 通过负载实验测取变压器的运行特性。

二、预习要点

1. 变压器的空载和短路实验有什么特点？实验中电源电压一般加在哪一方较合适？
2. 在空载和短路实验中，各种仪表应怎样联接才能使测量误差最小？
3. 如何用实验方法测定变压器的铁耗及铜耗。

三、注意事项

1. 在变压器实验中，应注意电压表、电流表、功率表的合理布置及量程选择。
2. 短路实验操作要快，否则线圈发热引起电阻变化。

四、实验项目

1. 空载实验
测取空载特性 $U_0=f(I_0)$，$P_0=f(U_0)$，$\cos\varphi_0=f(U_0)$。
2. 短路实验
测取短路特性 $U_K=f(I_K)$，$P_K=f(I_K)$，$\cos\varphi_K=f(I_K)$。
3. 负载实验
(1)纯电阻负载
保持 $U_1=U_N$，$\cos\varphi_2=1$ 的条件下，测取 $U_2=f(I_2)$。
(2)阻感性负载
保持 $U_1=U_N$，$\cos\varphi_2=0.8$ 的条件下，测取 $U_2=f(I_2)$。

五、实验方法

1. 实验设备

序号	DDSZ-1	MEL-I	名　　称	数量
1	D33		交流电压表	1件
2	D32		交流电流表	1件
3	D34-3	MEL-20	单三相智能功率、功率因数表	1件
4	DJ11	MEL-01	三相组式变压器	1件
5	D42	MEL-03	三相可调电阻器	1件
6	D43	MEL-08	三相可调电抗器	1件
7	D51	MEL-05	波形测试及开关板	1件

2. 屏上排列顺序

D33、D32、D34-3、DJ11、D42、D43(MEL-20、MEL-01、MEL-03、MEL-08)

(一)针对 DDSZ-1 电机教学实验台

1. 空载实验

(1)在三相调压交流电源断电的条件下，按图 3-1 接线。被测变压器选用三相组式变压器 DJ11 中的一只作为单相变压器，其额定容量 $P_N=77$ W，$U_{1N}/U_{2N}=220/55$ V，$I_{1N}/I_{2N}=0.35/1.4$ A。变压器的低压线圈 a、x 接电源，高压线圈 A、X 开路。

(2)选好所有电表量程。将控制屏左侧调压器旋钮向逆时针方向旋转到底，即将其调到输出电压为零的位置。

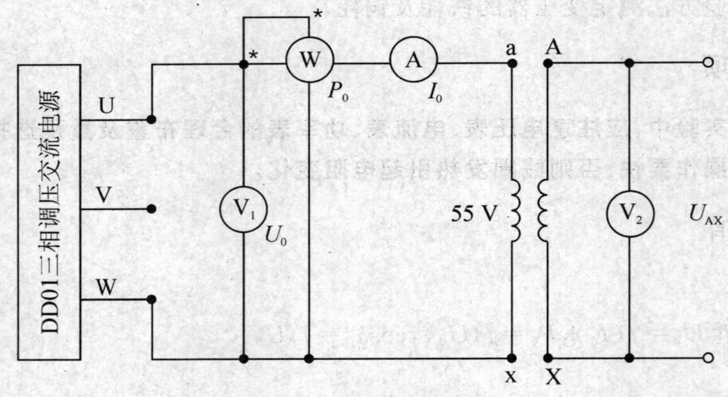

图 3-1　空载实验接线图

(3)合上交流电源总开关，按下“开”按钮，便接通了三相交流电源。调节三相调压器旋钮，使变压器空载电压 $U_0=1.2U_N$，然后逐次降低电源电压，在 $1.2\sim0.2U_N$ 的范围内，测取变压器的 U_0、I_0、P_0。

(4)测取数据时，$U=U_N$ 点必须测，并在该点附近测的点较密，共测取数据 7～8 组。记录于表 3-1 中。

(5)为了计算变压器的变比，在 U_N 以下测取原方电压的同时测出副方电压数据也记录于表 3-1 中。

表 3-1

序　号	实　验　数　据				计算数据
	U_0(V)	I_0(A)	P_0(W)	U_{AX}(V)	$\cos\varphi_0$

2. 短路实验

(1)按下控制屏上的“关”按钮，切断三相调压交流电源，按图 3-2 接线(以后每次改接线路，都要关断电源)。将变压器的高压线圈接电源，低压线圈直接短路。

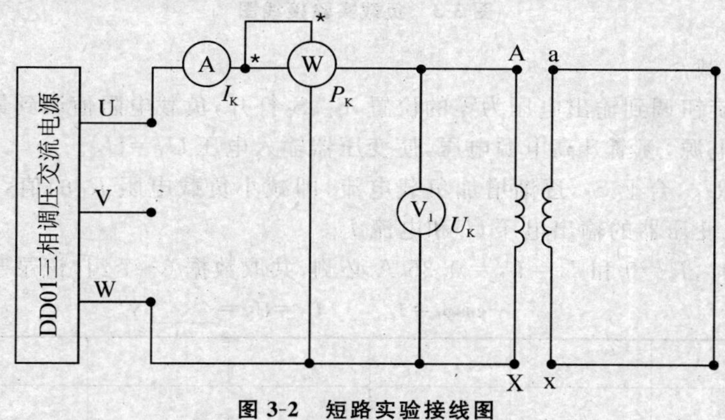

图 3-2　短路实验接线图

(2)选好所有电表量程，将交流调压器旋钮调到输出电压为零的位置。

(3)接通交流电源，逐次缓慢增加输入电压，直到短路电流等于 $1.1I_N$ 为止，在(0.2～1.1)I_N 范围内测取变压器的 U_K、I_K、P_K。

(4)测取数据时，$I_K=I_N$ 点必须测，共测取数据 6-7 组记录于表 3-2 中。实验时记下周围环境温度(℃)。

表 3-2　　室温____℃

序　号	实　验　数　据			计算数据
	U_K(V)	I_K(A)	P_K(W)	$\cos\varphi_K$

3. 负载实验

实验线路如图 3-3 所示。变压器低压线圈接电源，高压线圈经过开关 S_1 和 S_2，接到负载电阻 R_L 和电抗 X_L 上。R_L 选用 D42 上 900 Ω 加上 900 Ω 共 1 800 Ω 阻值，X_L 选用 D43，功率因数表选用 D34-3，开关 S_1 和 S_2 选用 D51 挂箱。

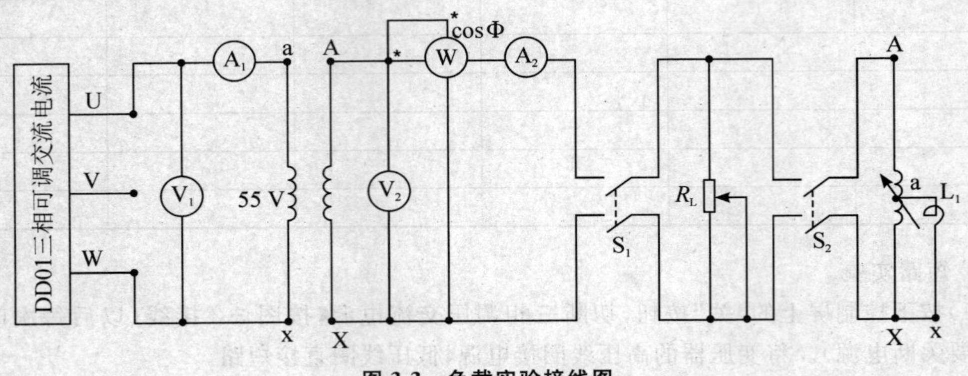

图 3-3　负载实验接线图

(1)纯电阻负载

①将调压器旋钮调到输出电压为零的位置，S_1、S_2 打开，负载电阻值调到最大。

②接通交流电源，逐渐升高电源电压，使变压器输入电压 $U_1=U_N$。

③保持 $U_1=U_N$，合上 S_1，逐渐增加负载电流，即减小负载电阻 R_L 的值，从空载到额定负载的范围内，测取变压器的输出电压 U_2 和电流 I_2。

④测取数据时，$I_2=0$ 和 $I_2=I_{2N}=0.35$ A 必测，共取数据 6～7 组，记录于表 3-3 中。

表 3-3　　　$\cos\varphi_2=1$　　　$U_1=U_N=$______V

序　号							
U_2(V)							
I_2(A)							

(2)阻感性负载($\cos\varphi_2=0.8$)

①用电抗器 X_L 和 R_L 并联作为变压器的负载，S_1、S_2 打开，电阻及电抗值调至最大。

②接通交流电源，升高电源电压至 $U_1=U_{1N}$

③合上 S_1、S_2，在保持 $U_1=U_N$ 及 $\cos\varphi_2=0.8$ 条件下，逐渐增加负载电流，从空载到额定负载的范围内，测取变压器 U_2 和 I_2。

④测取数据时，其 $I_2=0$，$I_2=I_{2N}$ 两点必测，共测取数据 6-7 组记录于表 3-4 中。

表 3-4　　　$\cos\varphi_2=0.8$　　　$U_1=U_N=$______V

序　号							
U_2(V)							
I_2(A)							

(二)针对 MEL-I 电机教学实验台

1. 空载实验

实验线路如图 3-4。

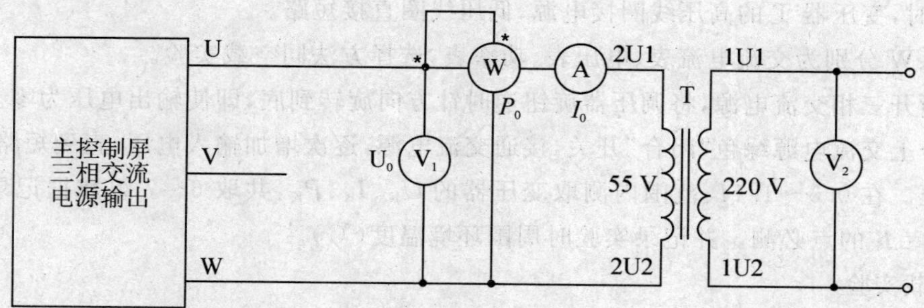

图 3-4　空载实验接线图

变压器 T 选用 MEL-01 三相组式变压器中的一只或单独的组式变压器。实验时，变压器低压线圈 2U1、2U2 接电源，高压线圈 1U1、1U2 开路。

A、V_1、V_2 分别为交流电流表、交流电压表。具体配置由所采购的设备型号不同由所差别。若设备为 MEL-I 系列，则交流电流表、电压表为指针式模拟表，量程可根据需要选择；若设备为 MEL-II 系列，则上述仪表为智能型数字仪表，量程可自动也可手动选择。仪表数量也可能由于设备型号不同而不同。若电压表只有一只，则只能交替观察变压器的原、副边电压读数，若电压表有二只或三只，则可同时接上仪表。

W 为功率表，根据采购的设备型号不同，或在主控屏上或为单独的组件（MEL-20 或 MEL-24），接线时，需注意电压线圈和电流线圈的同名端，避免接错线。

(1)在三相交流电源断电的条件下，将调压器旋钮逆时针方向旋转到底。并合理选择各仪表量程。

变压器 T 额定容量 $P_N=77$ W，$U_{1N}/U_{2N}=220$ V/55 V，$I_{1N}/I_{2N}=0.35$ A/1.4 A。

(2)合上交流电源总开关，即按下绿色“闭合”开关，顺时针调节调压器旋钮，使变压器空载电压 $U_0=1.2U_N$。

(3)然后，逐次降低电源电压，在 $1.2\sim0.5U_N$ 的范围内；测取变压器的 U_0、I_0、P_0，共取 6～7 组数据，记录于表 3-1 中。其中 $U=U_N$ 的点必须测，并在该点附近测的点应密些。为了计算变压器的变化，在 U_N 以下测取原方电压的同时测取副方电压，填入表 3-1 中。

(4)测量数据以后，断开三相电源，以便为下次实验做好准备。

2. 短路实验

实验线路如图 3-5（每次改接线路时，都要关断电源）。

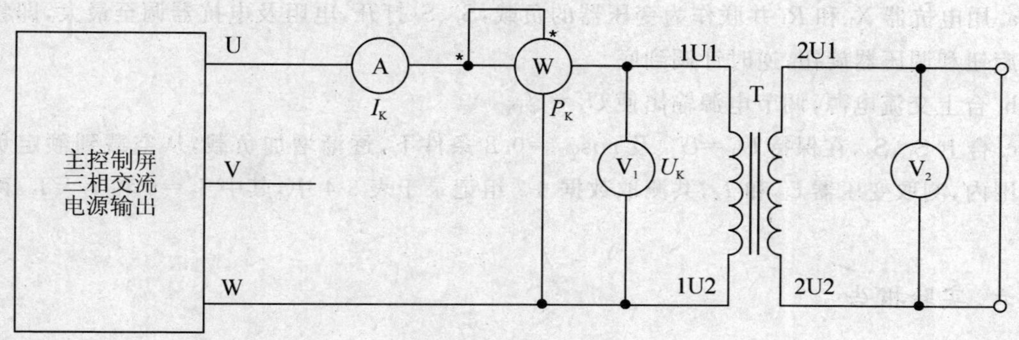

图 3-5　短路实验接线图

实验时，变压器 T 的高压线圈接电源，低压线圈直接短路。

A、V、W 分别为交流电流表、电压表、功率表，选择方法同空载实验。

(1)断开三相交流电源，将调压器旋钮逆时针方向旋转到底，即使输出电压为零。

(2)合上交流电源绿色“闭合”开关，接通交流电源，逐次增加输入电压，直到短路电流等于 $1.1I_N$ 为止。在 $0.5\sim1.1I_N$ 范围内测取变压器的 U_K、I_K、P_K，共取 6～7 组数据记录于表 3-2 中，其中 $I=I_K$ 的点必测。并记录实验时周围环境温度(℃)。

3. 负载实验

实验线路如图 3-6 所示。

变压器 T 低压线圈接电源，高压线圈经过开关 S_1 和 S_2，接到负载电阻 R_L 和电抗 X_L 上。R_L 选用 MEL-03 的两只 900 Ω 电阻相串联，X_L 选用 MEL-08。开关 S_1、S_2 采用 MEL-05 的双刀双掷开关，电压表、电流表、功率表(含功率因数表)的选择同空载实验。

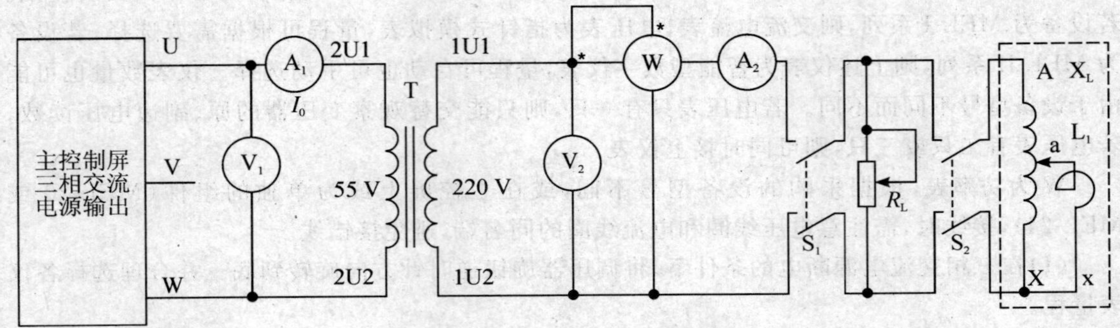

图 3-6 负载实验接线图

(1)纯电阻负载

a. 未上主电源前，将调压器调节旋钮逆时针调到底，S_1、S_2 断开，负载电阻值班财到最大。

b. 合上交流电源，逐渐升高电源电压，使变压器输入电压 $U_1=U_N=55$ V

c. 在保持 $U_1=U_N$ 的条件下，合下开关 S_1，逐渐增加负载电流，即减小负载电阻 R_L 的值，从空载到额定负载范围内，测取变压器的输出电压 U_2 和电流 I_2。

d. 测取数据时，$I_2=0$ 和 $I_2=I_{2N}=0.35$ A 必测，共取数据 6～7 组，记录于表 3-3 中。

(2)阻感性负载($\cos\varphi_2=0.8$)(选做)

a. 用电抗器 X_L 和 R_L 并联作为变压器的负载，S_1、S_2 打开，电阻及电抗器调至最大，即将变阻器旋钮和调压器旋钮，逆时针调到底。

b. 合上交流电源，调节电源输出使 $U_1=U_{1N}$

c. 合上 S_1、S_2，在保持 $U_1=U_{1N}$ 及 $\cos\varphi_2=0.8$ 条件下，逐渐增加负载，从空载到额定负载的范围内，测取变压器 U_2 和 I_2，共测取数据 6-7 组记录于表 3-4 中，其中 $I_2=0$ 和 $I_2=I_{2N}$ 两点必测。

六、实验报告

1. 计算变比

由空载实验测变压器的原副方电压的数据，分别计算出变比，然后取其平均值作为变压器的变比 K。

$$K=U_{AX}/U_{ax}$$

2. 绘出空载特性曲线和计算激磁参数

(1)绘出空载特性曲线 $U_0=f(I_0)$，$P_0=f(U_0)$，$\cos\varphi_0=f(U_0)$。

式中：

$$\cos\Phi_0=\frac{P_0}{U_0 I_0}$$

(2)计算激磁参数

从空载特性曲线上查出对应于 $U_0=U_N$ 时的 I_0 和 P_0 值，并由下式算出激磁参数

$$r_m=\frac{P_0}{I_0^2}$$

$$Z_m=\frac{U_0}{I_0}$$

$$X_m=\sqrt{Z_m^2-r_m^2}$$

3. 绘出短路特性曲线和计算短路参数

(1)绘出短路特性曲线 $U_K=f(I_K)$、$P_K=f(I_K)$、$\cos\varphi_K=f(I_K)$

(2)计算短路参数

从短路特性曲线上查出对应于短路电流 $I_K=I_N$ 时的 U_K 和 P_K 值由下式算出实验环境温度为 θ(℃)时的短路参数。

$$Z'_K=\frac{U_K}{I_K}$$

$$r'_K=\frac{P_K}{I_K^2}$$

$$X'_K=\sqrt{Z_K'^2-r_K'^2}$$

折算到低压方

$$Z_K=\frac{Z'_K}{K^2}$$

$$r_K=\frac{r'_K}{K^2}$$

$$X_K=\frac{X'_K}{K^2}$$

由于短路电阻 r_K 随温度变化，因此，算出的短路电阻应按国家标准换算到基准工作温度 75℃时的阻值。

$$r_{K75℃}=r_{K\theta}\frac{234.5+75}{234.5+\theta}$$

$$Z_{K75℃}=\sqrt{r_K^2 75℃+X_K^2}$$

式中：234.5 为铜导线的常数，若用铝导线常数应改为 228。

计算短路电压(阻抗电压)百分数

$$u_K=\frac{I_N Z_{K75℃}}{U_N}\times 100\%$$

$$u_{Kr}=\frac{I_N r_{K75℃}}{U_N}\times 100\%$$

$$u_{KX}=\frac{I_N X_K}{U_N}\times 100\%$$

$I_K=I_N$时短路损耗 $P_{KN}=I_N^2 r_{K75℃}$

4. 利用空载和短路实验测定的参数，画出被试变压器折算到低压方的"T"型等效电路

5. 变压器的电压变化率 Δu

(1)绘出 $\cos\varphi_2=1$ 和 $\cos\varphi_2=0.8$ 两条外特性曲线 $U_2=f(I_2)$，由特性曲线计算出 $I_2=I_{2N}$ 时的电压变化率

$$\Delta u=\frac{U_{20}-U_2}{U_{20}}\times 100\%$$

(2)根据实验求出的参数，算出 $I_2=I_{2N}$、$\cos\varphi_2=1$ 和 $I_2=I_{2N}$、$\cos\varphi_2=0.8$ 时的电压变化率 Δu。

$$\Delta u=u_{kr}\cos\varphi_2+u_{KX}\sin\varphi_2$$

将两种计算结果进行比较，并分析不同性质的负载对变压器输出电压 U_2 的影响。

6. 绘出被试变压器的效率特性曲线

(1)用间接法算出 $\cos\varphi_2=0.8$ 不同负载电流时的变压器效率，记录于表 3-5 中。

$$\eta=\left(1-\frac{P_0+I_2^{*2}P_{KN}}{I_2^* P_N\cos\varphi_2+P_0+I_2^{*2}P_{KN}}\right)\times 100\%$$

式中：

$$I_2^* P_N\cos\varphi_2=P_2(W)$$

P_{KN}为变压器 $I_K=I_N$时的短路损耗(W)；

P_0为变压器 $U_0=U_N$时的空载损耗(W)。

$$I_2^*=I_2/I_{2N}$$

表 3-5　　**$\cos\varphi_2=0.8$**　　**$P_0=$＿＿＿W**　　**$P_{KN}=$＿＿＿W**

I_2^*	P_2(W)	η
0.2		
0.4		
0.6		
0.8		
1.0		
1.2		

(2)由计算数据绘出变压器的效率曲线 $\eta=f(I_2^*)$。

(3)计算被试变压器 $\eta=\eta_{max}$时的负载系数 β_m。

$$\beta_m=\sqrt{\frac{P_0}{P_{KN}}}$$

七、智能功率、功率因数表的接线示意图(DDSZ-1)(图 3-7)

D34 功率表使用方法：

1. 接通电源后，面板上各 LED 数码管将循环显示“P”，进入初始状态。

2. 面板上有两组键盘，每组五个键，在实际测试过程中只用到“功能”和“确认”键。

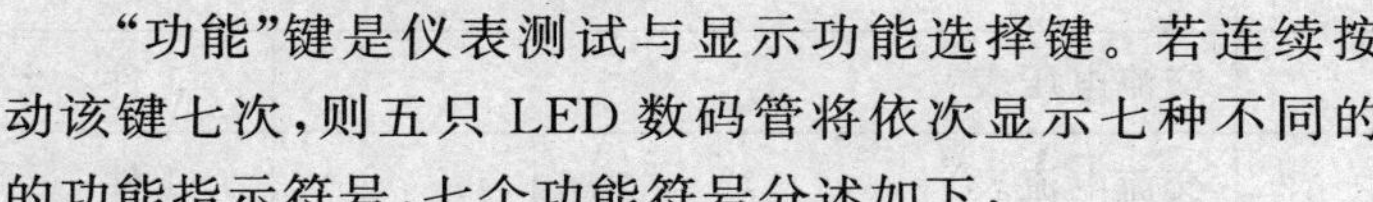

“功能”键是仪表测试与显示功能选择键。若连续按动该键七次，则五只 LED 数码管将依次显示七种不同的的功能指示符号，七个功能符号分述如下：

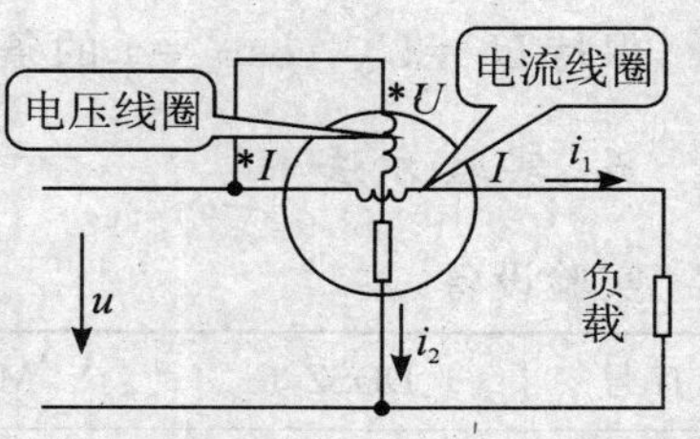

图 3-7　智能功率、功率因数表接线图

次数	1	2	3	4	5	6	7
显示	P.	COS.	FUC.	CCP.	□DA. CO.	DSPLA.	PC.
含义	功率	功率因数	信号频率	周期	数据记录	数据查询	升级后用

“确认”键：在选定上述前六种功能之后，按一下“确认”键，该组显示器将切换显示该功能下的测试结果数据。

3—2　三相变压器

一、实验目的

1. 通过空载和短路实验，测定三相变压器的变比和参数。
2. 通过负载实验，测取三相变压器的运行特性。

二、预习要点

1. 如何用双瓦特计法测三相功率，空载和短路实验应如何合理布置仪表。
2. 三相心式变压器的三相空载电流是否对称，为什么？
3. 如何测定三相变压器的铁耗和铜耗。
4. 变压器空载和短路实验时应注意哪些问题？一般电源应加在哪一方比较合适？

三、注意事项

在三相变压器实验中，应注意电压表、电流表和功率表的合理布置。做短路实验时操作要快，否则线圈发热会引起电阻变化。

四、实验项目

1. 测定变比
2. 空载实验

测取空载特性 $U_{0L}=f(I_{0L})$，$P_0=f(U_{0L})$，$\cos\varphi_0=f(U_{0L})$。

3. 短路实验

测取短路特性 $U_{KL}=f(I_{KL})$，$P_K=f(I_{KL})$，$\cos\varphi_K=f(I_{KL})$。

4. 纯电阻负载实验

保持 $U_1=U_N$，$\cos\varphi_2=1$ 的条件下，测取 $U_2=f(I_2)$。

五、实验方法

实验设备

序号	DDSZ-1	MEL-I	名　称	数量
1	D33		交流电压表	1 件
2	D32		交流电流表	1 件
3	D34-3	MEL-20	单三相智能功率、功率因数表	1 件
4	DJ12	MEL-01	三相心式变压器	1 件
5	D42	MEL-03	三相可调电阻器	1 件
6	D51	MEL-05	波形测试及开关板	1 件

(一)针对 DDSZ-1 电机教学实验台

1. 测定变比

实验线路如图 3-8 所示，被测变压器选用 DJ12 三相三线圈心式变压器，额定容量 $P_N=152/152/152$ W，$U_N=220/63.6/55$ V，$I_N=0.4/1.38/1.6$ A，Y/Δ/Y 接法。实验时只用高、低压两组线圈，低压线圈接电源，高压线圈开路。将三相交流电源调到输出电压为零的位置。开启控制屏上电源总开关，按下“开”按钮，电源接通后，调节外施电压 $U=0.5U_N=27.5$ V 测取高、低线圈的线电压 U_{AB}、U_{BC}、U_{CA}、U_{ab}、U_{bc}、U_{ca}，记录于表 3-6 中。

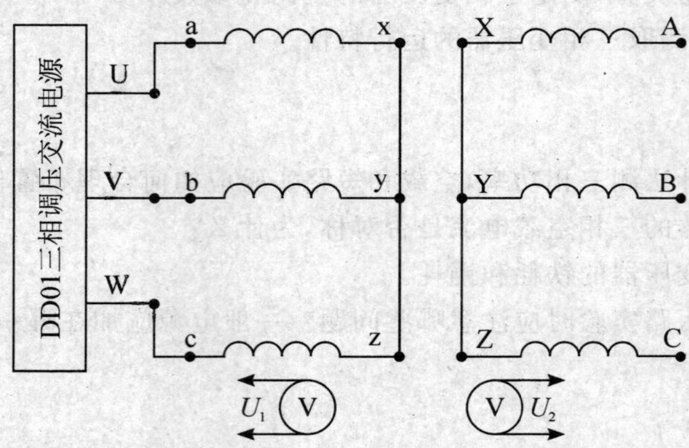

图 3-8　三相变压器变比实验接线图

表 3-6

高压绕组线电压(V)		低压绕组线电压(V)		变比(K)	
U_{AB}		U_{ab}		K_{AB}	
U_{BC}		U_{bc}		K_{BC}	
U_{CA}		u_{ca}		K_{CA}	

计算：变比 K：

$$K_{AB}=\frac{U_{AB}}{U_{ab}} \quad K_{BC}=\frac{U_{BC}}{U_{bc}} \quad K_{CA}=\frac{U_{CA}}{U_{ca}}$$

平均变比：

$$K=\frac{1}{3}(K_{AB}+K_{BC}+K_{CA})$$

2. 空载实验

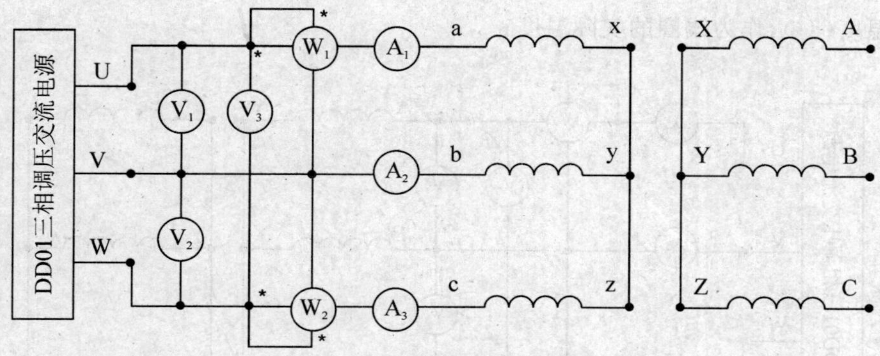

图 3-9 三相变压器空载实验接线图

(1)将控制屏左侧三相交流电源的调压旋钮调到输出电压为零的位置，按下“关”按钮，在断电的条件下，按图 3-9 接线。变压器低压线圈接电源，高压线圈开路。

(2)按下“开”按钮接通三相交流电源，调节电压，使变压器的空载电压 $U_{0L}=1.2U_N$。

(3)逐次降低电源电压，在$(1.2\sim0.2)U_N$范围内，测取变压器三相线电压、线电流和功率。

(4)测取数据时，其中 $U_0=U_N$ 的点必测，且在其附近多测几组。共取数据 8～9 组记录于表 3-7 中。

表 3-7

序号	实验数据								计算数据			
	U_{0L}(V)			I_{0L}(A)			P_0(W)		U_{0L} (V)	I_{0L} (A)	P_0 (W)	$\cos\Phi_0$
	U_{ab}	U_{bc}	U_{ca}	I_{a0}	I_{b0}	I_{c0}	P_{01}	P_{02}				

3. 短路实验

(1)将三相交流电源的输出电压调至零值。按下“关”按钮，在断电的条件下，按图 3-10 接线。**变压器高压线圈接电源，低压线圈直接短路。**

(2)按下“开”按钮，接通三相交流电源，**缓慢增大电源电压，使变压器的短路电流** $I_{KL}=1.1I_N$。

(3)逐次降低电源电压，在 1.1～0.2I_N 的范围内，测取变压器的三相输入电压、电流及功率。

(4)测取数据时，其中 $I_{KL}=I_N$ 点必测，共取数据 5～6 组。记录于表 3-8 中。实验时记下周围环境温度(℃)，作为线圈的实际温度。

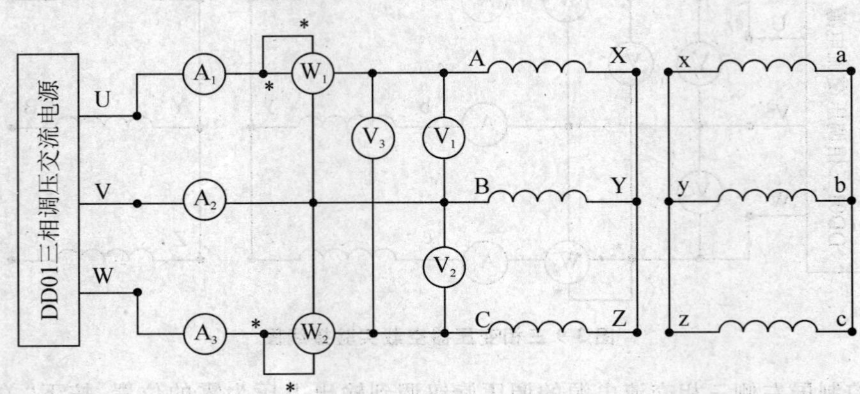

图 3-10 三相变压器短路实验接线图

表 3-8 **室温______℃**

序号	实验数据								计算数据			
	U_{KL}(V)			I_{KL}(A)			P_K(W)		U_{KL} (V)	I_{KL} (A)	P_K (W)	$\cos\Phi_K$
	U_{AB}	U_{BC}	U_{CA}	I_{AK}	I_{BK}	I_{CK}	P_{K1}	P_{K2}				

4. 纯电阻负载实验

(1)将电源电压调至零值，按下“关”按钮，按图 3-11 接线。变压器低压线圈接电源，高压线圈经开关 S 接负载电阻 R_L，R_L选用 D42 的 1 800 Ω 变阻器共三只，开关 S 选用 D51 挂件。将负载电阻 R_L阻值调至最大，打开开关 S。

(2)按下“开”按钮接通电源，调节交流电压，使变压器的输入电压 $U_1=U_N$。

(3)在保持 $U_1=U_{1N}$的条件下，合上开关 S，逐次增加负载电流，从空载到额定负载范围内，测取三相变压器输出线电压和相电流。

(4)测取数据时，其中 $I_2=0$ 和 $I_2=I_N$两点必测。共取数据 7～8 组记录于表 3-9 中。

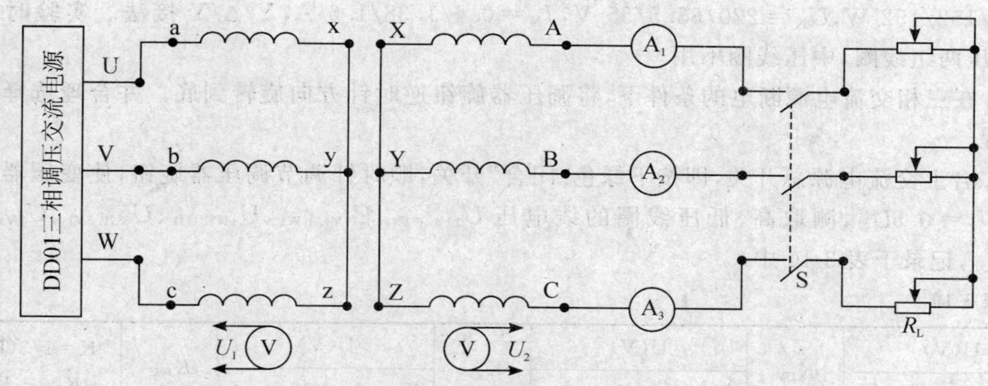

图 3-11　三相变压器负载实验接线图

表 3-9　　$U_1=U_{1N}=$______V;　　$\cos\varphi_2=1$

序号	U_2(V)				I_2(A)			
	U_{AB}	U_{BC}	U_{CA}	U_2	I_A	I_B	I_C	I_2

* 4.2　针对 MEL-I 电机教学实验台

1. 测定变比

实验线路如图 3-12 所示，被试变压器选用 MEL-02 三相三线圈心式变压器，额定容量 P_N

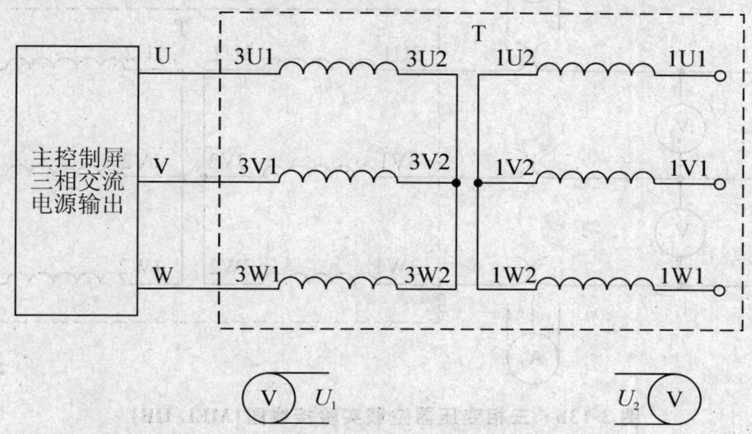

图 3-12　三相变压器变比实验接线图

$=152/152/152$ W，$U_N=220/63.5/55$ V，$I_N=0.4/1.38/1.6$ A，Y/Δ/Y 接法。实验时只用高、低压两组线圈，中压线圈不用。

a. 在三相交流电源断电的条件下，将调压器旋钮逆时针方向旋转到底。并合理选择各仪表量程。

b. 合上交流电源总开关，即按下绿色"闭合"开关，顺时针调节调压器旋钮，使变压器空载电压 $U_0=0.5U_N$，测取高、低压线圈的线电压 $U_{1U1.1V1}$、$U_{1V1.1W1}$、$U_{1W1.1U1}$、$U_{3U1.3V1}$、$U_{3V1.3W1}$、$U_{3W1.3U1}$，记录于表 3-10 中。

表 3-10

U(V)		K_{UV}	U(V)		K_{VW}	U(V)		K_{WU}	$K=1/3(K_{UV}+K_{VW}+K_{WU})$
$U_{1U1.1V1}$	$U_{3U1.3V1}$		$U_{1V1.1W1}$	$U_{3V1.3W1}$		$U_{1W1.1U1}$	$U_{3W1.3U1}$		

$K_{UV}=U_{1U1.1V1}/U_{3U1.3V1}$

$K_{VW}=U_{1V1.1W1}/U_{3V1.3W1}$

$K_{WU}=U_{1W1.1U1}/U_{3W1.3U1}$

2. 空载实验

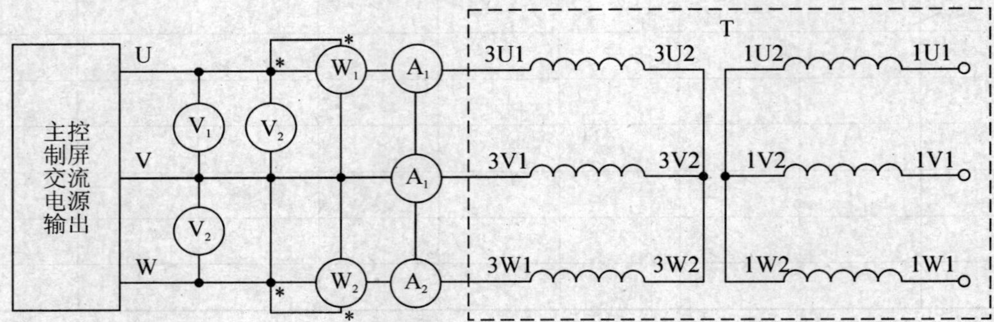

图 3-13a 三相变压器空载实验接线图(MEL-I、MEL-IIA)

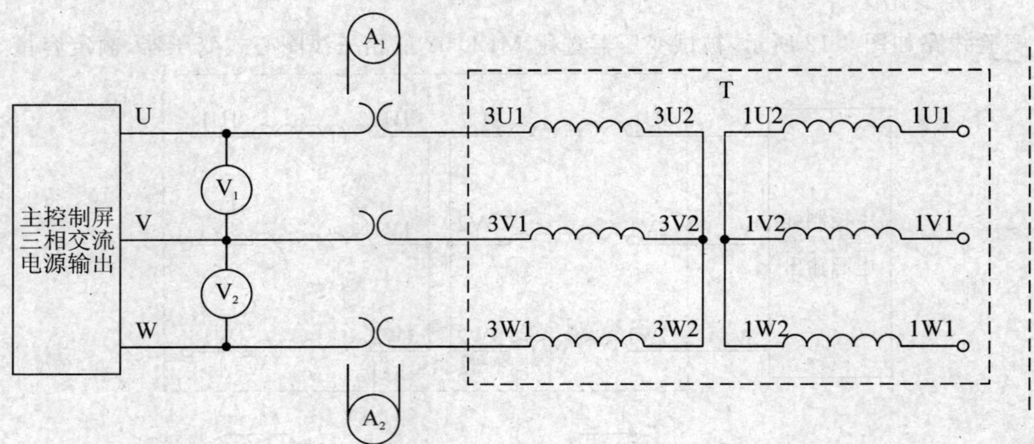

图 3-13b 三相变压器空载实验接线图(MEL-IIB)

实验线路如图 3-13 所示，变压器 T 选用 MEL-02 三相心式变压器。实验时，变压器低压线圈接电源，高压线圈开路。

A、V、W 分别为交流电流表、交流电压表、功率表。具体配置由所采购的设备型号不同由所差别。若设备为 MEL-I 系列，则交流电流表、电压表为三组指针式模拟表，量程可根据需要选择，功率表采用单独的组件（MEL-20 或 MEL-24）；若设备为 MEL-II 系列，则上述仪表为智能型数字仪表，量程可自动也可手动选择，功率表含在主控屏上。仪表数量也可能由于设备型号不同而不同。故不同的实验台，其接线图也不同。

功率表接线时，需注意电压线圈和电流线圈的同名端，避免接错线。

(1)接通电源前，先将交流电源调到输出电压为零的位置。合上交流电源总开关，即按下绿色“闭合”开关，顺时针调节调压器旋钮，使变压器空载电压 $U_0=1.2U_N$。

(2)然后，逐次降低电源电压，在 $1.2\sim0.5U_N$ 的范围内；测取变压器的三相线电压、电流和功率，共取 6～7 组数据，记录于表 3-11 中。其中 $U=U_N$ 的点必须测，并在该点附近测的点应密些。

(3)测量数据以后，断开三相电源，以便为下次实验做好准备。

表 3-11

序号	实验数据								计算数据			
	U_0(V)			I_0(A)			P_0(W)		U_O (V)	I_O (A)	P_O (W)	$\cos\varphi_0$
	$U_{3U1.3V1}$	$U_{3V1.3W1}$	$U_{3W1.3U1}$	I_{3U10}	I_{3V10}	I_{3W10}	P_{01}	P_{02}				
1												
2												
3												
4												
5												
6												

3. 短路实验

实验线路如图 3-14 所示，变压器高压线圈接电源，低压线圈直接短路。

接通电源前，将交流电压调到输出电压为零的位置，接通电源后，逐渐增大电源电压，使变压器的短路电流 $I_K=1.1I_N$。然后逐次降低电源电压，在 $1.1\sim0.5I_N$ 的范围内，测取变压器

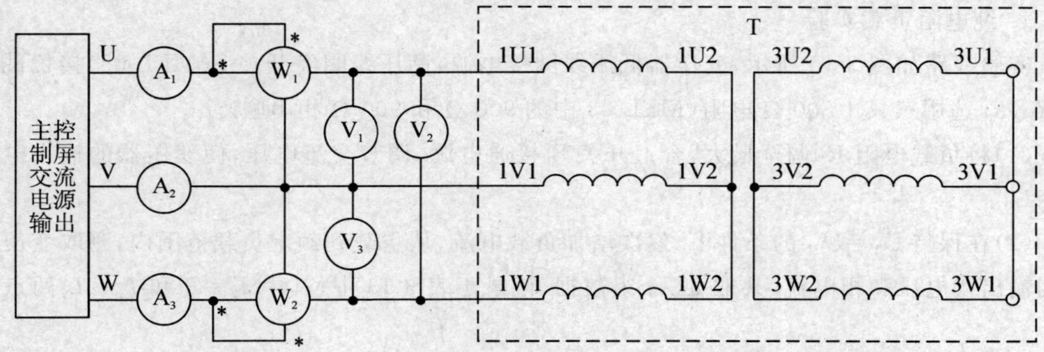

图 3-14a　三相变压器短路实验接线图(MEL-I、MEL-IIA)

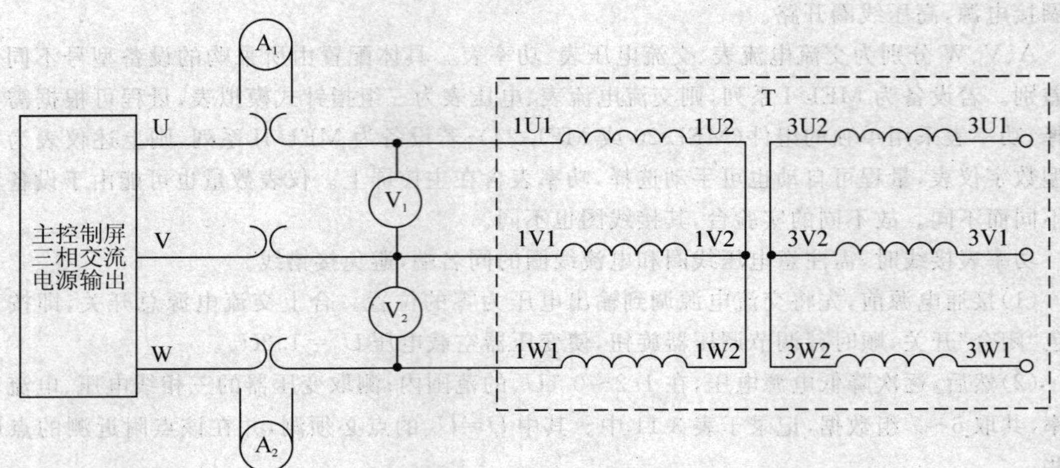

图 3-14b 三相变压器短路实验接线图(MEL-IIB)

的三相输入电压、电流及功率，共取 4～5 组数据，记录于表 3-12 中，其中 $I_K=I_N$ 点必测。实验时，记下周围环境温度(°C)，作为线圈的实际温度。

表 3-12 **θ=_____℃**

序号	实验数据								计算数据			
	U_K(V)			I_K(A)			P_K(W)		U_K	I_K	P_K	$\cos\varphi_K$
	$U_{1U1.1V1}$	$U_{1V1.1U1}$	$U_{1W1.1U1}$	I_{1U1}	I_{1V1}	I_{1W1}	P_{K1}	P_{K2}	(V)	(A)	(W)	
1												
2												
3												
4												
5												

4. 纯电阻负载实验

实验线路如图 3-15 所示，变压器低压线圈接电源，高压线圈经开关 S(MEL-05)接负载电阻 R_L，R_L 选用三只 1 800 Ω 电阻(MEL-03 中的 900 Ω 和 900 Ω 相串联)。

(1)将负载电阻 R_L 调至最大，合上开关 S_1 接通电源，调节交流电压，使变压器的输入电压 $U_1=U_{1N}$。

(2)在保持 $U_1=U_{1N}$ 的条件下，逐次增加负载电流，从空载到额定负载范围内，测取变压器三相输出线电压和相电流，共取 5～6 组数据，记录于表 3-13 中，其中 $I_2=0$ 和 $I_2=I_N$ 两点必测。

表 3-13　$U_{UV}=U_{1N}=$____V;　$\cos\varphi_2=1$

序号	U(V)				I(A)			
	$U_{1U1.1V1}$	$U_{1V1.1W1}$	$U_{1W1.1U1}$	U_2	I_{1U1}	I_{1V1}	I_{1W1}	I_2
1								
2								
3								
4								
5								

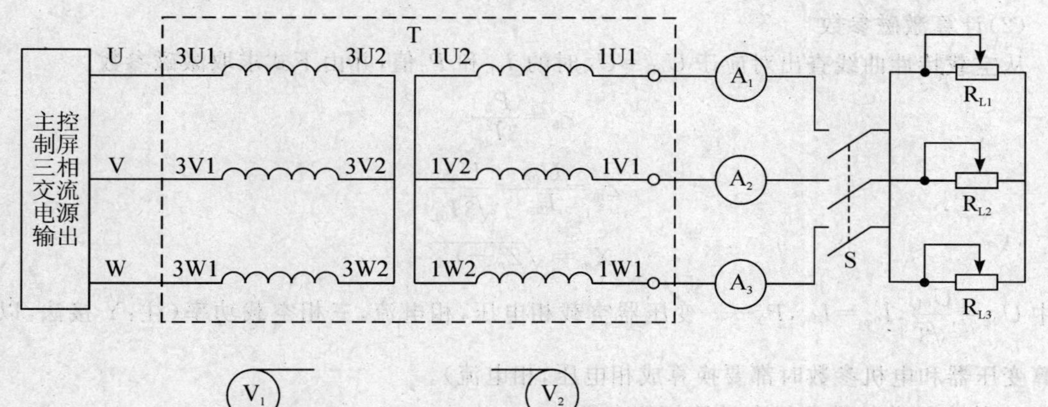

图 3-15a　三相变压器负载实验接线图(MEL-I、MEL-IIA)

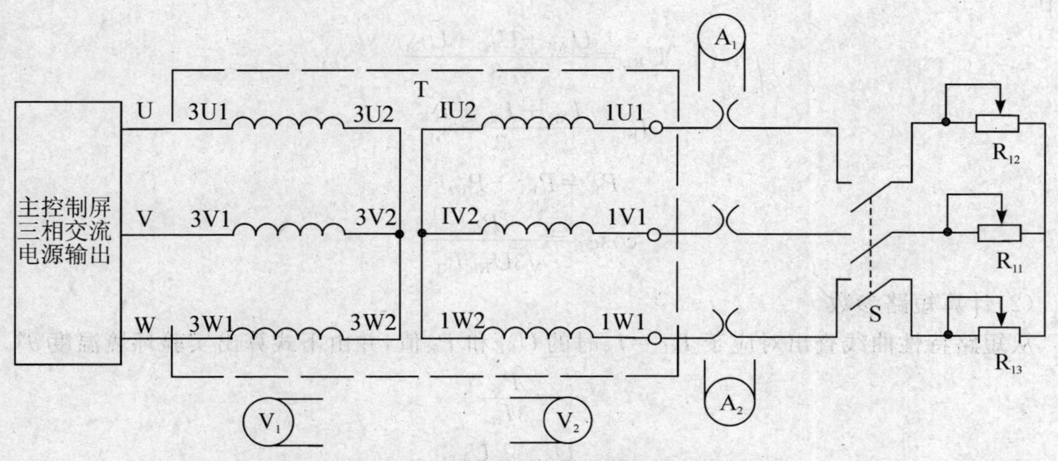

图 3-15b　三相变压器负载实验接线图(MEL-IIB)

六、实验报告

1. 计算变压器的变比

根据实验数据，计算各线电压之比，然后取其平均值作为变压器的变比。

$$K_{AB}=\frac{U_{AB}}{U_{ab}},K_{BC}=\frac{U_{BC}}{U_{bc}},K_{CA}=\frac{U_{CA}}{U_{ca}}$$

2. 根据空载实验数据作空载特性曲线并计算激磁参数

(1)绘出空载特性曲线 $U_{0L}=f(I_{0L})$，$P_0=f(U_{0L})$，$\cos\varphi_0=f(U_{0L})$

表 3-7 中

$$U_{0L}=\frac{U_{ab}+U_{bc}+U_{ca}}{3}$$

$$I_{0L}=\frac{I_a+I_b+I_c}{3}$$

$$P_0=P_{01}+P_{02}$$

$$\cos\varphi_0=\frac{P_0}{\sqrt{3}U_{0L}I_{0L}}$$

(2)计算激磁参数

从空载特性曲线查出对应于 $U_{0L}=U_N$ 时的 I_{0L} 和 P_0 值，并由下式求取激磁参数。

$$r_m=\frac{P_0}{3I_{0\varphi}^2}$$

$$Z_m=\frac{U_{0\varphi}}{I_{0\varphi}}=\frac{U_{0L}}{\sqrt{3}I_{0L}}$$

$$X_m=\sqrt{Z_m^2-r_m^2}$$

式中 $U_{0\varphi}=\frac{U_{0L}}{\sqrt{3}}$，$I_{0\varphi}=I_{0L}$，$P_0$——变压器空载相电压，相电流，三相空载功率（注：Y 接法，以后计算变压器和电机参数时都要换算成相电压，相电流）。

3. 绘出短路特性曲线和计算短路参数

(1)绘出短路特性曲线 $U_{KL}=f(I_{KL})$，$P_K=f(I_{KL})$，$\cos\varphi_K=f(I_{KL})$

式中

$$U_{KL}=\frac{U_{AB}+U_{BC}+U_{CA}}{3}$$

$$I_{KL}=\frac{I_{AK}+I_{BK}+I_{CK}}{3}$$

$$P_K=P_{K1}+P_{K2}$$

$$\cos\varphi_K=\frac{P_K}{\sqrt{3}U_{KL}I_{KL}}$$

(2)计算短路参数

从短路特性曲线查出对应于 $I_{KL}=I_N$ 时的 U_{KL} 和 P_K 值，并由下式算出实验环境温度 θ℃

$$r'_K=\frac{P_K}{3I_{K\varphi}^2}$$

$$Z'_K=\frac{U_{K\varphi}}{I_{K\varphi}}=\frac{U_{KL}}{\sqrt{3}I_{KL}}$$

$$X'_K=\sqrt{Z_K'^2-r_K'^2}$$

式中 $U_{K\varphi}=\frac{U_{KL}}{\sqrt{3}}$，$I_{K\varphi}=I_{KL}=I_N$，$P_K$——短路时的相电压、相电流、三相短路功率。

折算到低压方

$$Z_K=\frac{Z'_K}{K^2}$$

$$r_K=\frac{r'_K}{K^2}$$

$$X_K=\frac{X'_K}{K^2}$$

换算到基准工作温度下的短路参数 $r_{K75℃}$ 和 $Z_{K75℃}$，(换算方法见 3－1 内容)计算短路电压百分数

$$u_K=\frac{I_{N\varphi}Z_{K75℃}}{U_{N\varphi}}\times100\%$$

$$u_{Kr}=\frac{I_N r_{K75℃}}{U_{N\varphi}}\times100\%$$

$$u_{KX}=\frac{I_N X_K}{U_{N\varphi}}\times100\%$$

计算 $I_K=I_N$ 时的短路损耗　　$P_{KN}=3I_{N\varphi}^2 r_{K75℃}$

4. 根据空载和短路实验测定的参数，画出被试变压器的“T”型等效电路

5. 变压器的电压变化率

(1)根据实验数据绘出 $\cos\varphi_2=1$ 时的特性曲线 $U_2=f(I_2)$，由特性曲线计算出 $I_2=I_{2N}$ 时的电压变化率

$$\Delta u=\frac{U_{20}-U_2}{U_{20}}\times100\%$$

(2)根据实验求出的参数，算出 $I_2=I_N$，$\cos\varphi_2=1$ 时的电压变化率

$$\Delta u=\beta(u_{kr}\cos\varphi_2+u_{KX}\sin\varphi_2)$$

6. 绘出被试变压器的效率特性曲线

(1)用间接法算出在 $\cos\varphi_2=0.8$ 时，不同负载电流时变压器效率，记录于表 3-10 中。

表 3-14　　**$\cos\varphi_2=0.8$　$P_0=$______W　$P_{KN}=$______W**

I_2^*	P_2(W)	η
0.2		
0.4		
0.6		
0.8		
1.0		
1.2		

$$\eta=\left(1-\frac{P_0+I_2^{*2}P_{KN}}{I_2^*P_N\cos\varphi_2+P_0+I_2^{*2}P_{KN}}\right)\times100\%$$

式中 $I_2^*P_N\cos\varphi_2=P_2$

P_N 为变压器的额定容量

P_{KN} 为变压器 $I_{KL}=I_N$ 时的短路损耗

P_0 为变压器的 $U_{0L}=U_N$ 时的空载损耗

(2)计算被测变压器 $\eta=\eta_{max}$时的负载系数 β_m。

$$\beta_m=\sqrt{\frac{P_0}{P_{KN}}}$$

3—3 三相变压器的联接组和不对称短路

一、实验目的

1. 掌握用实验方法测定三相变压器的极性。
2. 掌握用实验方法判别变压器的联接组。
3. 研究三相变压器不对称短路。
4. 观察三相变压器不同绕组联接法和不同铁心结构对空载电流和电势波形的影响。

二、预习要点

1. 联接组的定义。为什么要研究联接组。国家规定的标准联接组有哪几种。
2. 如何把 Y/Y-12 联接组改成 Y/Y-6 联接组以及把 Y/Δ-11 改为 Y/Δ-5 联接组。
3. 在不对称短路情况下,哪种联接的三相变压器电压中点偏移较大。
4. 三相变压器绕组的连接法和磁路系统对空载电流和电势波形的影响。

三、实验项目

1. 测定极性
2. 连接并判定以下联接组
(1) Y/Y—12
(2) Y/Y—6
(3) Y/Δ—11
(4) Y/Δ—5
3. 不对称短路
(1) Y/Y_0—12 单相短路
(2) Y/Y—12 两相短路
4. 测定 Y/Y_0连接的变压器的零序阻抗。
5. 观察不同连接法和不同铁心结构对空载电流和电势波形的影响。

四、实验方法

实验设备

序号	DDSZ-1	MEL-I	名　称	数量
1	D33		交流电压表	1 件
2	D32		交流电流表	1 件
3	D34-3	MEL-20	单三相智能功率、功率因数表	1 件

续表

序号	DDSZ-1	MEL-I	名 称	数量
4	DJ11	MEL-01	三相组式变压器	1件
5	DJ12	MEL-02	三相心式变压器	1件
6	D51	MEL-05	波形测试,开关板	1件
7			单踪示波器(另配)	1台

(一)针对 DDSZ-1 电机教学实验台

1. 测定极性

(1)测定相间极性

被测变压器选用三相心式变压器 DJ12,用其中高压和低压两组绕组,额定容量 P_N = 152/152 W,U_N=220/55 V,I_N=0.4/1.6 A,Y/Y 接法。测得阻值大的为高压绕组,用 A、B、C、X、Y、Z 标记。低压绕组标记用 a、b、c、x、y、z。

①按图 3-16 接线。A、X 接电源的 U、V 两端子,Y、Z 短接。

②接通交流电源,在绕组 A、X 间施加约 50%U_N的电压。

③用电压表测出电压 U_{BY}、U_{CZ}、U_{BC},若 $U_{BC}=|U_{BY}-U_{CZ}|$,则首末端标记正确;若 $U_{BC}=|U_{BY}+U_{CZ}|$,则标记不对。须将 B、C 两相任一相绕组的首末端标记对调。

④用同样方法,将 B、C 两相中的任一相施加电压,另外两相末端相联,定出每相首、末端正确的标记。

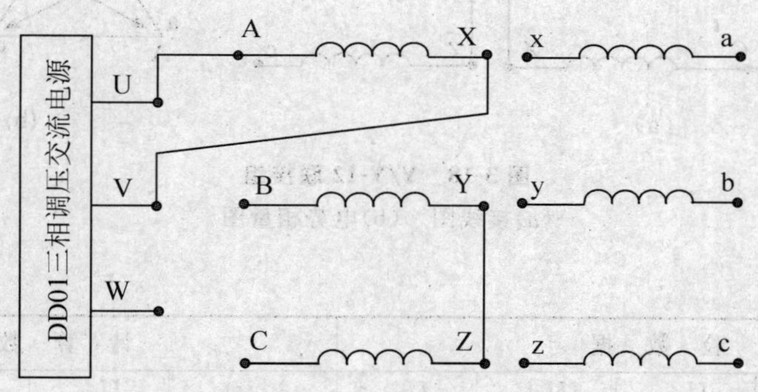

图 3-16 测定相间极性接线图

(2)测定原、副方极性

①暂时标出三相低压绕组的标记 a、b、c、x、y、z,然后按图 3-17 接线,原、副方中点用导线相连。

②高压三相绕组施加约 50%的额定电压,用电压表测量电压 U_{AX}、U_{BY}、U_{CZ}、U_{ax}、U_{by}、U_{cz}、U_{Aa}、U_{Bb}、U_{Cc},若 $U_{Aa}=U_{Ax}-U_{ax}$,则 A 相高、低压绕组同相,并且首端 A 与 a 端点为同极性。若 $U_{Aa}=U_{AX}+U_{ax}$,则 A 与 a 端点为异极性。

③用同样的方法判别出 B、b、C、c 两相原、副方的极性。

④高低压三相绕组的极性确定后,根据要求连接出不同的联接组。

2. 检验联接组

(1) Y/Y-12

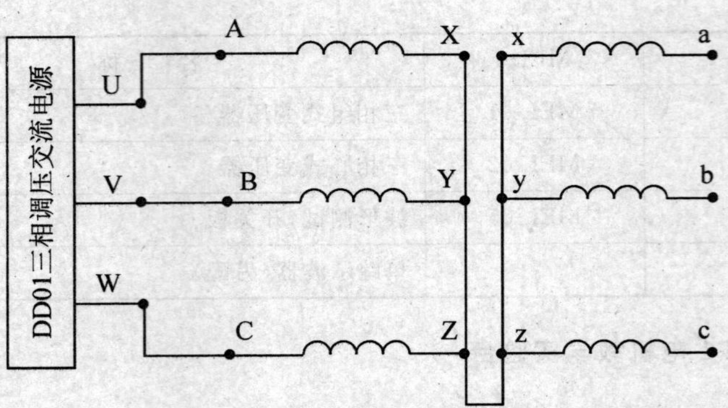

图 3-17 测定原、副方极性接线图

按图 3-18 接线。A、a 两端点用导线联接，在高压方施加三相对称的额定电压，测出 U_{AB}、U_{ab}、U_{Bb}、U_{Cc}及 U_{Bc}，将数据记录于表 3-15 中。

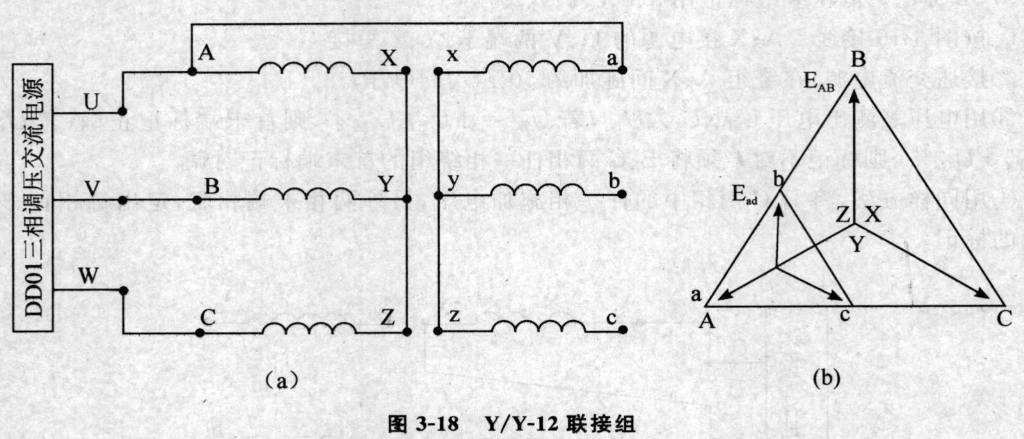

图 3-18 Y/Y-12 联接组

(α)接线图 (b)电势相量图

表 3-15

实验数据					计算数据			
U_{AB} (V)	U_{ab} (V)	U_{Bb} (V)	U_{Cc} (V)	U_{Bc} (V)	$K_L=\frac{U_{AB}}{U_{ab}}$	U_{Bb} (V)	U_{Cc} (V)	U_{Bc} (V)

根据 Y/Y-12 联接组的电势相量图可知

$$U_{Bb}=U_{Cc}=(K_L-1)U_{ab}$$

$$U_{Bc}=U_{ab}\sqrt{K_L^2-K_L+1}$$

$$K_L=\frac{U_{AB}}{U_{ab}}$$

为线电压之比。

若用两式计算出的电压 U_{Bb}，U_{Cc}，U_{Bc} 的数值与实验测取的数值相同，则表示绕组连接正确，属 Y/Y-12 联接组。

(2) Y/Y-6

将 Y/Y-12 联接组的副方绕组首、末端标记对调，A、a 两点用导线相联，如图 3-19 所示。

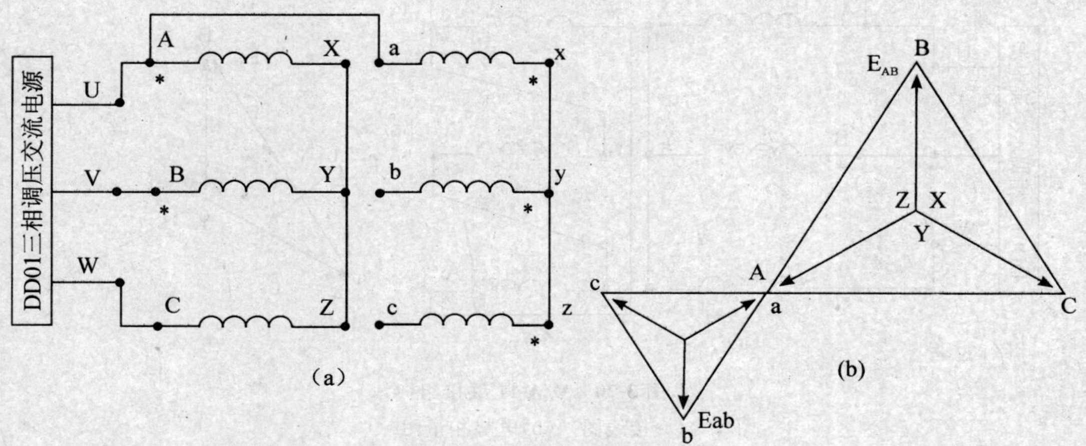

图 3-19　Y/Y-6 联接组

(a)接线图　(b)电势相量图

按前面方法测出电压 U_{AB}、U_{ab}、U_{Bb}、U_{Cc}及 U_{Bc}，将数据记录于表 3-16 中。

表 3-16

实验数据					计算数据			
U_{AB} (V)	U_{ab} (V)	U_{Bb} (V)	U_{Cc} (V)	U_{Bc} (V)	$K_L=\frac{U_{AB}}{U_{ab}}$	U_{Bb} (V)	U_{Cc} (V)	U_{Bc} (V)

根据 Y/Y-6 联接组的电势相量图可得

$$U_{Bb}=U_{Cc}=(K_L+1)U_{ab}$$

$$U_{Bc}=U_{ab}\sqrt{(K_L^2+K_L+1)}$$

若由上两式计算出电压 U_{Bb}、U_{Cc}、U_{Bc}的数值与实测相同，则绕组连接正确，属于 Y/Y-6 联接组。

(3) Y/Δ-11

按图 3-20 接线。A、a 两端点用导线相连，高压方施加对称额定电压，测取 U_{AB}、U_{ab}、U_{Bb}、U_{Cc}及 U_{Bc}，将数据记录于表 3-17 中

表 3-17

实验数据					计算数据			
U_{AB} (V)	U_{ab} (V)	U_{Bb} (V)	U_{Cc} (V)	U_{Bc} (V)	$K_L=\frac{U_{AB}}{U_{ab}}$	U_{Bb} (V)	U_{Cc} (V)	U_{Bc} (V)

根据 Y/Δ-11 联接组的电势相量可得

$$U_{Bb}=U_{Cc}=U_{Bc}=U_{ab}\sqrt{K_L^2-\sqrt{3}K_L+1}$$

若由上式计算出的电压 U_{Bb}、U_{Cc}、U_{Bc}的数值与实测值相同，则绕组连接正确，属 Y/Δ-11 联接组。

(4) Y/Δ-5

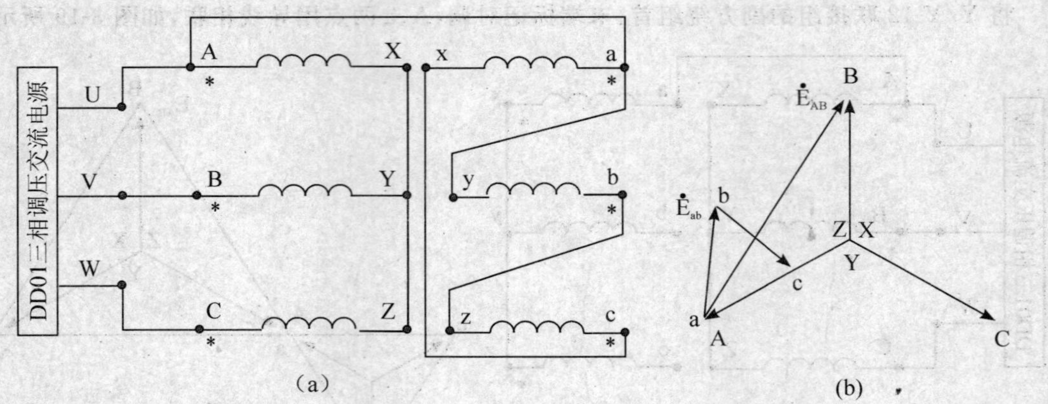

图 3-20 Y/Δ-11 联接组

(a)接线图 (b)电势相量图

将 Y/Δ-11 联接组的副方绕组首、末端的标记对调,如图 3-21 所示。实验方法同前,测取 U_{AB}、U_{ab}、U_{Bb}、U_{Cc} 和 U_{Bc},将数据记录于表 3-18 中。

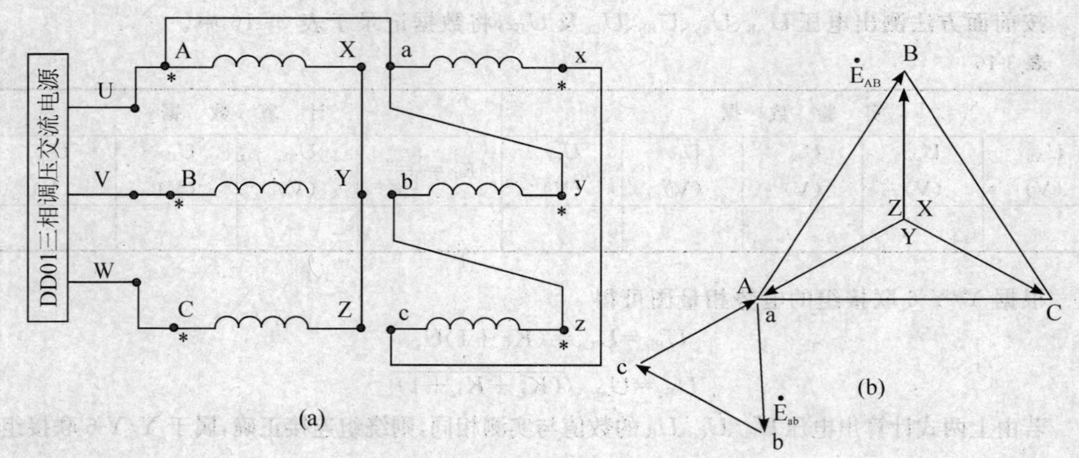

图 3-21 Y/Δ-5 联接组

(a)接线图 (b)电势相量图

表 3-18

实验数据					计算数据			
U_{AB} (V)	U_{ab} (V)	U_{Bb} (V)	U_{Cc} (V)	U_{Bc} (V)	$K_L=\frac{U_{AB}}{U_{ab}}$	U_{Bb} (V)	U_{Cc} (V)	U_{Bc} (V)

根据 Y/Δ-5 联接组的电势相量图可得

$$U_{Bb}=U_{Cc}=U_{Bc}=U_{ab}\sqrt{K_L^2+\sqrt{3}K_L+1}$$

若由上式计算出的电压 U_{Bb}、U_{Cc}、U_{Bc} 的数值与实测相同,则绕组联接正确,属于 Y/Δ-5 联接组。

3. 不对称短路

（1）Y/Y_0连接单相短路

①三相心式变压器

按图 3-22 接线。被试变压器选用三相心式变压器。将交流电压调到输出电压为零的位置，接通电源，逐渐增加外施电压，直至副方短路电流 $I_{2K} \approx I_{2N}$ 为止，测取副方短路电流 I_{2K} 和原方电流 I_A、I_B、I_C。将数据记录于表 3-19 中。

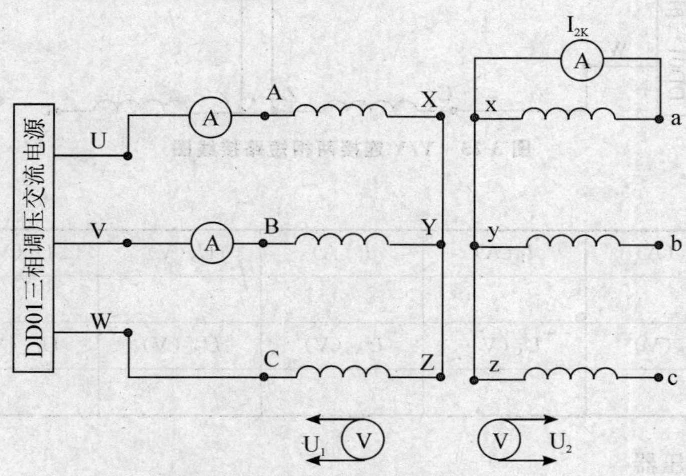

图 3-22　Y/Y_0连接单相短路接线图

表 3-19

I_{2K}(A)	I_A(A)	I_B(A)	I_C(A)	U_a(V)	U_b(V)	U_c(V)
U_A(V)	U_B(V)	U_C(V)	U_{AB}(V)	U_{BC}(V)	U_{CA}(V)	

②三相组式变压器

被测变压器改为三相组式变压器，接通电源，逐渐施加外加电压直至 $U_{AB}=U_{BC}=U_{CA}=$ 220 V，测取副方短路电流和原方电流 I_A、I_B、I_C。将数据记录于表 3-20 中。

表 3-20

I_{2K}(A)	I_A(A)	I_B(A)	I_C(A)	U_a(V)	U_b(V)	U_c(V)
U_A(V)	U_B(V)	U_C(V)	U_{AB}(V)	U_{BC}(V)	U_{CA}(V)	

（2）Y/Y 联接两相短路

①三相心式变压器

按图 3-23 接线。将交流电源电压调至零位置。接通电源，逐渐增加外施电压，直至 $I_{2K} \approx I_{2N}$ 为止，测取变压器副方电流 I_{2K} 和原方电流 I_A、I_B、I_C 将数据记录于表 3-21 中。

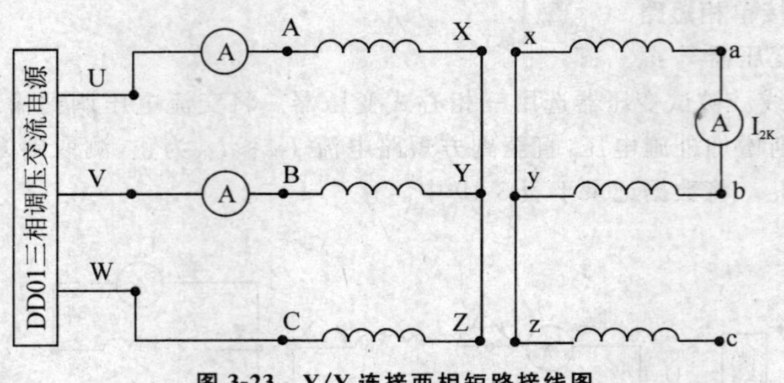

图 3-23 Y/Y 连接两相短路接线图

表 3-21

I_{2K}(A)	I_A(A)	I_B(A)	I_C(A)	U_a(V)	U_b(V)	U_c(V)
U_A(V)	U_B(V)	U_C(V)	U_{AB}(V)	U_{BC}(V)	U_{CA}(V)	

②三相组式变压器

被测变压器改为三相组式变压器，重复上述实验，测取数据记录于表 3-22 中。

表 3-22

I_{2K}(A)	I_A(A)	I_B(A)	I_C(A)	U_a(V)	U_b(V)	U_c(V)
U_A(V)	U_B(V)	U_C(V)	U_{AB}(V)	U_{BC}(V)	U_{CA}(V)	

4. 测定变压器的零序阻抗

(1)三相心式变压器

按图 3-24 接线。三相心式变压器的高压绕组开路，三相低压绕组首末端串联后接到电源。将电压调至零，接通交流电源，逐渐增加外施电压，在输入电流 $I_0=0.25I_N$ 和 $I_0=0.5I_N$ 的两种情况下，测取变压器的 I_0、U_0 和 P_0，将数据记录于表 3-23 中。

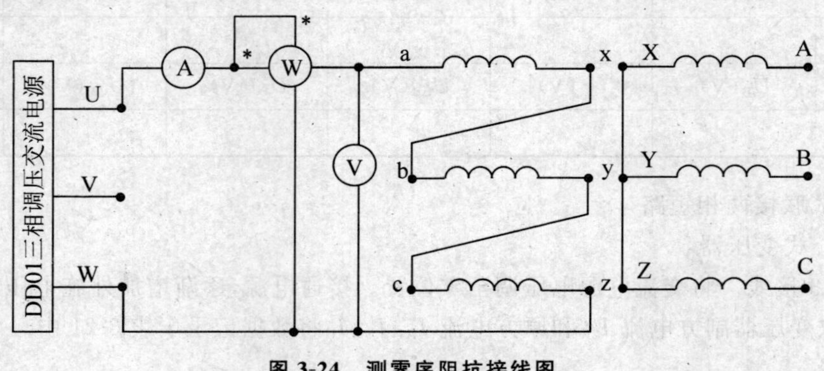

图 3-24 测零序阻抗接线图

表 3-23

I_{0L}(A)	U_{0L}(V)	P_{0L}(W)
$0.25I_N=$		
$0.5I_N=$		

(2)三相组式变压器

由于三相组式变压器的磁路彼此独立,因此可用三相组式变压器中任何一台单相变压器做空载实验,求取的激磁阻抗即为三相组式变压器的零序阻抗。若前面单相变压器空载实验已做过,该实验可略。

5. 分别观察三相心式和组式变压器不同连接方法时空载电流和电势的波形

(1)三相组式变压器

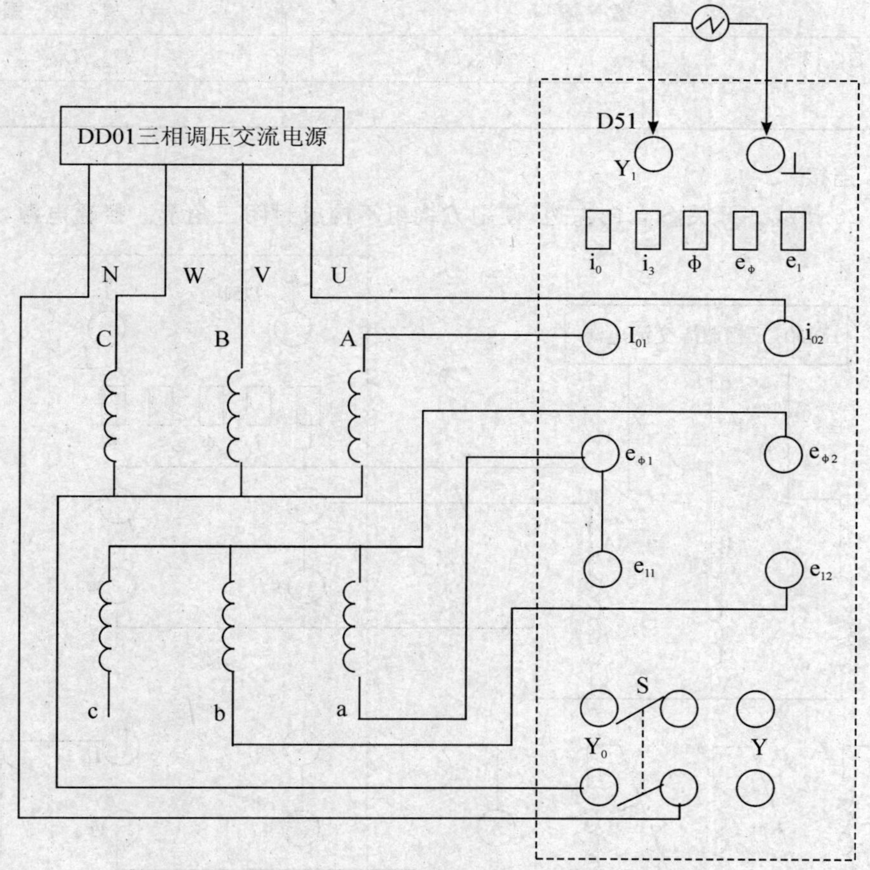

图 3-25　观察 Y/Y 和 Y_0/Y 连接三相变压器空载电流和电势波形的接线图

①Y/Y 连接

按图 3-25 接线。三相组式变压器作 Y/Y 连接,把开关 S 打开(不接中线)。

接通电源后,调节输入电压使变压器在 $0.5U_N$ 和 U_N 两种情况下通过示波器观察空载电流 I_0,副方相电势 e_φ 和线电势 e_l 的波形(注:Y 接法 $U_N=380$ V)。

在变压器输入电压为额定值时,用电压表测取原方线电压 U_{AB} 和相电压 U_{AX},将数据记录于表 3-24 中。

表 3-24

实验数据		计算数据
U_{AB}(V)	U_{AX}(V)	U_{AB}/U_{AX}

②Y_0/Y 连接

接线与 Y/Y 连接相同,合上开关 S,即为 Y_0/Y 接法。重复前面实验步骤,观察 i_0,e_φ,e_1 波形,并在 $U_1=U_N$ 时测取 U_{AB} 和 U_{AX} 将数据记录于表 3-25 中。

表 3-25

实验数据		计算数据
U_{AB}(V)	U_{AX}(V)	U_{AB}/U_{AX}

③Y/Δ 连接

按图 3-26 接线。开关 S 合向左边,使副方绕组不构成封闭三角形。接通电源,调节变压

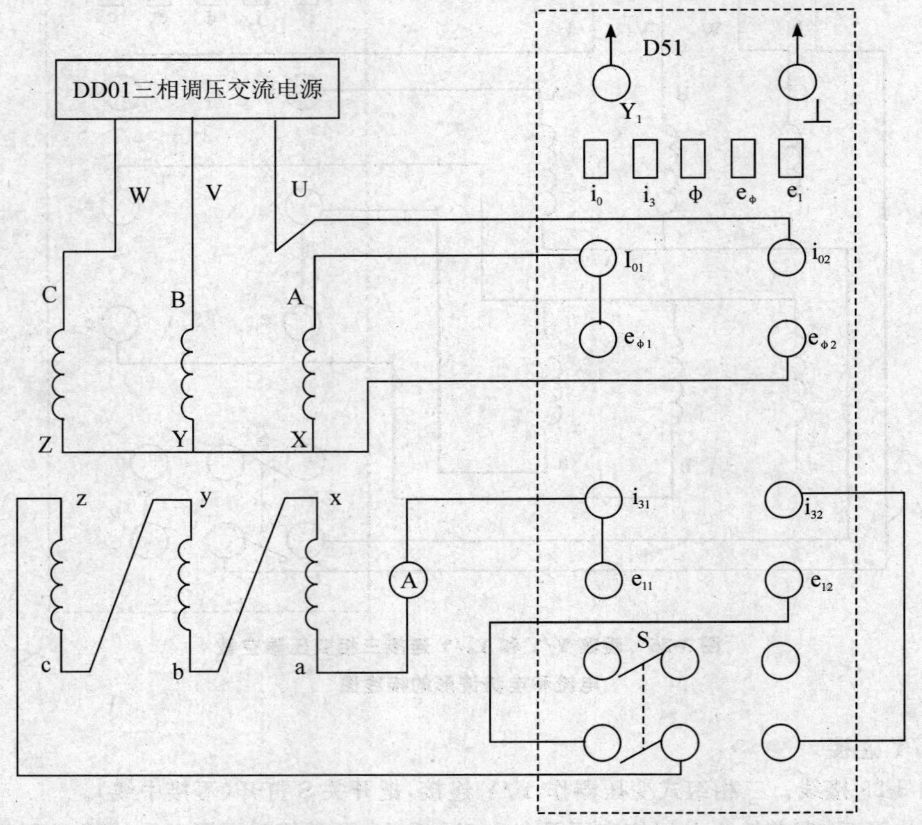

图 3-26 观察 Y/Δ 连接三相变压器空载电流三次谐波电流和电势波形的接线图

器输入电压至额定值，通过示波器观察原方空载电流 i_0。相电压 U_φ，副方开路电势 U_{az} 的波形，并用电压表测取原方线电压 U_{AB}、相电压 U_{AX} 以及副方开路电压 U_{az} 将数据记录于表 3-26 中。

合上开关 S，使副方为三角形接法，重复前面实验步骤，观察 i_0、U_φ 以及副方三角形回路中谐波电流的波形，并在 $U_1=U_{1N}$ 时，测取 U_{AB}、U_{AX} 以及副方三角形回路中谐波电流，将数据记录于表 3-27 中。

(2)选用三相心式变压器，重复前面(1) (2) (3)波形实验，将不同铁心结构所得的结果作分析比较。

表 3-26

实 验 数 据			计 算 数 据
U_{AB}(V)	U_{AX}(V)	U_{az}(V)	U_{AB}/U_{AX}

表 3-27

实 验 数 据			计 算 数 据
U_{AB}(V)	U_{AX}(V)	I 谐波(A)	U_{AB}/U_{AX}

(二)针对 MEL-I 电机教学实验台

1. 测定极性

(1)测定相间极性

被试变压器选用 MEL-02 三相芯式变压器，用其中高压和低压两组绕组，额定容量 $P_N=$ 152/152 W，$U_N=220/55$ V，$I_N=0.4/1.6$ A，Y/Y 接法。阻值大为高压绕组，用 1U1、1V1、1W1、1U2、1V2、1W2、标记。低压绕组标记用 3U1、3V1、3W1、3U2、3V2、3W2。

a. 按照图 3-27 接线，将 1U1、1U2 和电源 U、V 相连，1V2、1W2 两端点用导线相联。

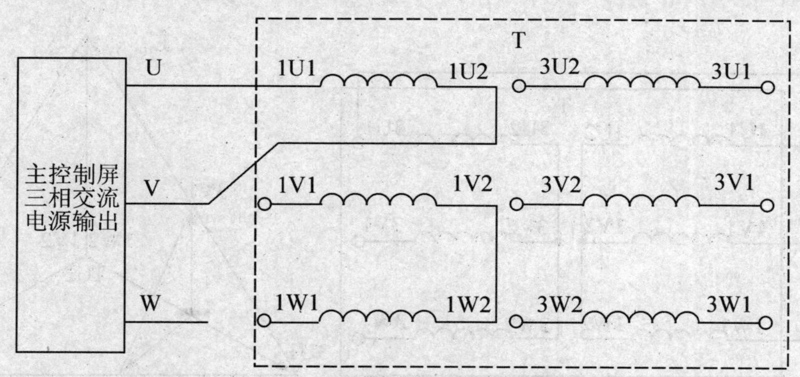

图 3-27　测定相间极性接线图

b. 合上交流电源总开关，即按下绿色“闭合”开关，顺时针调节调压器旋钮，在 U、V 间施加约 50%U_N 的电压。

c. 测出电压 $U_{1V1.1V2}$、$U_{1W1.1W2}$，$U_{1V1.1W1}$，若 $U_{1V1.1W1}=|U_{1V1.1V2}-U_{1W1.1W2}|$，则首末端标记正确；若 $U_{1V1.1W1}=|U_{1V1.1V2}+U_{1W1.1W2}|$，则标记不对。须将 V、W 两相任一相绕组的首末端标记对调。然后用同样方法，将 V、W 两相中的任一相施加电压，另外两相末端相联，定出每相

首、末端正确的标记。

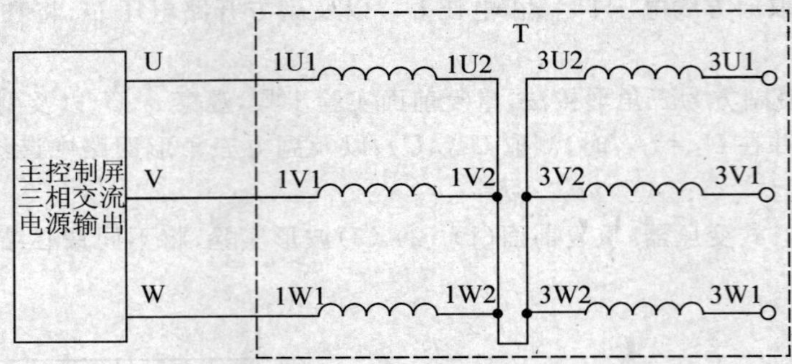

图 3-28　测定原副方极性接线图

(2)测定原、副方极性

a. 暂时标出三相低压绕组的标记 3U1、3V1、3W1、3U2、3V2、3W2，然后按照图 3-28 接线。原、副方中点用导线相连。

b. 高压三相绕组施加约 50% 的额定电压，测出电压 $U_{1U1.1U2}$、$U_{1V1.1V2}$、$U_{1W1.1W2}$、$U_{3U1.3U2}$、$U_{3V1.3V2}$、$U_{3W1.3W2}$、$U_{1U1.3U1}$、$U_{1V1.3V1}$、$U_{3W1.3W1}$，若 $U_{1U1.3U1}=U_{1U1.1U2}-U_{3U1.3U2}$，则 U 相高、低压绕组同柱，并且首端 1U1 与 3U1 点为同极性；$U_{1U1.3U}1=U_{1U1.1U2}+U_{3U1.3U2}$，则 1U1 与 3U1 端点为异极性。

c. 用同样的方法判别出 1V1、1W1 两相原、副方的极性。高低压三相绕组的极性确定后，根据要求连接出不同的联接组。

2. 检验联接组

(1)Y/Y-12

按照图 3-29 接线。1U1、3U1 两端点用导线联接，在高压方施加三相对称的额定电压，测出 $U_{1U1.1V1}$、$U_{3U1.3V1}$、$U_{1V1.3V1}$、$U_{1W1.3W1}$ 及 $U_{1V1.3W1}$，将数字记录于表 3-28 中。

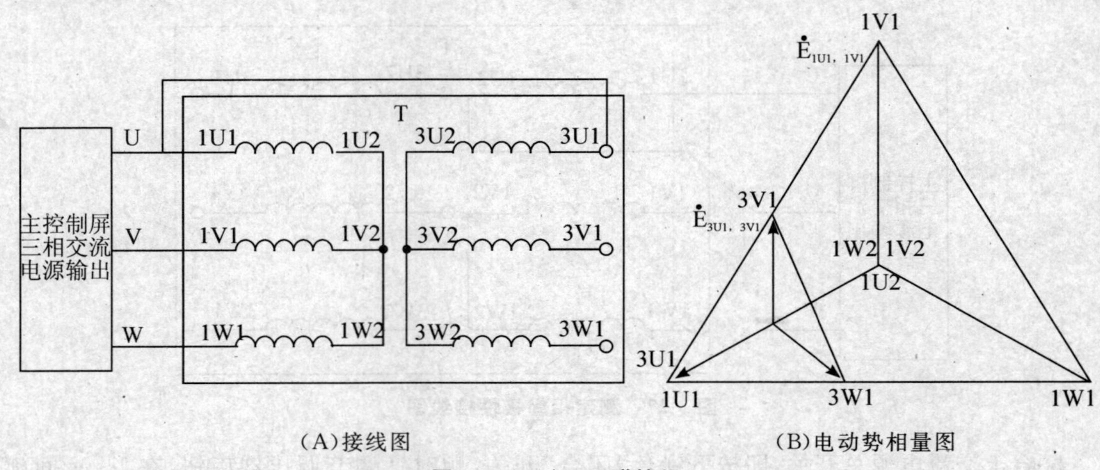

(A)接线图　　(B)电动势相量图

图 3-29　Y/Y-12 联接组

表 3-28

实验数据					计算数据			
$U_{1U1.1V1}$（V）	$U_{3U1.3V1}$（V）	$U_{1V1.3V1}$（V）	$U_{1W1.3W1}$（V）	$U_{1V1.3W1}$（V）	KL	$U_{1V1.3V1}$（V）	$U_{1W1.3W1}$（V）	$U_{1V1.3W1}$（V）

根据 Y/Y-12 联接组的电动势相量图可知：

$$U_{1V1.3V1}=U_{1W1.3W1}=(K_L-1)U_{3U1.3V1}$$

$$U_{1V1.3V1}=U_{3U1.3V1}\sqrt{(K_L^2-K_L+1)}$$

$$K_L=\frac{U_{1U1.1V1}}{U_{3U1.3V1}}$$

若用两式计算出的电压 $U_{1V1.3V1}$，$U_{1W1.3W1}$，$U_{1V1.3W1}$ 的数值与实验测取的数值相同，则表示线图连接正常，属 Y/Y-12 联接组。

（2）Y/Y-6

将 Y/Y-12 联接组的副方绕组首、末端标记对调，1U1、3U1 两点用导线相联，如图 3-30 所示。

按前面方法测出电压 $U_{1U1.1V1}$、$U_{3U1.3V1}$、$U_{1V1.3V1}$、$U_{1W1.3W1}$ 及 $U_{1V1.3W1}$，将数据记录于表 3-29 中。

根据 Y/Y-6 联接组的电动势相量图可得

$$U_{1V1.3V1}=U_{1W1.3W1}=(K_L+1)U_{3U1.3V1}$$

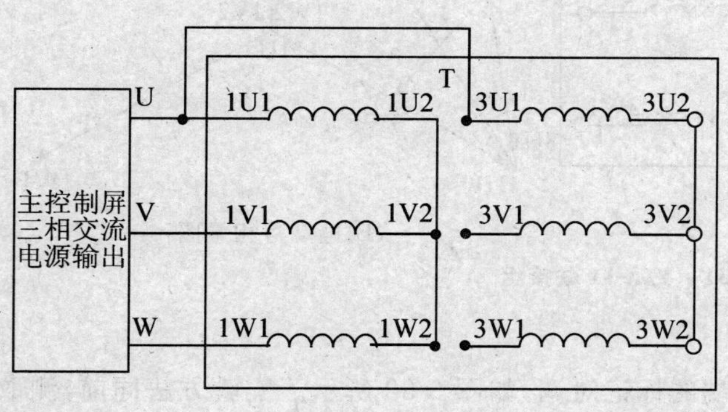

（A）接线图

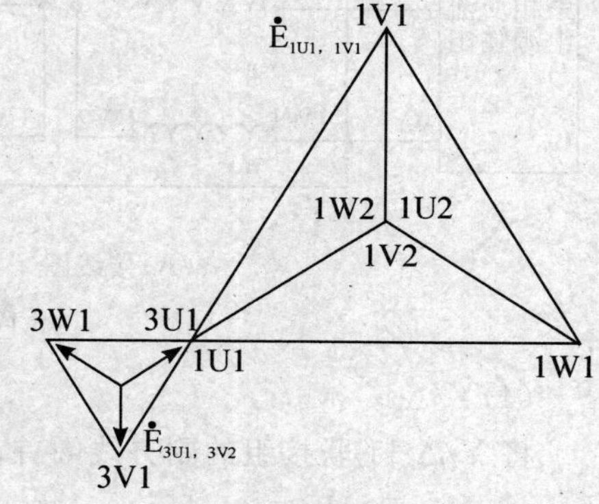

（B）电动势相量图

图 3-30　Y/Y-6 联接组

$$U_{U1V1.3W1}=U_{3U1.3V1}\sqrt{(K_L^2-K_L+1)}$$

若由上两式计算出电压 $U_{1V1.3V1}$、$U_{1W1.3W1}$、$U_{1V1.3W1}$ 的数值与实测相同，则线圈连接正确，属于 Y/Y-6 联接组。

表 3-29

实验数据					计算数据			
$U_{1U1.1V1}$（V）	$U_{3U1.3V1}$（V）	$U_{1V1.3V1}$（V）	$U_{1W1.3W1}$（V）	$U_{1V1.3W1}$（V）	KL	$U_{1V1.3V1}$（V）	$U_{1W1.3W1}$（V）	$U_{1V1.3W1}$（V）

(3)Y/Δ-11

按图 3-31 接线。1U1、3U1 两端点用导线相连，高压方施加对称额定电压，测取 $U_{1U1.1V1}$、$U_{3U1.3V1}$、$U_{1V1.3V1}$、$U_{1W1.3W1}$及 $U_{1V1.3W1}$，将数据记录于表 3-30 中。

表 3-30

实验数据					计算数据			
$U_{1U1.1V1}$ (V)	$U_{3U1.3V1}$ (V)	$U_{1V1.3V1}$ (V)	$U_{1W1.3W1}$ (V)	$U_{1V1.3W1}$ (V)	KL	$U_{1V1.3V1}$ (V)	$U_{1W1.3W1}$ (V)	$U_{1V1.3W1}$ (V)

根据 Y/Δ-11 联接组的电动势相量可得

$$U_{1U1.3V1}=U_{1W1.3W1}=U_{1V1.3W1}=U_{3U1.3V1}\sqrt{K_L^2+\sqrt{3}K_L+1}$$

若由上式计算出的电压 $U_{1V1.3V1}$、$U_{1W1.3W1}$、$U_{1V1.3W1}$的数值与实测值相同，则线圈连接正确，属 Y/Δ-11 联接组。

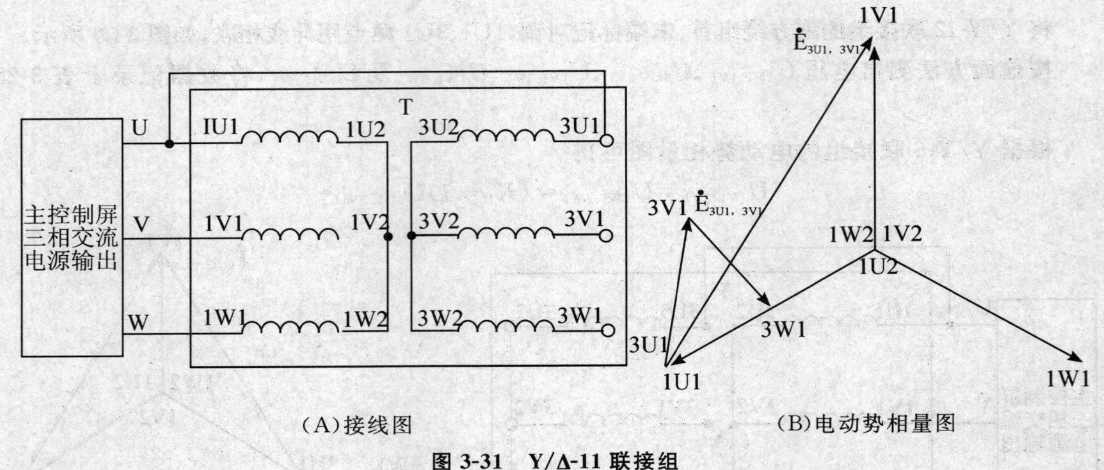

图 3-31 Y/Δ-11 联接组

(4)Y/Δ-5

将 Y/Δ-11 联接组的副方线圈首、末端的标记对调，如图 3-32 所示。实验方法同前，测取 $U_{1U1.1V1}$、$U_{3U1.3V1}$、$U_{1V1.3V1}$、$U_{1W1.3W1}$、$U_{1V1.3W1}$，将数据记录于表 3-31 中。

表 3-31

实验数据					计算数据			
$U_{1U1.1V1}$ (V)	$U_{3U1.3V1}$ (V)	$U_{1V1.3V1}$ (V)	$U_{1W1.3W1}$ (V)	$U_{1V1.3W1}$ (V)	KL	$U_{1V1.3V1}$ (V)	$U_{1W1.3W1}$ (V)	$U_{1V1.3W1}$ (V)

根据 Y/Δ-5 联接组的电动势相量图可得

$$U_{1V1.3V1}=U_{1W1.3W1}=U_{1V1.3W1}=U_{3U1.3V1}\sqrt{K_L^2+\sqrt{3}K_L+1}$$

若由上式计算出的电压 $U_{1V1.3V1}$、$U_{1W1.3W1}$、$U_{1V1.3W1}$的数值与实测值相同，则线圈联接正确，属于 Y/Δ－5 联接组。

3. 不对称短路

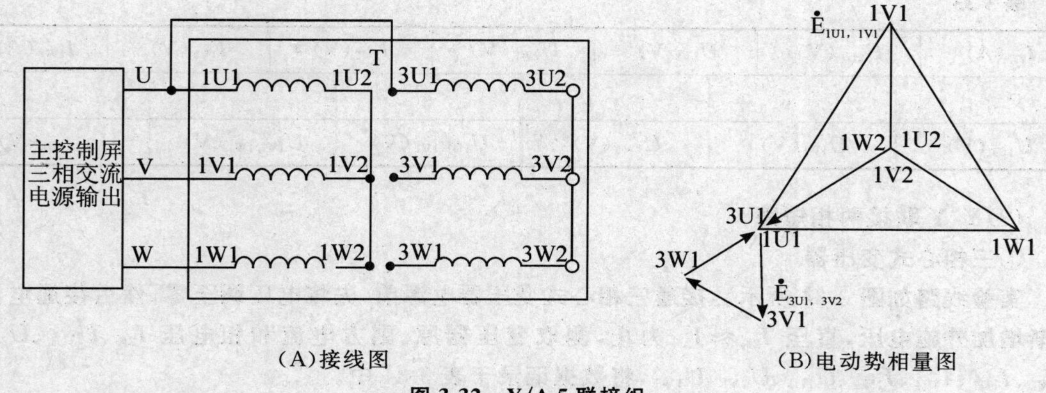

(A)接线图 (B)电动势相量图

图 3-32 Y/Δ-5 联接组

(1)Y/Y0 连接单短路

①三相心式变压器

实验线路如图 3-33 所示。被试变压器选用三相心式变压器。接通电源前，先将交流电压调到输出电压为零的位置，然后接通电源，逐渐增加外施电压，直至副方短路电流 $I_{2K} \approx I_{2N}$ 为止，测取副方短路电流和相电压 I_{2K}、U_{3U1}、U_{3V1}、U_{3W1} 原方电流和电压 I_{1U1}、I_{1V1}、I_{1W1}、U_{1U1}、U_{1V1}、U_{1W1}、$U_{1U1.1V1}$、$U_{1V1.1W1}$、$U_{1W1.1U1}$，将数据记录于表 3-32 中。

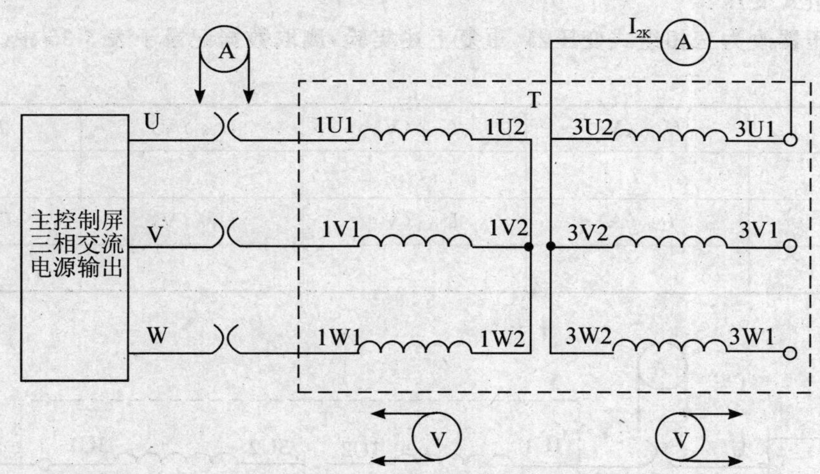

图 3-33 Y/Y_0 连接单相短路接线图

表 3-32

I_{2K}(A)	U_{3U1}(V)	U_{3V1}(V)	U_{3W1}(V)	I_{1U1}(V)	I_{1V1}(V)	I_{1W1}(A)

U_{1U1}(V)	U_{1V1}(V)	U_{1W1}(V)	$U_{1U1.1V1}$(V)	$U_{1V1.1W1}$(V)	$U_{1W1.1U1}$(V)

②三相组式变压器

被试变压器改为三相组式变压器，重复上述实验，在外施电压 $U_1 = U_N/\sqrt{3}$ 的条件下测取数据，记录于表 3-33 中。

表 3-33

I_{2K}(A)	U_{2U1}(V)	U_{2V1}(V)	U_{2W1}(V)	I_{1U1}(V)	I_{1V1}(V)	I_{1W1}(A)

U_{1U1}(V)	U_{1V1}(V)	U_{1W1}(V)	$U_{1U1.1V1}$(V)	$U_{1V1.1W1}$(V)	$U_{1W1.1U1}$(V)

(2)Y/Y 联接两相短路

①三相心式变压器

实验线路如图 3-34 所示。接通三相心式变压器电源前,先将电压调至零,然后接通电源,逐渐增加外施电压,直至 $I_{2K} \approx I_{2N}$ 为止,测取变压器原、副方电流和相电压 I_{2K}、U_{3U1}、U_{3V1}、U_{3W1}、I_{1U1}、I_{1V1}、I_{1W1}、U_{1U1}、U_{1V1}、U_{1W1},将数据记录于表 3-34 中。

表 3-34

I_{2K}(A)	U_{3U1}(V)	U_{3V1}(V)	U_{3W1}(V)	I_{1U1}(A)
I_{1V1}(A)	I_{1W1}(A)	U_{1U1}(V)	U_{1V1}(V)	U_{1W1}(V)

②三相组式变压器

被试变压器改为三相组式变压器,重复上述实验,测取数据记录于表 3-35 中。

表 3-35

I_{2K}(A)	U_{3U1}(V)	U_{3V1}(V)	U_{3W1}(V)	I_{1U1}(A)
I_{1V1}(A)	I_{1W1}(A)	U_{1U1}(V)	U_{1V1}(V)	U_{1W1}(V)

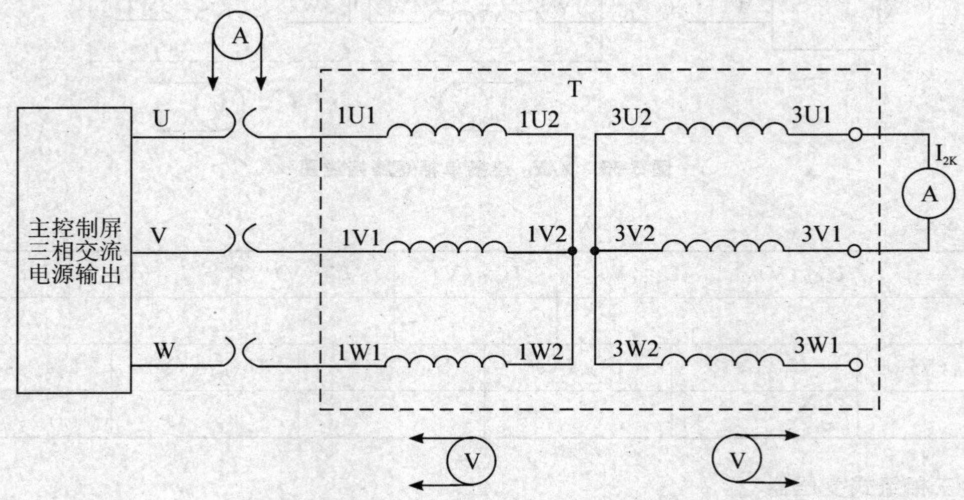

图 3-34　Y/Y 连接两相短路接线图

4. 测定变压器的零序阻抗

(1)三相心式变压器

实验线路如图 3-35 所示。三相心式变压器的高压绕组开路，三相低压绕组首末端串联后接到电源。接通电源前，将电压调至零，接通电源后，逐渐增加外施电压，在输入电流 $I_0=0.25I_N$ 和 $I_0=0.5I_N$ 的两种情况下，测取变压器的 I_0、U_0 和 P_0，将数据记录表 3-36 中。

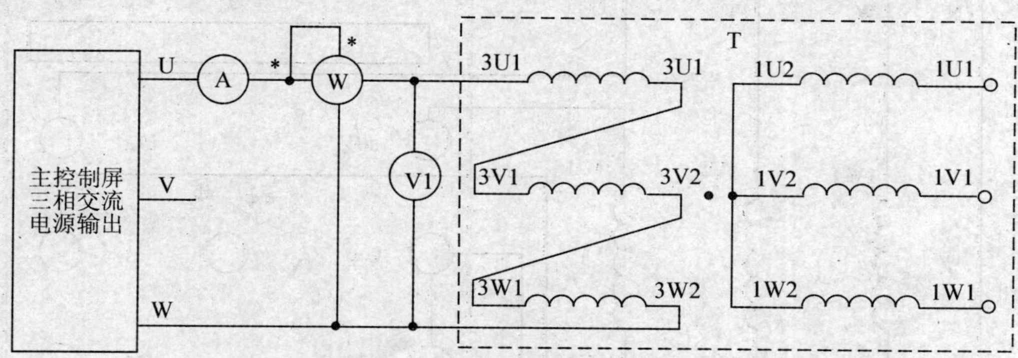

图 3-35　测零序阻抗接线图

表 3-36

I_0(A)	U_0(V)	P_0(W)
$0.25I_N=$		
$0.5I_N=$		

(2)三相组式变压器

由于三相组式变压器的磁路彼此独立，因此可用三相组式变压器中任何一台单相变压器做空载实验，求取的激磁阻抗即为三相组式变压器的零序阻抗。若前面单相变压器实验已做过，该实验可略。

5. 分别观察三相心式和组式变压器不同连接方法时的空载电流和电动势的波形

(1)Y/Y 连接

实验接线如图 3-36 所示，三相组式变压器作 Y/Y 连接，不带中线，把 S 打开。接通电源后，调节变压器在输入电压为 $0.5U_N$ 和 U_N 两种情况下通过示波器观察空载电流 I_0，副方相电动势 E_φ 和线电动势 E_φ 的波形。

在变压器输入电压为额定值时，用电压表测取原方线电压 $U_{1U1.1V1}$ 和相电压 U_{1U1}，将数据记录于表 3-37 中。

表 3-37

实　验　数　据		计　算　数　据
$U_{1U1.1V1}$(V)	U_{1U1}(V)	$U_{1U1.1V1}/U_{1U1}$

(2)Y_0/Y 连接

接线与 Y/Y 连接相同，合上开关 S，即为 Y_0/Y 接法。重复前面实验步骤，观察 i_0，e_φ，e_l 波形，并在 $U_1=U_{1N}$ 时测取 $U_{1U1.1V1}$ 和 U_{1U1}，将数据记录于表 3-38 中。

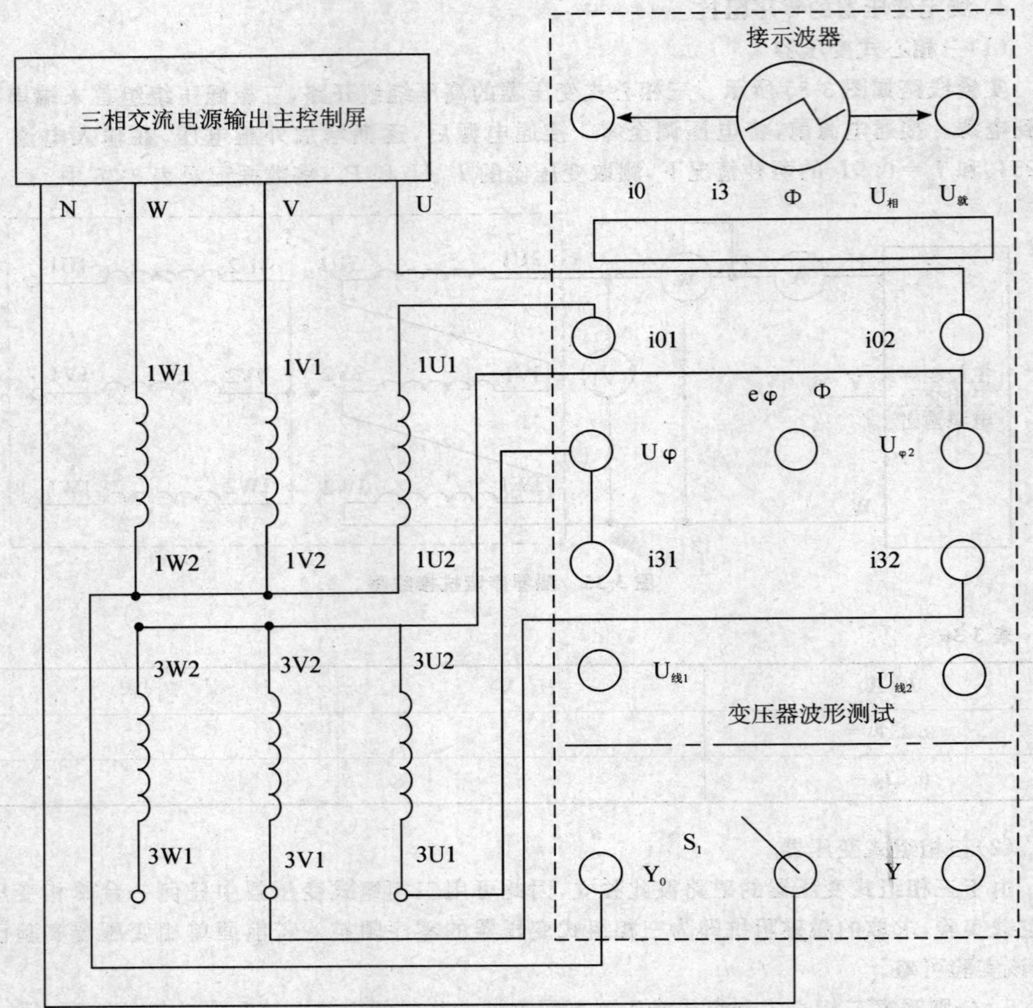

图 3-36 观察 Y/Y 和 Y_O/Y 连接三相变压器空载电流和电动势波形的接线图

表 3-38

实验数据		计算数据
$U_{1U1.1V1}$(V)	U_{1U1}(V)	$U_{1U1.1V1}/U_{1U1}$

(3)Y/Δ 连接

实验线路如图 3-37 所示，开关 S 不合上，使副方绕组不构成封闭三角形。接通电源后，调节变压器输入电压至额定值，通过示波器观察原方空载电流 i_o。相电压 u_φ，副方开口电动势 U_{az}的波形，并用电压表测取原方线电压 $U_{1U1.1V1}$、本电压 U_{1U1} 以及副方开口电压 U_{az}，将数据记录于表 3-39 中。

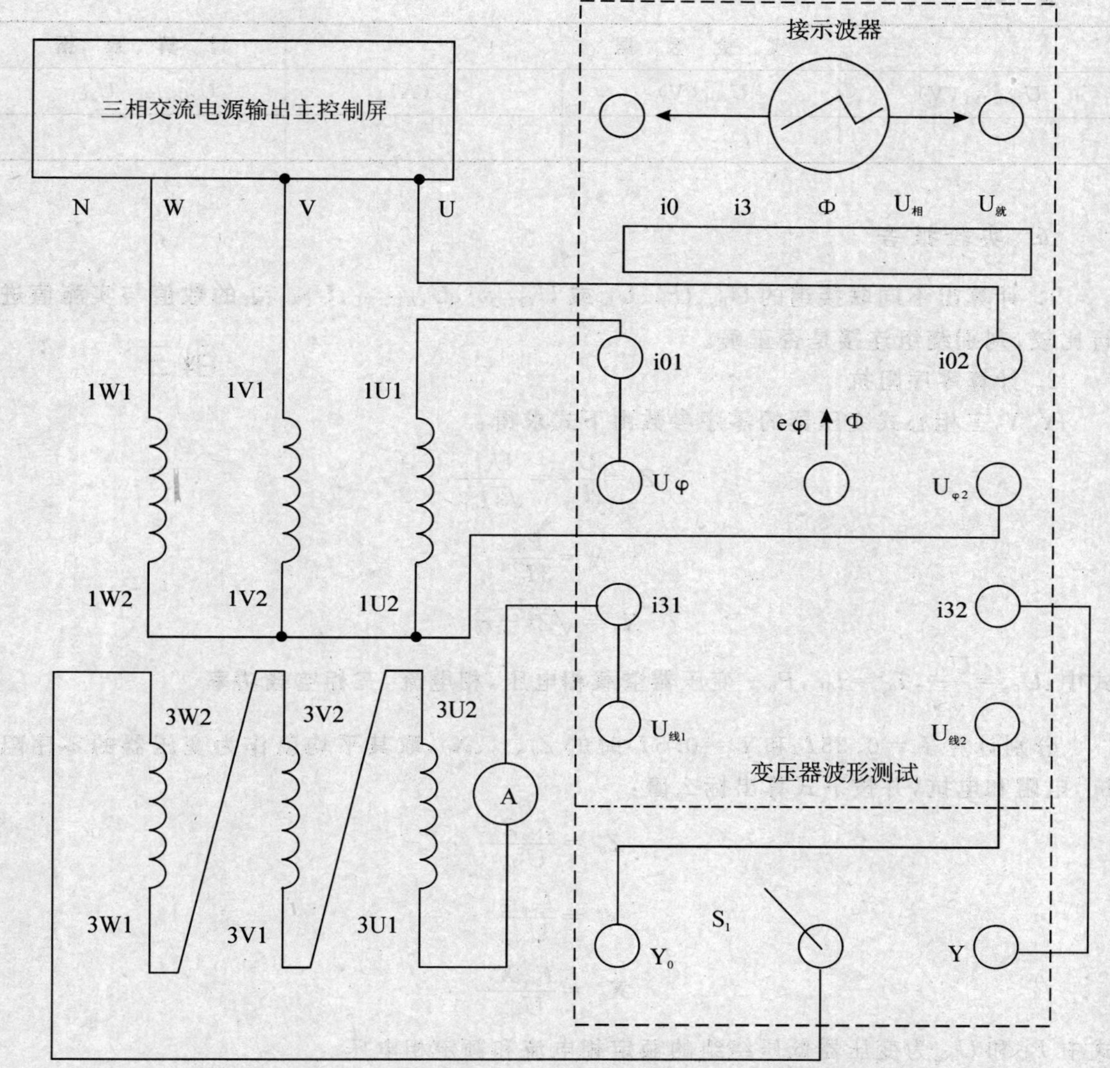

图 3-37　观察 Y/Δ 连接三相变压器空载电流三次谐波和电动势波形的接线图

表 3-39

实验数据			计算数据
$U_{1U1.1V1}$(V)	U_{1U1}(V)	$U_{3U1.3W2}$(V)	$U_{1U1.1V1}/U_{1U1}$

合上开关 S，使副方为三角形接法，重复前面实验步骤，观察 i_0、u_φ 以及副方三角形回路中电流 i_{23} 的波形，并在 $U_1=U_{1N}$ 时，测取 $U_{1U1.1V1}$、U_{1U1} 以及副方三角形回路中的电流 I_{23}，将数据记录于表 3-40 中。

6. 选用三相心式变压器，重复前面(1)(2)(3)波形实验，将不同铁心结构所得的结果作分析比较

表 3-40

实　验　数　据			计　算　数　据
$U_{1U1.1V1}$(V)	U_{1U1}(V)	I_{23}(A)	$U_{1U1.1V1}/U_{1U1}$

五、实验报告

1. 计算出不同联接组的 U_{Bb}、U_{Cc}、U_{Bc}或 $U_{1V1.3V1}$、$U_{1W1.3W1}$、$U_{1V1.3W1}$的数值与实测值进行比较，判别绕组连接是否正确。

2. 计算零序阻抗

Y/Y_0三相心式变压器的零序参数由下式求得：

$$Z_0=\frac{U_{0\varphi}}{I_{0\varphi}}=\frac{U_{0L}}{\sqrt{3}I_{0L}}$$

$$r_0=\frac{P_0}{3I_{0\varphi}^2}$$

$$X_0=\sqrt{Z_0^2-r_0^2}$$

式中：$U_{0\varphi}=\frac{U_{0L}}{\sqrt{3}}$，$I_{0\varphi}=I_{0L}$，$P_0$—变压器空载相电压，相电流，三相空载功率

分别计算 $I_0=0.25I_N$和 $I_0=0.5I_N$时的 Z_0、r_0、X_0，取其平均值作为变压器的零序阻抗，电阻和电抗，并按下式算出标么值：

$$Z_0^*=\frac{I_{N\varphi}Z_0}{U_{N\varphi}}$$

$$r_0^*=\frac{I_{N\varphi}r_0}{U_{N\varphi}}$$

$$X_0^*=\frac{I_{N\varphi}X_0}{U_{N\varphi}}$$

式中 $I_{N\varphi}$和 $U_{N\varphi}$为变压器低压绕组的额定相电流和额定相电压。

3. 计算短路情况下的原方电流

(1) Y/Y_0单相短路

副方电流 $I_a=I_{2K}$，$I_b=I_c=0$，($I_{3U1}=I_{2K}$，$I_{3V1}=I_{2W1}=0$)

原方电流设略去激磁电流不计，则

$$I_A=-\frac{2I_{2K}}{3K}(I_{1V1})$$

$$I_B=I_C=\frac{I_{2K}}{3K}(I_{1V1}=I_{1W1})$$

式中 K 为变压器的变比。

将 I_A、I_B、I_C 计算值与实测值进行比较，分析产生误差的原因，并讨论 Y/Y_0三相组式变压器带单相负载的能力以及中点移动的原因。

(2) Y/Y 两相短路($I_a=I_{3U1}$，$I_b=I_{3V1}$，$I_c=I_{3W1}$)

副方电流 $I_a=-I_b=I_{2K}$，$I_C=0$

原方电流 $I_A=-I_B=\frac{-I_{2K}}{K}, I_C=0$

把实测值与用公式计算出的数值进行比较，并做简要分析。

4. 分析不同连接法和不同铁心结构对三相变压器空载电流和电势波形的影响。

5. 由实验数据算出 Y/Y 和 Y/Δ 接法时的原方 U_{AB}/U_{AX} 比值，分析产生差别的原因。

6. 根据实验观察，说明三相组式变压器不宜采用 Y/Y_0 和 Y/Y 连接方法的原因。

六、附录

变压器联接组校核公式

（设 $U_{ab}=1, U_{AB}=K_L\times U_{ab}=K_L$）

组别	$U_{Bb}=U_{Cc}$	U_{Bc}	U_{Bc}/U_{Bb}
12	K_L-1	$\sqrt{K_L^2-K_L+1}$	>1
1	$\sqrt{K_L^2-\sqrt{3}K_L+1}$	$\sqrt{K_L^2+1}$	>1
2	$\sqrt{K_L^2-K_L+1}$	$\sqrt{K_L^2+K_L+1}$	>1
3	$\sqrt{K_L^2+1}$	$\sqrt{K_L^2+\sqrt{3}K_L+1}$	>1
4	$\sqrt{K_L^2+K_L+1}$	K_L+1	>1
5	$\sqrt{K_L^2+\sqrt{3}K_L+1}$	$\sqrt{K_L^2+\sqrt{3}K_L+1}$	$=1$
6	K_L+1	$\sqrt{K_L^2+K_L+1}$	<1
7	$\sqrt{K_L^2+\sqrt{3}K_L+1}$	$\sqrt{K_L^2+1}$	<1
8	$\sqrt{K_L^2+K_L+1}$	$\sqrt{K_L^2-K_L+1}$	<1
9	$\sqrt{K_L^2+1}$	$\sqrt{K_L^2-\sqrt{3}K_L+1}$	<1
10	$\sqrt{K_L^2-K_L+1}$	K_L-1	<1
11	$\sqrt{K_L^2-\sqrt{3}K_L+1}$	$\sqrt{K_L^2-\sqrt{3}K_L+1}$	$=1$

3－4　三相三绕组变压器*

一、实验目的

1. 掌握三相三绕组变压器参数测定的方法。
2. 了解三绕组变压器带负载后输出电压的变化情况。

二、预习要点

1. 三绕组变压器的等效电路及参数测定方法。

2. 引起三绕组变压器输出电压变化的因素及电压变化率的计算方法。

3. 根据被试变压器的铭牌数据，自行设计实验接线图和记录表格，并选择仪表。

三、实验项目

1. 空载实验和变比测定
2. 短路实验
3. 负载实验

四、实验方法

1. 实验设备

序号	DDSZ-1	MEL-I	名 称	数量
1	D33		交流电压表	1件
2	D32		交流电流表	1件
3	D34-3	MEL-20	单三相智能功率、功率因数表	1件
4	DJ12	MEL-01	三相心式变压器	1件
5	D42	MEL-03	三相可调电阻器	1件
6	D43	MEL-08	三相可调电抗器	1件

2. 屏上挂件按一定顺序排列

3. 空载实验

(1)低压绕组作为一次绕组接电源，其他两绕组开路。

(2)实验方法与三相双绕组变压器相同。

(3)为了测定变比，在实验中需同时测取高压，中压和低压绕组的空载电压。

4. 短路实验

按照下面方法分别进行三次短路实验：

(1)高压绕组施加电压，中压绕组短路，低压绕组开路。

(2)低压绕组施加电压，高压绕组短路，中压绕组开路。

(3)低压绕组施加电压，中压绕组短路，高压绕组开路。

5. 负载实验

低压绕组接电源，高压绕组接阻感性负载($\cos\varphi_2=0.8$)，中压绕组接纯电阻负载($\cos\varphi_2=1$)。在保持低压绕组额定电压的情况下，将高、中压绕组的电流分别加到50%额定电流为止，测取中、低压绕组输出的电压，电流和功率因数，将数据记录于表格中。

五、实验报告

1. 绘出空载特性曲线

计算三相三绕组变压器的变比

$$K_{12}=U_1/U_2$$

$$K_{13}=U_1/U_3$$

$$K_{23}=U_2/U_3$$

式中 U_1、U_2、U_3 分别为高、中、低三个绕组的三相平均相电压。

2．由短路实验计算参数，并画出等效电路图

根据短路实验(1)算出 Z_{K12}、r_{k12} 和 X_{K12}。

根据短路实验(2)算出 Z_{K31}、r_{k31} 和 X_{K31}。

根据短路实验(3)算出 Z_{K32}、r_{k32} 和 X_{K32}。

将 Z_{K12} 折算到低压方：

$$Z'_{K12}=\frac{Z_{K12}}{K_{13}^2}=r'_{K12}+jX'_{K12}$$

低压绕组的参数

$$Z_3=\frac{1}{2}(Z_{K31}+Z_{K32}-Z_{K12})$$

$$r_3=\frac{1}{2}(r_{K31}+r_{K32}-r'_{K12})$$

$$X_3=\frac{1}{2}(X_{K31}+X_{K32}-X'_{K12})$$

中压绕组的参数

$$Z'_2=\frac{1}{2}(Z_{K32}+Z'_{K12}-Z_{K31})$$

$$r'_2=\frac{1}{2}(r_{K32}+r'_{K12}-r_{K31})$$

$$X'_2=\frac{1}{2}(X_{K32}+X'_{K12}-X_{K31})$$

高压绕组的参数

$$Z'_1=\frac{1}{2}(Z_{K31}+Z'_{K12}-Z_{K32})$$

$$r'_1=\frac{1}{2}(r_{K31}+r'_{K12}-r_{K32})$$

$$X'_1=\frac{1}{2}(X_{K31}+X'_{K12}-X_{K32})$$

最后，再将短路电阻和电抗换算到基准工作温度时的值。

3．根据下式计算出三绕组变压器的电压变化率

高压绕组

$$\Delta u_{31}=u_{kr31}\cos\varphi_1+u_{KX31}\sin\varphi_1+u_{r2}\cos\varphi_2+u_{X2}\sin\varphi_2$$

式中

$$u_{kr31}=\frac{I'_1 r_{K31}}{U_{3N\varphi}}\times 100\%,U_{KX31}=\frac{I'_1 r_{K31}}{U_{3N\varphi}}\times 100\%$$

$$u_{r2}=\frac{I'_2 r_3}{U_{3N\varphi}}\times 100\%$$

$$u_{X2}=\frac{I'_2 X_3}{U_{3N\varphi}}\times 100\%$$

以上各式所有电阻均为基准工作温度时的阻值。$U_{3\varphi}$ 为低压绕组额定相电压，I'_1、I'_2 分别为折算到低压方的高压和中压方的负载电流。

将电压变化率的计算值与实测值进行比较并作简要的分析。

3—5 单相变压器的并联运行

一、实验目的

1. 学习变压器投入并联运行的方法。
2. 研究并联运行时阻抗电压对负载分配的影响。

二、预习要点

1. 单相变压器并联运行的条件。
2. 如何验证两台变压器具有相同的极性。若极性不同,并联会产生什么后果。
3. 阻抗电压对负载分配的影响。

三、实验项目

1. 将两台单相变压器投入并联运行。
2. 阻抗电压相等的两台单相变压器并联运行,研究其负载分配情况。
3. 阻抗电压不相等的两台单相变压器并联运行,研究其负载分配情况。

四、实验线路和操作步骤

(一)针对 DDSZ-1 电机教学实验台

1. 实验设备

序号	型号	名　　称	数量
1	D33	交流电压表	1 件
2	D32	交流电流表	1 件
3	DJ11	三相组式变压器	1 件
4	D41	三相可调电阻器	1 件
5	D51	波形测试及开关板	1 件

2. 屏上排列顺序

D33、D32、DJ11、D41、D51

实验线路如图 3-38 所示。图中单相变压器 1、2 选用三相组式变压器 DJ11 中任意两台,变压器的高压绕组并联接电源,低压绕组经开关 S_1 并联后,再由开关 S_3 接负载电阻 R_L。由于负载电流较大,R_L 可采用并串联接法(选用 D41 的 90 Ω 与 90 Ω 并联再与 180 Ω 串联,共 225 Ω 阻值)的变阻器。为了人为地改变变压器 2 的阻抗电压,在其副方串入电阻 R(选用 D41 的 90 Ω 与 90 Ω 并联的变阻器)。

3. 两台单相变压器空载投入并联运行步骤

(1)检查变压器的变比和极性。

①将开关 S_1、S_3 打开,合上开关 S_2。

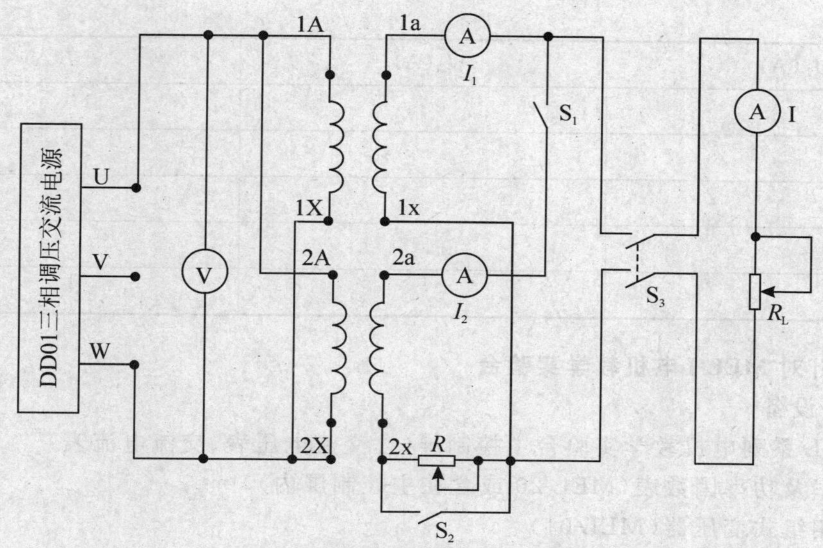

图 3-38　单相变压器并联运行接线图

②接通电源，调节变压器输入电压至额定值，测出两台变压器副方电压 U_{1a1x} 和 U_{2a2x} 若 $U_{1a1x}=U_{2a2x}$，则两台变压器的变比相等，即 $K_1=K_2$。

③测出两台变压器副方的 1a 与 2a 端点之间的电压 U_{1a2a}，若 $U_{1a2a}=U_{1a1x}-U_{2a2x}$，则首端 1a 与 2a 为同极性端，反之为异极性端。

(2)投入并联

检查两台变压器的变比相等和极性相同后，合上开关 S_1，即投入并联。若 K_1 与 K_2 不是严格相等，将会产生环流。

4. 阻抗电压相等的两台单相变压器并联运行

(1)投入并联后，合上负载开关 S_3。

(2)在保持原方额定电压不变的情况下，逐次增加负载电流，直至其中一台变压器的输出电流达到额定电流为止。

(3)测取 I、I_1、I_2，共取数据 4～5 组记录于表 3-41 中。

表 3-41

I_1(A)	I_2(A)	I(A)

5. 阻抗电压不相等的两台单相变压器并联运行

打开短路开关 S_2，变压器 2 的副方串入电阻 R，R 数值可根据需要调节(一般取 5～10 Ω 之间)，重复前面实验测出 I、I_1、I_2，共取数据 5～6 组记录于表 3-42 中。

表 3-42

I_1(A)	I_2(A)	I(A)

*(二)针对 MEL-I 电机教学实验台

1. 实验设备

(1)MEL 系列电机教学实验台主控制屏(含交流电压表、交流电流表)

(2)功率及功率因数表(MEL-20 或含在主控制屏内)

(3)三相组式变压器(MEL-01)

(4)三相可调电阻 90 Ω(MEL-04)

(5)波形测试及开关板(MEL-05)

(6)三相可调电抗(MEL-08)

2. 实验线路和操作步骤

实验线路如图 3-39 所示。

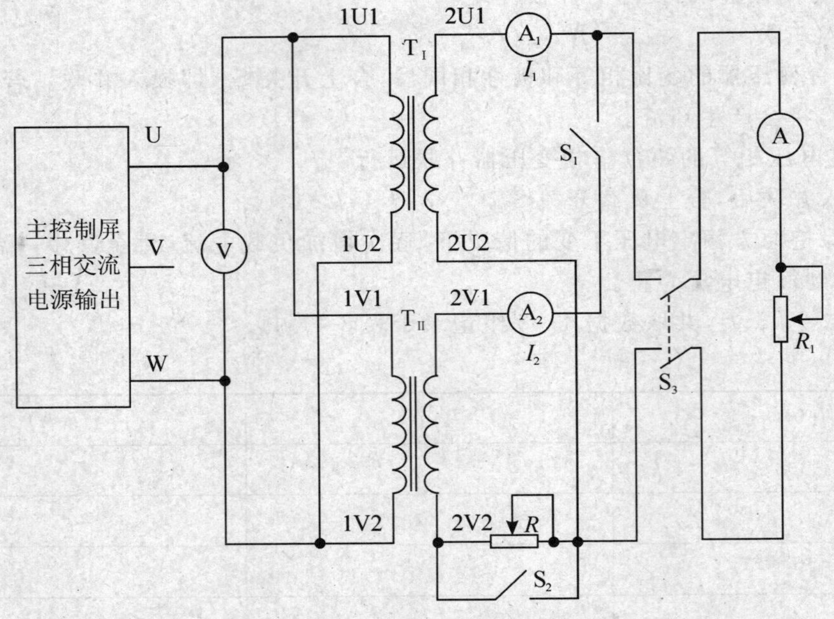

图 3-39　单相变压器并联运行接线图

图中单相变压器Ⅰ和Ⅱ选用三相组式变压器 MEL-01 中任意两台，变压器的高压绕组并联接电源，低压绕组经开关 S_1 并联后，再由开关 S_3 接负载电阻 R_L。由于负载电流较大，R_L 可采用并串联接法(选用 MEL-04 的 90 Ω 与 90 Ω 并联再与 180 Ω 串联，共 225 Ω 阻值)的变阻器。为了人为地改变变压器Ⅱ的阻抗电压，在其副方串入电阻 R(选用

MEL-04 的 90 Ω 与 90 Ω 并联的变阻器)。

(1)两台单相变压器空载投入并联运行步骤。

①检查变压器的变比和极性。

a. 接通电源前,将开关 S_1、S_3 打开,合上开关 S_2。

b. 接通电源后,调节变压器输入电压至额定值,测出两台变压器副方电压 $U_{2U1.2V2}$ 和 $U_{2V1.2V2}$,若 $U_{2U1.2V2}=U_{2V1.2V2}$,则两台变压器的变比相等,即 $K_{I}=K_{II}$。

c. 测出两台变压器副方的 2U1 与 2V1 端点之间的电压 $U_{2U1.2V1}$,若 $U_{2U1.2V1}=U_{2U1.2U2}-U_{2V1.2V2}$,则首端 1U1 与 1V1 为同极性端,反之为异极性端。

②投入并联:检查两台变压器的变比相等和极性相同后,合上开关 S1,即投入并联。若 K_{I} 与 K_{II} 不是严格相等,将会产生环流。

(2)阻抗电压相等的两台单相变压器并联运行。

a. 投入并联后,合上负载开关 S_3。

b. 在保持原方额定电压不变的情况下,逐次增加负载电流,直至其中一台变压器的输出电流达到额定电流为止,测取 I、I_{I}、I_{II},共取 5～6 组数据记录于表 3-41 中。

(3)阻抗电压不相等的两台单相变压器并联运行。

打开短路开关 S2,变压器Ⅱ的副方串入电阻 R,R 数值可根据需要调节(一般取 5～10 Ω 之间),重复前面实验测出 I、I_{I}、I_{II},共取 5～6 组数据,记录于表 3-42 中。

五、实验报告

1. 根据实验(2)的数据,画出负载分配曲线 $I_1=f(I)$ 及 $I_2=f(I)$。
2. 根据实验(3)的数据,画出负载分配曲线 $I_1=f(I)$ 及 $I_2=f(I)$。
3. 分析实验中阻抗电压对负载分配的影响。

3－6　三相变压器的并联运行

一、实验目的

学习三相变压器投入并联运行的方法及阻抗电压对负载分配的影响。

二、预习要点

1. 三相变压器并联运行的条件。不同联接组并联后会出现什么后果?
2. 阻抗电压对负载分配的影响。

三、实验项目

1. 将两台三相变压器空载投入并联运行。
2. 阻抗电压相等的两台三相变压器并联运行。
3. 阻抗电压不相等的两台三相变压器并联运行。

四、实验线路及操作步骤

(一)针对 DDSZ-1 电机教学实验台

1. 实验设备

序　号	型　号	名　称	数　量
1	D33	交流电压表	1 件
2	D32	交流电流表	1 件
3	DJ12	三相心式变压器	1 件
4	D41	三相可调电阻器	1 件
5	D43	三相可调电抗器	1 件
6	D51	波形测试及开关板	1 件

2. 屏上排列顺序

D33、D32、DJ12、DJ12、D51、D43、D41

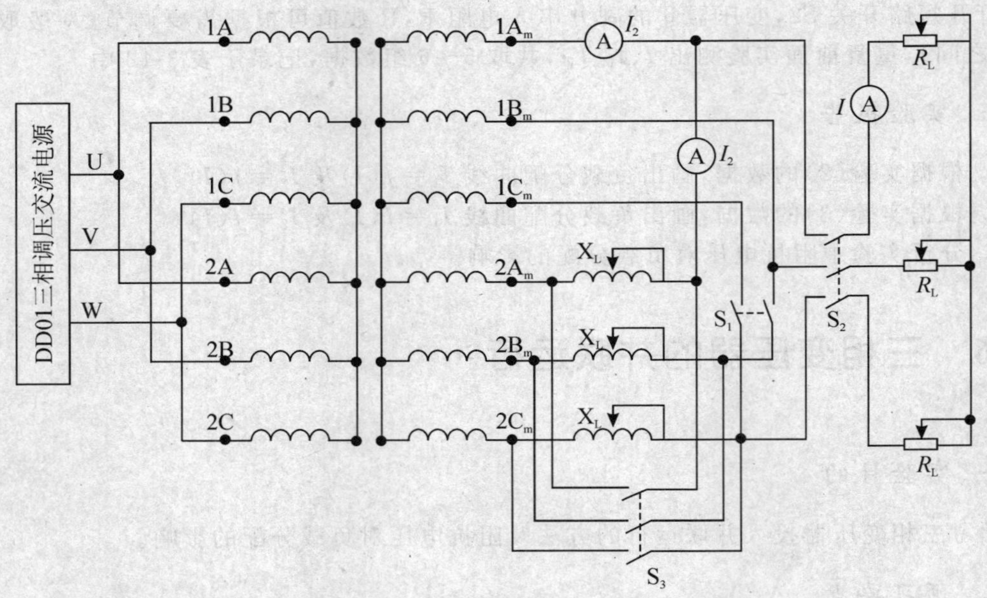

图 3-40　三相变压器并联运行接线图

实验线路如图 3-40 所示，图中变压器 1 和 2 选用两台三相心式变压器，其中低压绕组不用。由 3-3 方法确定三相变压器原、副方极性后，根据变压器的铭牌接成 Y/Y 接法，将两台变压器的高压绕组并联接电源，中压绕组经开关 S_1 并联后，再由开关 S_2 接负载电阻 R_L。R_L 选用 D41 上 180 Ω 阻值。为了人为的改变变压器 2 的阻抗电压，在变压器 2 的副方串入电抗 X_L（或电阻 R）。X_L 选用 D43，要注意选用 R_L 和 X_L（或 R）的允许电流应大于实验时实际流过的电流。

3. 两台三相变压器空载投入并联运行的步骤

(1)检查变比和连接组

①打开 S_1、S_2，合上 S_3。

②接通电源，调节变压器输入电压至额定电压。

③测出变压器副方电压，若电压相等，则变比相同，测出副方对应相的两端点间的电压若电压均为零，则联接组相同。

(2)投入并联运行

在满足变比相等和联接组相同的条件后，合上开关 S_1，即投入并联运行。

4. 阻抗电压相等的两台三相变压器并联运行

(1)投入并联后，合上负载开关 S_2。

(2)在保持 $U_1=U_{1N}$ 不变的条件下，逐次增加负载电流，直至其中一台输出电流达到额定值为止。

(3)测取 I、I_1、I_2，共取数据 6～7 组记录于表 3-43 中。

表 3-43

I_1(A)	I_2(A)	I(A)

5. 阻抗电压不相等的两台三相变压器并联运行

(1)打开短路开关 S_3，在变压器 I_2 的副方串入电抗 X_L(或电阻 R)，X_L 的数值可根据需要调节。

(2)重复前面实验，测取 I、I_1、I_2。

(3)共取数据 6～7 组记录于表 3-44 中。

表 3-44

I_1(A)	I_2(A)	I(A)

***(二)针对 MEL-I 电机教学实验台**

1. 实验设备及仪器

(1)MEL 系列电机教学实验台主控制屏(含交流电压表、交流电流表)

(2)功率及功率因数表(MEL-20 或含在主控制屏内)

(3)三相心式变压器(MEL-02)

(4)三相可调电阻 90 Ω(MEL-04)

(5)波形测试及开关板(MEL-05)

(6)三相可调电抗(MEL-08)

2. 实验线路及操作步骤

实验线路如图 3-41 所示。

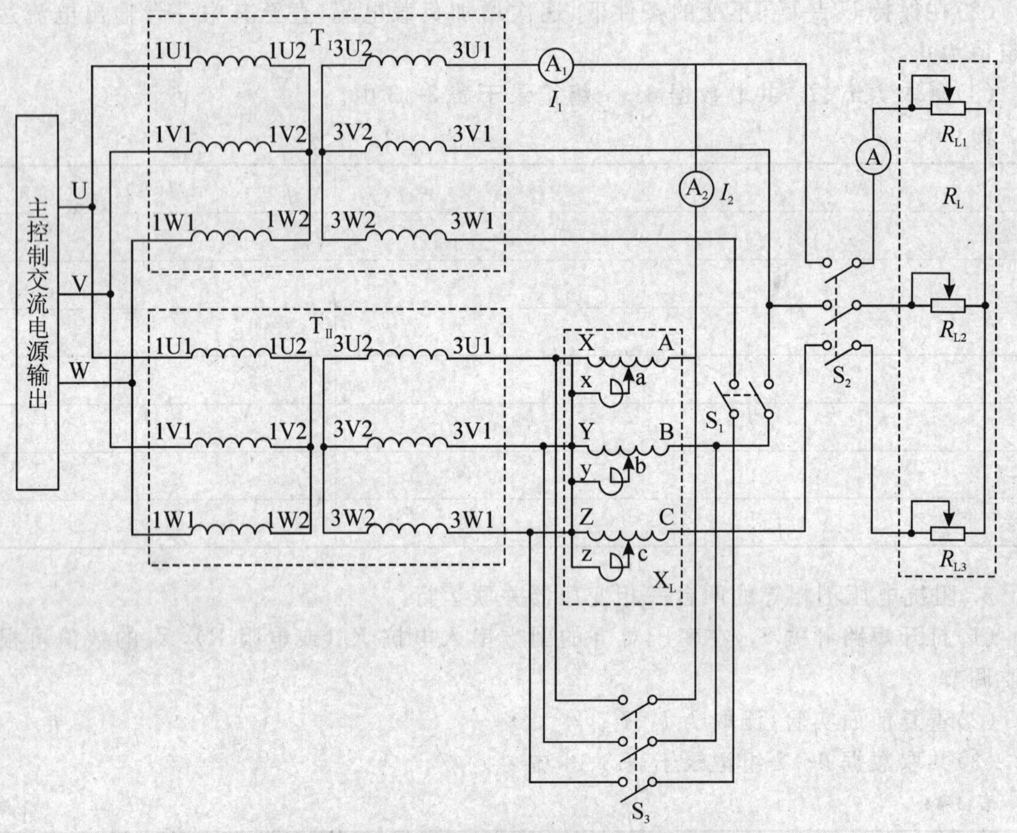

图 3-41 三相变压器并联运行实验接线图

图中变压器Ⅰ和Ⅱ选用两台 MEL-02 三相心式变压器,其中低压线圈不用。由实验 3-3 方法确定三相变压器原、副方极性后,根据变压器的铭牌接成 Y/Y 接法。

将两台变压器的高压绕组并联接电源,中压绕组经开关 S_1 并联后,再由开关 S_2 接负载电阻 R_L。R_L 选用 MEL-04 的 180 Ω 阻值。

为了人为的改变变压器Ⅱ的阻抗电压,在变压器Ⅱ的副方串入电抗 X_L(或电阻 R)。X_L 选用 MEL-08,要注意选用 R_L 和 X_L(或 R)的允许电流应大于实验时实际流过的电流。

(1)两台三相变压器空载投入并联运行的步骤。

①检查变比和连接组

接通电源前,先打开 S_1、S_2,合上 S_3。

然后接通电源,调节变压器输入电压至额定电压。

测出变压器副方电压,若电压相等,则变比相同,测出副方对应相的两端点间的电压，若电压均为零，则联接组相同。

②投入并联运行

在满足变比相等和联接组相同的条件后，合上开关 S_1，即投入并联运行。

(2)阻抗电压相等的两台三相变压器并联运行。

投入并联后，合上负载开关 S_2。

在保持 $U_1=U_{1N}$ 不变的条件下，逐次增加负载电流，直至其中一台输出电流达到额定值为止，测取 I、I_{I}、I_{II}，共取 5～6 组数据，记录于表 3-43 中。

(3)阻抗电压不相等的两台三相变压器并联运行。

打开短路开关 S_3，在变压器 T_{II} 的副方串入电抗 X(或电阻 R)，X 的数值可根据需要调节。重复前面实验，测取 I、I_{I}、I_{II}，共取 5～6 组数据，记录于表 3-44 中。

五、实验报告

1. 根据实验 4 的数据，画出负载分配曲线 $I_1=f(I)$ 及 $I_2=f(I)$。
2. 根据实验 5 的数据，画出负载分配曲线 $I_1=f(I)$ 及 $I_2=f(I)$。
3. 分析实验中阻抗电压对负载分配的影响。

第四章 异步电机实验

4-1 三相鼠笼异步电动机的工作特性

一、实验目的

1. 掌握三相异步电动机的空载、堵转和负载试验的方法。
2. 用直接负载法测取三相鼠笼式异步电动机的工作特性。
3. 测定三相鼠笼式异步电动机的参数。

二、预习要点

1. 异步电动机的工作特性指哪些特性?
2. 异步电动机的等效电路有哪些参数? 它们的物理意义是什么?
3. 工作特性和参数的测定方法。

三、实验设备

实验设备

序号	DDSZ-1	MEL-I	名　称	数量
1	DD03	MEL-13	导轨、测速发电机及转速表	1件
2	DJ23	G	校正过的直流电机	1件
3	DJ16		三相鼠笼异步电动机	1件
4	D33		交流电压表	1件
5	D32		交流电流表	1件
6	D34-3	MEL-20	单三相智能功率、功率因数表	1件
7	D31	MEL-06	直流电压、毫安、安培表	1件
8	D42	MEL-03	三相可调电阻器	1件
9	D51	MEL-05	波形测试及开关板	1件

四、测量定子绕组的冷态直流电阻。

将电机在室内放置一段时间,用温度计测量电机绕组端部或铁心的温度。当所测温度与冷却介质温度之差不超过 2 K 时，即为实际冷态。记录此时的温度和测量定子绕组的直流电阻，此阻值即为冷态直流电阻。

用伏安法测定子绕组电阻，测量线路如图 4-1。直流电源用主控屏上电枢电源先调到 50 V。开关 S_1、S_2 选用 D51（或 MEL-05）挂箱，R 用 D42（MEL-03）挂箱上 1 800 Ω 可调电阻。

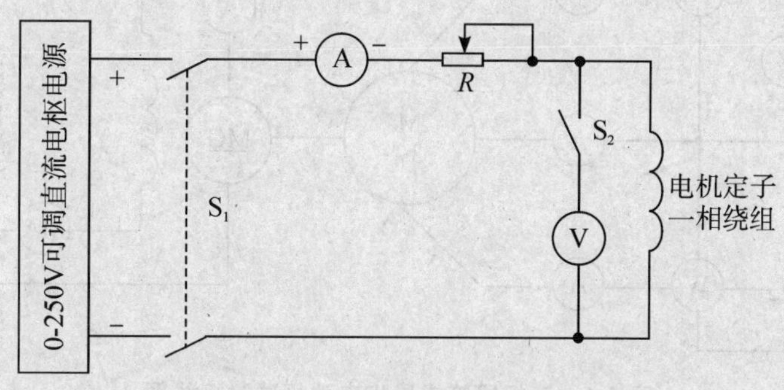

图 4-1　三相交流绕组电阻测定

量程的选择：测量时通过的测量电流应小于额定电流的 20%，约为 50 mA，因而直流电流表的量程用 200 mA 档。三相鼠笼式异步电动机定子一相绕组的电阻约为 50 Ω，因而当流过的电流为 50 mA 时二端电压约为 2.5 V，所以直流电压表量程用 20 V 档。

按图 4-1 接线。把 R 调至最大位置，合上开关 S_1，调节直流电源及 R 阻值使试验电流不超过电机额定电流的 20%，以防因试验电流过大而引起绕组的温度上升，读取电流值，再接通开关 S_2 读取电压值。读完后，先打开开关 S_2，再打开开关 S_1。

调节 R 使 A 表分别为 50 mA，40 mA，30 mA 测取三次，取其平均值，测量定子三相绕组的电阻值，采集于表 4-1 中。

表 4-1　　　　　　　　**室温______℃**

	绕组Ⅰ			绕组Ⅱ			绕组Ⅲ		
I(mA)									
U(V)									
R(Ω)									

注意事项：

1. 在测量时，电动机的转子须静止不动。
2. 测量通电时间不应超过 1 分钟。

五、负载情况

（一）针对 DDSZ-1 电机教学实验台

1. 空载实验

（1）按图 4-2 接线。电机绕组为 △ 接法（U_N = 220 V），直接与测速发电机同轴联接，负载电机 DJ23 不接。

（2）把交流调压器调至电压最小位置，接通电源，逐渐升高电压，使电机起动旋转，观察电机旋转方向。并使电机旋转方向符合要求（如转向不符合要求需调整相序时，必须切断电源)。

(3)保持电动机在额定电压下空载运行数分钟,使机械损耗达到稳定后再进行试验。

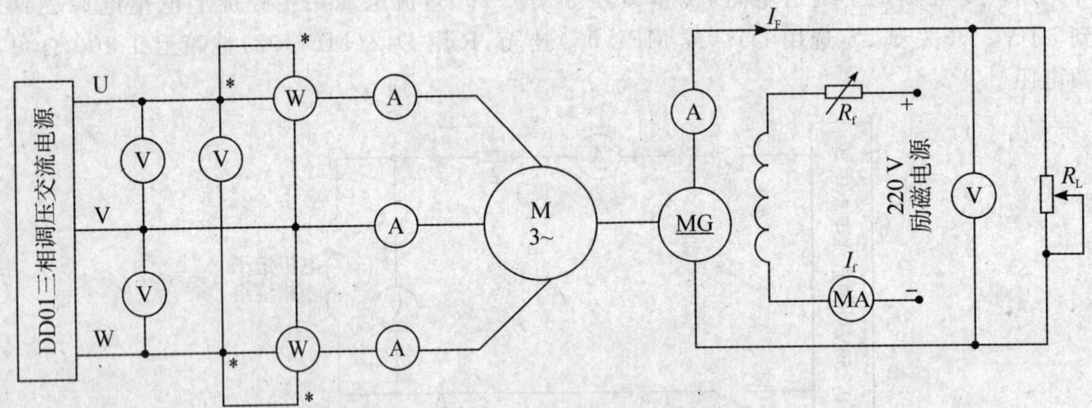

图 4-2 三相鼠笼式异步电动机试验接线图

(4)调节电压由 1.2 倍额定电压开始逐渐降低电压,直至电流或功率显著增大为止。在这范围内读取空载电压、空载电流、空载功率。

(5)在测取空载实验数据时,在额定电压附近多测几点,共取数据 7～9 组采集于表 4-2 中。

表 4-2

序号	U_{0L}(V)				I_{0L}(A)				P_0(W)			$\cos\varphi_0$
	U_{AB}	U_{BC}	U_{CA}	U_{0L}	I_A	I_B	I_C	I_{0L}	$P_Ⅰ$	P	P_0	

2. 短路实验

(1)测量接线图同图 4-2。用制动工具把三相电机堵住。制动工具可用 DD05 上的圆盘固定在电机轴上,螺杆装在圆盘上。

(2)调压器退至零,合上交流电源,调节调压器使之逐渐升压至短路电流到 1.2 倍额定电流,再逐渐降压至 0.3 倍额定电流为止。

(3)在这范围内读取短路电压、短路电流、短路功率。共取数据 5～6 组采集于表 4-3 中。

表 4-3

序号	U_{KL}(V)				I_{KL}(A)				P_K(W)			$\cos\varphi_K$
	U_{AB}	U_{BC}	U_{CA}	U_{KL}	I_A	I_B	I_C	I_{KL}	$P_Ⅰ$	$P_Ⅱ$	P_K4)	

3. 负载实验

(1)测量接线图同图 4-2。同轴联接负载电机。图中 R_f用 D42 上 1 800 Ω 阻值，R_L用 D42 上 1 800 Ω 阻值加上 900 Ω 并联 900 Ω 共 2 250 Ω 阻值。

(2)合上交流电源，调节调压器使之逐渐升压至额定电压并保持不变。

(3)合上校正过的直流电机的励磁电源，调节励磁电流至校正值(50 mA 或 100 mA)并保持不变。

(4)调节负载电阻 R_L(注：先调节 1 800 Ω 电阻，调至零值后用导线短接再调节 450 Ω 电阻)，使异步电动机的定子电流逐渐上升，直至电流上升到 1.25 倍额定电流。

(5)从这负载开始，逐渐减小负载直至空载，在这范围内读取异步电动机的定子电流、输入功率、转速、直流电机的负载电流 I_F等数据。

(6)共取数据 8～9 组采集于表 4-4 中。

表 4-4　　$U_{1\varphi}=U_{1N}=220$ V(Δ)　　$I_f=$______mA

序号	I_{1L}(A)				P_1(W)			I_F	T_2	n
	I_A	I_B	I_C	I_{1L}	$P_Ⅰ$	$P_Ⅱ$	P_1	(A)	(N·m)	(r/min)

*(二)针对 MEL-I 电机教学实验台

1. 空载试验

测量电路如图 4-3 所示。电机绕组为 Δ 接法($U_N=220$ V)，且电机不同测功机同轴联接，不带测功机。

(1)起动电压前,把交流电压调节旋钮退至零位,然后接通电源,逐渐升高电压,使电机起动旋转,观察电机旋转方向。并使电机旋转方向符合要求。

(2)保持电动机在额定电压下空载运行数分钟,使机械损耗达到稳定后再进行试验。

(3)调节电压由 1.2 倍额定电压开始逐渐降低电压,直至电流或功率显著增大为止。在这范围内读取空载电压、空载电流、空载功率。

(4)在测取空载实验数据时,在额定电压附近多测几点,共取数据 7～9 组记录于表 4-2 中。

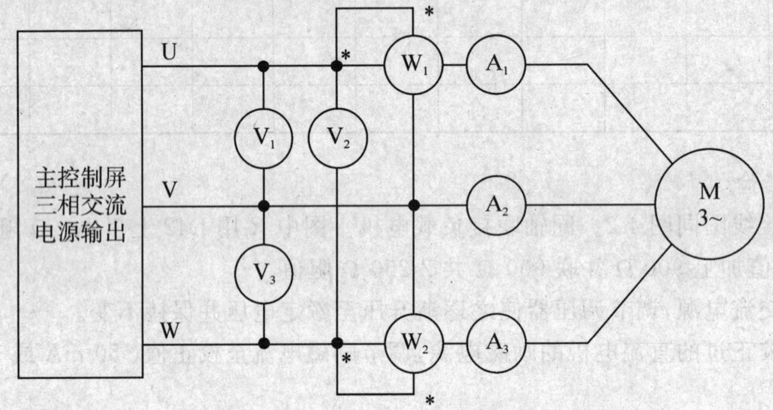

图 4-3a 三相笼型异步电机实验接线图(MEL-Ⅰ、MEL-ⅡA)

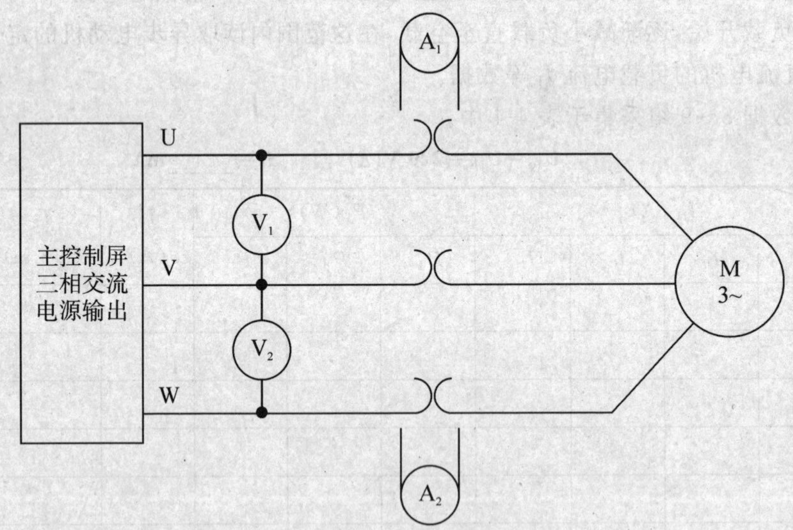

图 4-3b 三相笼型异步电机实验接线图(MEL-ⅡB)

2.短路实验

测量线路如图 4-3。将测功机和三相异步电机同轴联接。

(1)将起子插入测功机堵转孔中,使测功机定转子堵住。将三相调压器退至零位。

(2)合上交流电源,调节调压器使之逐渐升压至短路电流到 1.2 倍额定电流,再逐渐降压至 0.3 倍额定电流为止。

(3)在这范围内读取短路电压、短路电流、短路功率,共取 4～5 组数据,填入表 4-3 中。做完实验后，注意取出测功机堵转孔中的起子。

3. 负载实验

选用设备和测量接线同空载试验。实验开始前，MEL-13 中的“转速控制”和“转矩控制”选择开关扳向“转矩控制”，“转矩设定”旋钮逆时针到底。

(1)合上交流电源，调节调压器使之逐渐升压至额定电压，并在试验中保持此额定电压不变。

(2)调节测功机“转矩设定”旋钮使之加载，使异步电动机的定子电流逐渐上升，直至电流上升到 1.25 倍额定电流。

(3)从这负载开始，逐渐减小负载直至空载，在这范围内读取异步电动机的定子电流、输入功率，转速、转矩等数据，共读取 5～6 组数据，记录于表 4-4 中。

六、实验报告

1. 计算基准工作温度时的相电阻

由实验直接测得每相电阻值，此值为实际冷态电阻值。冷态温度为室温。按下式换算到基准工作温度时的定子绕组相电阻：

$$r_{1ref}=r_{1C}\frac{235+\theta_{ref}}{235+\theta_C}$$

式中 $r_{1\mathrm{ref}}$——换算到基准工作温度时定子绕组的相电阻，Ω；

$r_{1\mathrm{c}}$——定子绕组的实际冷态相电阻，Ω；

θ_{ref}——基准工作温度，对于 E 级绝缘为 75℃；

θ_{c}——实际冷态时定子绕组的温度，℃；

2. 作空载特性曲线：I_{0L}、P_0、$\cos\varphi_0=f(U_{0L})$

3. 作短路特性曲线：I_{KL}、$P_K=f(U_{KL})$

4. 由空载、短路实验数据求异步电机的等效电路参数

(1)由短路实验数据求短路参数

短路阻抗：

$$Z_K=\frac{U_{K\varphi}}{I_{K\varphi}}=\frac{\sqrt{3}U_{KL}}{I_{KL}}$$

短路电阻：

$$r_K=\frac{P_K}{3I_{K\varphi}^2}=\frac{P_K}{I_{KL}^2}$$

短路电抗：

$$X_K=\sqrt{Z_K^2-r_K^2}$$

式中 $U_{K\varphi}=U_{KL}$，$I_{K\varphi}=\frac{I_{KL}}{\sqrt{3}}$，$\mathrm{P_K}$——电动机堵转时的相电压，相电流，三相短路功率(Δ 接法)。

转子电阻的折合值：

$$r_2'\approx r_K-r_{1C}$$

式中 r_{1C}是没有折合到 75℃时实际值。

定、转子漏抗：

$$X_{1\sigma}\approx X_{2\sigma}'\approx\frac{X_K}{2}$$

(2)由空载试验数据求激磁回路参数

空载阻抗 $Z_0=\dfrac{U_{0\varphi}}{I_{0\varphi}}=\dfrac{\sqrt{3}U_{0L}}{I_{0L}}$

空载电阻 $r_0=\dfrac{P_0}{3I_{0\varphi}^2}=\dfrac{P_0}{I_{0L}^2}$

空载电抗 $X_0=\sqrt{Z_0^2-r_0^2}$

式中 $U_{0\varphi}=U_{0L}$,$I_{0\varphi}=\dfrac{I_{0L}}{\sqrt{3}}$,$P_0$——电动机空载时的相电压、相电流、三相空载功率(Δ 接法)。

激磁电抗 $X_m=X_0-X_{1\sigma}$

激磁电阻 $r_m=\dfrac{P_{Fe}}{3I_{0\varphi}^2}=\dfrac{P_{Fe}}{I_{0L}^2}$

式中 P_{Fe}为额定电压时的铁耗,由图 4-4 确定。

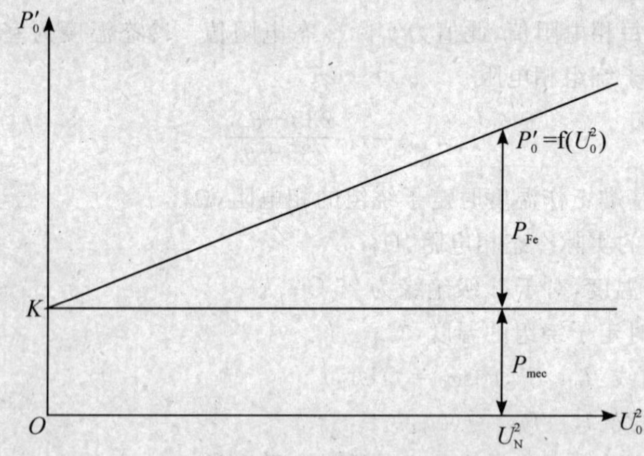

图 4-4 电机中铁耗和机械耗

5. 做工作特性曲线 P_1、I_1、η、S、$\cos\varphi_1=f(P_2)$

由负载试验数据计算工作特性,填入表 4-5 中。

表 4-5 **U_1=220 V(Δ)** **I_f=____ mA**

序号	电动机输入		电动机输出		计 算 值			
	$I_{1\varphi}$(A)	P_1(W)	T_2(N·m)	n(r/min)	P_2(W)	S(%)	η(%)	$\cos\varphi_1$

计算公式为：

$$I_{1\varphi}=\frac{I_{1L}}{\sqrt{3}}=\frac{I_A+I_B+I_C}{3\sqrt{3}}$$

$$S=\frac{1\ 500-n}{1\ 500}\times 100\%$$

$$\cos_{\varphi 1}=\frac{P_1}{3U_{1\varphi}I_{1\varphi}}$$

$$P_2=0.105nT_2$$

$$\eta=\frac{P_2}{P_1}\times 100\%$$

式中$I_{1\varphi}$——定子绕组相电流，A；

$U_{1\varphi}$——定子绕组相电压，V；

S——转差率；

η——效率。

6. 由损耗分析法求额定负载时的效率

电动机的损耗有：

铁耗：P_{Fe}

机械损耗：P_{mec}

定子铜耗：$P_{cu1}=3I_{1\varphi}^2r_1$

转子铜耗：$P_{cu2}=\frac{P_{em}}{100}S$

杂散损耗 P_{ad}取为额定负载时输入功率的 0.5%。

式中　P_{em}——电磁功率，W；

$$P_{em}=P_1-P_{cu1}-P_{Fe}$$

铁耗和机械损耗之和为：

$$P_0'=P_{Fe}+P_{mec}=P_0-I_{0\varphi}^2r_1$$

为了分离铁耗和机械损耗，作曲线 $P_0'=f(U_0^2)$，如图 4-4。

延长曲线的直线部分与纵轴相交于 K 点，K 点的纵坐标即为电动机的机械损耗 P_{mec}，过 K 点作平行于横轴的直线，可得不同电压的铁耗 P_{Fe}。

电机的总损耗

$$\sum P=P_{Fe}+P_{cu1}+P_{cu2}+P_{ad}+P_{mec}$$

于是求得额定负载时的效率为：

$$\eta=\frac{P_1-\sum P}{P_1}\times 100\%$$

式中 P_1、S、I_1由工作特性曲线上对应于 P_2为额定功率 P_N时查得。

七、思考题

1. 由空载、短路实验数据求取异步电机的等效电路参数时，有哪些因素会引起误差？

2. 从短路实验数据我们可以得出哪些结论？

3. 由直接负载法测得的电机效率和用损耗分析法求得的电机效率各有哪些因素会引起误差？

4—2 三相异步电动机的起动与调速

一、实验目的

通过实验掌握异步电动机的起动和调速的方法。

二、预习要点

1. 复习异步电动机有哪些起动方法和起动技术指标。
2. 复习异步电动机的调速方法。

三、实验设备

实验设备

序号	DDSZ-1	MEL-I	名　　称	数量
1	DD03	MEL-13/14	导轨、测速发电机及转速表	1件
2	DJ16	M04	三相鼠笼异步电动机	1件
3	DJ17	M09	三相线绕式异步电动机	1件
4	DJ23	G	校正过的直流电机	1件
5	D31	MEL-06	直流电压、毫安、安培表	1件
6	D32		交流电流表	1件
7	D33		交流电压表	1件
8	D43	MEL-03	三相可调电抗器	1件
9	D51	MEL-05	波形测试及开关板	1件
10	DJ17-1	MEL-09	起动与调速电阻箱	1件
11	DD05		测功支架、测功盘及弹簧秤	1套

四、实验方法及步骤

1. 三相鼠笼式异步电机直接起动试验

(1)按图 4-5 接线。电机绕组为 △ 接法。异步电动机直接与测速发电机同轴联接，不联接负载电机 DJ23(或 G)。

(2)把交流调压器退到零位，开启电源总开关，按下“开”按钮，接通三相交流电源。

(3)调节调压器，使输出电压达电机额定电压 220 V，使电机起动旋转，(如电机旋转方向不符合要求需调整相序时，必须按下“关”按钮，切断三相交流电源)。

(4)再按下“关”按钮，断开三相交流电源，待电动机停止旋转后，按下“开”按钮，接通三相交流电源，使电机全压起动，观察电机起动瞬间电流值(按指针式电流表偏转的最大位置所对应的读数值定性计量)。

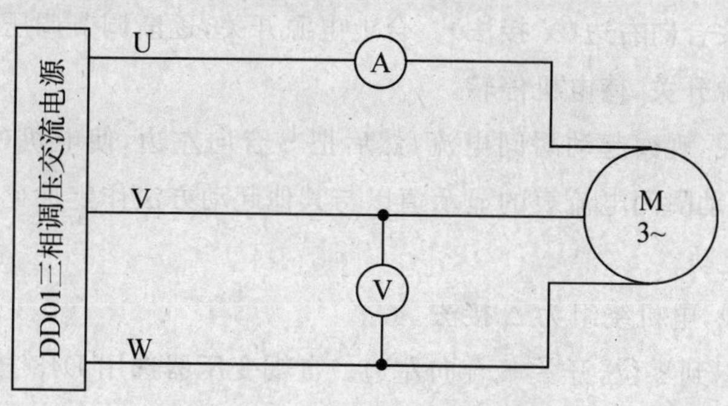

图 4-5　异步电动机直接起动

(5)断开电源开关，将调压器退到零位，电机轴伸端装上圆盘(注：圆盘直径为 10 cm)和弹簧秤。

(6)合上开关，调节调压器，使电机电流为 2～3 倍额定电流，读取电压值 U_K、电流值 I_K，转矩值 T_K(圆盘半径乘以弹簧秤力)，数据记入表 4-6 中。试验时通电时间不应超过 10 秒，以免绕组过热。对应于额定电压时的起动电流 I_{St}和起动转矩 T_{St}按下式计算：

$$T_K = F \times \left(\frac{D}{2}\right)$$

$$I_{St} = \left(\frac{U_N}{U_K}\right) I_K$$

$$T_{St} = \left(\frac{I_{St}^2}{I_K^2}\right) T_K$$

式中　I_K——起动试验时的电流值，A；

T_K——起动试验时的转矩值，N·m。

表 4-6

测 量 值				计 算 值	
U_K(V)	I_K(A)	F(N)	T_K(N·m)	I_{St}(A)	T_{St}(N·m)

2. 星型——三角形(Y-Δ)起动

(1)按图 4-6 接线。线接好后把调压器退到零位。

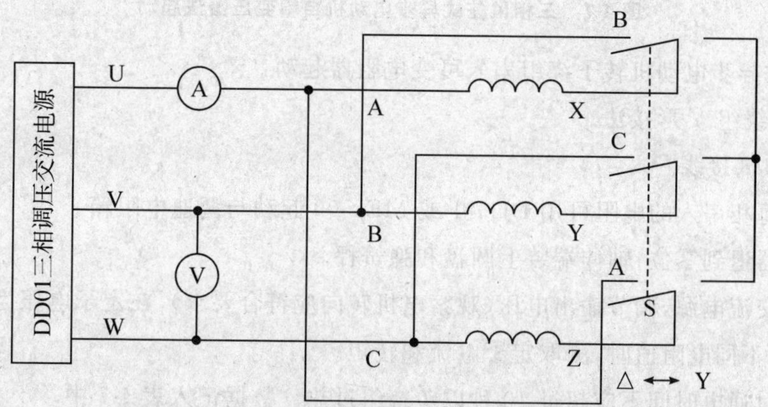

图 4-6　三相鼠笼式异步电机星形——三角形起动

(2)三刀双掷开关合向右边(Y 接法)。合上电源开关,逐渐调节调压器使升压至电机额定电压 220 伏,打开电源开关,待电机停转。

(3)合上电源开关,观察起动瞬间电流,然后把 S 合向左边,使电机(Δ)正常运行,整个起动过程结束。观察起动瞬间电流表的显示值以与其他起动方法作定性比较。

3. 自耦变压器起动

(1)按图 4-7 接线,电机绕组为 Δ 接法。

(2)三相调压器退到零位,开关 S 合向左边。自耦变压器选用 D43 挂箱。

(3)合上电源开关,调节调压器使输出电压达电机额定电压 220 或 110 V,断开电源开关,待电机停转。

(4)开关 S 合向右边,合上电源开关,使电机由自耦变压器降压起动(自耦变压器抽头输出电压分别为电源电压的 40%、60%和 80%)并经一定时间再把 S 合向左边,使电机按额定电压正常运行,整个起动过程结束。观察起动瞬间电流以作定性的比较。

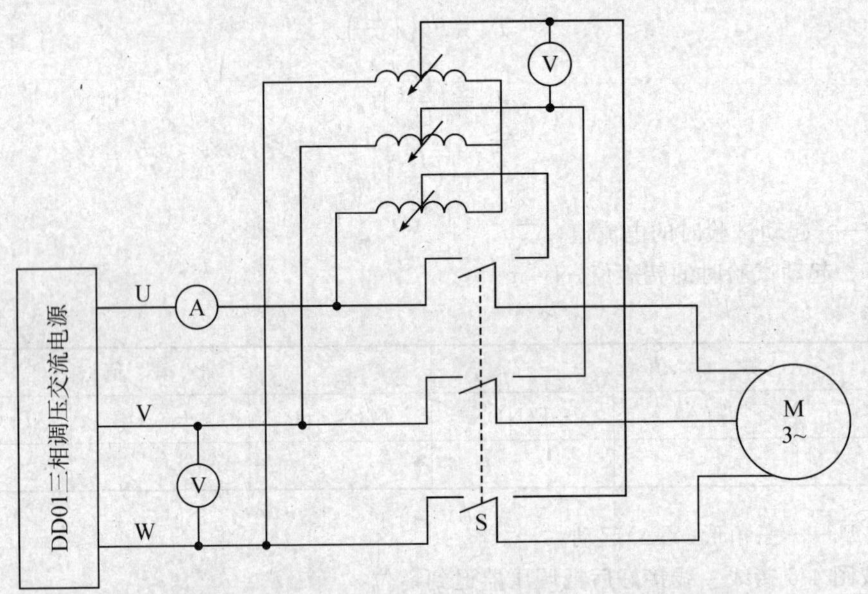

图 4-7 三相鼠笼式异步电动机自耦变压器法起动

4. 线绕式异步电动机转子绕组串入可变电阻器起动

电机定子绕组 Y 形接法。

(1)按图 4-8 接线。

(2)转子每相串入的电阻可用 DJ17-1 或 MEL-09 起动与调速电阻箱。

(3)调压器退到零位,轴伸端装上圆盘和弹簧秤。

(4)接通交流电源,调节输出电压(观察电机转向应符合要求),在定子电压为 180 伏,转子绕组分别串入不同电阻值时,测取定子电流和转矩。

(5)试验时通电时间不应超过 10 秒以免绕组过热。数据记入表 4-7 中。

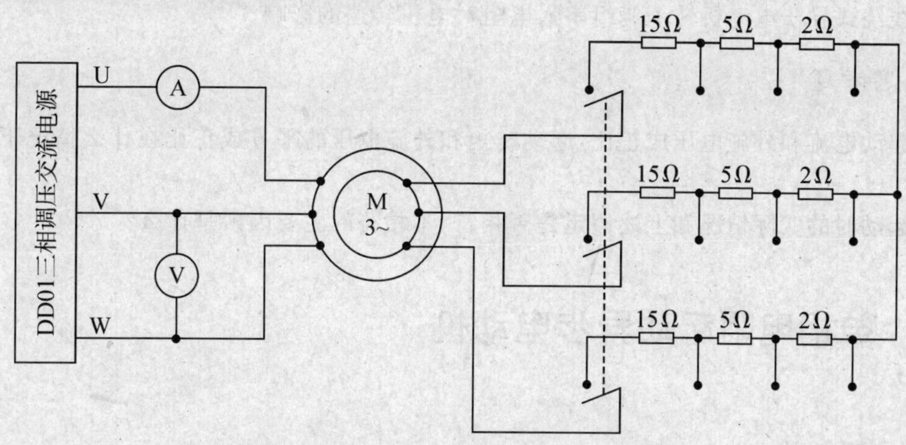

图 4-8　线绕式异步电机转子绕组串电阻起动

表 4-7

R_{st}(Ω)	0	2	5	15
F(N)				
I_{st}(A)				
T_{st}(N·m)				

5. 线绕式异步电动机转子绕组串入可变电阻器调速

(1)实验线路图同图 4-8。同轴联接校正直流电机 MG 或涡流测功机作为线绕式异步电动机 M 的负载，MG 的实验电路参考图 2-10 接线。电路接好后，将 M 的转子附加电阻调至最大。

(2)合上电源开关，电机空载起动，保持调压器的输出电压为电机额定电压 220 伏，转子附加电阻调至零。

(3)调节校正电机的励磁电流 I_f 为校正值(100 mA 或 50 mA)，再调节直流发电机负载电流，使电动机输出功率接近额定功率并保持这输出转矩 T_2 不变，改变转子附加电阻(每相附加电阻分别为 0 Ω、2 Ω、5 Ω、15 Ω)，测相应的转速记录于表 4-8 中。

表 4-8　　**U=220 V**　　**I_f=_____ mA**　　**T_2=_____ N·m**

r_{st}(Ω)	0	2	5	15
n(r/min)				

五、实验报告

1. 比较异步电动机不同起动方法的优缺点。

2. 由起动试验数据求下述三种情况下的起动电流和起动转矩：

(1)外施额定电压 U_N(直接法起动)；

(2)外施电压为 $U_N/\sqrt{3}$(Y－Δ 起动)；

(3)外施电压为 U_K/K_A，式中 K_A 为起动用自耦变压器的变比(自耦变压器起动)。

3. 线绕式异步电动机转子绕组串入电阻对起动电流和起动转矩的影响。

4. 线绕式异步电动机转子绕组串入电阻对电机转速的影响。

六、思考题

1. 起动电流和外施电压成正比，起动转矩和外施电压的平方成正比在什么情况下才能成立？

2. 起动时的实际情况和上述假定是否相符，不相符的主要因素是什么？

4—3 单相电阻起动异步电动机

一、实验目的

用实验方法测定单相电阻起动异步电动机的技术指标和参数。

二、预习要点

1. 单相电阻起动异步电动机有那些技术指标和参数？
2. 这些技术指标怎样测定？参数怎样测定？

三、实验设备与挂件排列

1. 实验设备

序号	DDSZ-1	MEL-I	名　称	数量
1	DD03	MEL-13	导轨、测速发电机及转速表	1件
2	DJ21	M07	单相电阻起动异步电动机	1件
3	DJ23	G	校正过的直流电机	1件
4	D31	MEL-06	直流电压、毫安、安培表	1件
5	D32		交流电流表	1件
6	D33		交流电压表	1件
7	D34-3	MEL-20	单三相智能功率、功率因数表	1件
8	D42	MEL-03	三相可调电阻器	1件

2. 屏上挂件按一定顺序排列

四、实验方法

1. 分别测量定子主、副绕组的实际冷态电阻
测量方法见 4-1，记录室温。数据记录于表 4-9 中。

表 4-9　　　　室温______℃

	主绕组			副绕组		
I(mA)						
U(V)						
R(Ω)						

2. 空载实验

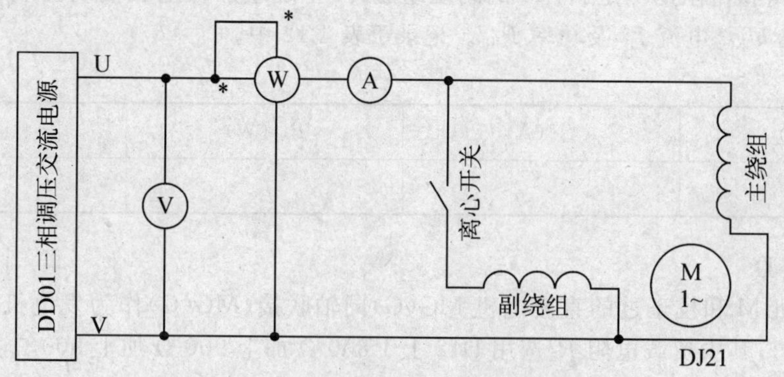

图 4-9　单相电阻起动异步电动机接线图

(1)按图 4-9 接线。单相电阻起动异步电动机 M 选用 DJ21 或 M07,直接与测速发电机同轴联接,负载电机 DJ23(或 G)不接(注:由于单相电阻起动异步电动机起动电流较大,所以作此实验时应把控制屏门后扭子开关打在"关"位置。切断过流保护,以防误操作)。

(2)调节调压器让 M 降压空载起动,在额定电压下空载运转使机械损耗达稳定(10 分钟)。

(3)从 1.1 倍额定电压开始逐步降低至可能达到的最低电压值即功率和电流出现回升为止。

(4)其间测取数据 7～9 组,记录每组的电压 U_0、电流 I_0、功率 P_0 于表 4-10 中。

表 4-10

序号										
U_0(V)										
I_0(A)										
P_0(W)										
$\cos\varphi_0$										

3. 短路实验

(1)把功率表的电流线圈短接,在 M 的轴端装上圆盘和弹簧秤,或将转子锁住不动。

(2)合上电源开关,升高电压至约 0.5 倍的额定电压值,使电流约为 2 倍额定电流,逐步降低电压至短路电流接近额定电流为止,测取短路电压 U_K、短路电流 I_K 及短路力矩 T_K。

(3)测量每组读数时,通电持续时间不得超过 5 秒,共取数据 5～6 组记录于表 4-11 中。

表 4-11

序号						
U_K(V)						
F(N)						
T_K(N·m)						

转子绕组等值电阻的测定：将 M 的副绕组脱开，主绕组加低电压使绕组中的电流等于额定值，测取电压 U_{K0}，电流 I_{K0} 及功率 P_{K0}。记录于表 4-12 中。

表 4-12

U_{K0}(V)	I_{K0}(A)	P_{K0}(W)	r_2'(Ω)

4. 负载实验

(1)电动机 M 和校正过的直流电机 MG(G)同轴联接(MG(G)作为发电机接线，参照实验 2-3 图 2-10)，其中负载电阻 R_2 选用 D42 上 1 800 Ω 加上 900 Ω 加上 900 Ω 共 2 250 Ω 电阻值。

(2)空载起动 M，调节和保持交流电源电压为电动机 M 的额定电压 220 伏，保持校正直流电机 MG(G)的励磁电流 I_f 为校正值。

表 4-13 U_N = 220 V I_f = ____ mA

序号									
I(A)									
P_1(W)									
I_F(A)									
n(r/min)									
T_2(N·m)									
P_2(W)									
$\cos\varphi$									
S(%)									
η(%)									

(3)调节 MG(G)的负载电流 I_F 大小，在电动机 M 的 1.1～0.25 倍额定功率范围内，测取 M 的定子电流 I、输入功率 P_1、直流电机 MG 的负载电流 I_F(查对应转矩 T_2)及转速 n。

(4)共测取数据 7～8 组，记录于表 4-13 中。

五、实验报告

1. 由实验数据计算出电机参数。

(1)由空载实验数据计算参数 Z_0、X_0、$\cos\varphi_0$

空载阻抗：$Z_0=U_0/I_0$

式中 U_0——对应于额定电压值时的空载实验电压，V；

I_0——对应于额定电压时的空载实验电流，A；

空载电抗：$X_0=Z_0\sin\varphi_0$

式中 φ_0——空载实验对应于额定电压时电压和电流的相位差可由 $\cos\varphi_0=P_0/(U_0I_0)$ 求得 φ_0。

(2)由短路实验数据计算 r_2'、$X_{1\sigma}$、$X_{2\sigma}$、X_m

短路阻抗：

$$Z_{K0}=U_{K0}/I_{K0}$$

转子绕组等效电阻：

$$r_2'=\frac{P_{K0}}{I_{K0}^2}-r_1$$

式中 r_1——定子主绕组电阻

定、转子漏抗：

$$X_{1\sigma}\approx X_{2\sigma}'\approx 0.5Z_{K0}\sin\varphi_{K0}$$

式中 φ_{K0}——实验电压 U_{K0} 和电流 I_{K0} 的相位差。

可由式 $\cos\varphi_{K0}=P_{K0}/(U_{K0}I_{K0})$ 求得 φ_{K0}。

(3)励磁电抗

$$X_m=2(x_0-x_{1\sigma}-0.5x_{2\sigma}')$$

式中：$x_{1\sigma}$——定子漏抗，Ω；$x_{2\sigma}$——转子漏抗，Ω。

2. 由负载实验数据，绘制电机工作特性曲线 P_1、I_1、η、$\cos\varphi$、$S=f(P_2)$。

3. 算出电动机的起动技术数据。

六、思考题

由电机参数计算出电机工作特性和实测数据是否有差异？是由哪些因素造成？

4—4　单相电容起动异步电动机

一、实验目的

用实验方法测定单相电容起动异步电动机的技术指标和参数。

二、预习要点

1. 单相电容起动异步电动机有哪些技术指标和参数？
2. 这些技术指标怎样测定？参数怎样测定？

三、实验设备与挂件排列

1. 实验设备

序号	DDSZ-1	MEL-I	名　称	数量
1	DD03	MEL-13	导轨、测速发电机及转速表	1件
2	DJ23	G	校正过的直流电机	1件
3	DJ19	M05	单相电容起动异步电动机	1件
4	D31	MEL-06	直流电压、毫安、安培表	1件
5	D32		交流电流表	1件
6	D33		交流电压表	1件
7	D34-3	MEL-20	单三相智能功率、功率因数表	1件
8	D42	MEL-03	三相可调电阻器	1件
9	D44		可调电阻器、电容器	1件

2. 屏上挂件按一定顺序排列

四、实验方法

1. 分别测量定子主、副绕组的实际冷态电阻

测量方法见 4-1，记录当时室温，将数据记录于表 4-14 中。

表 4-14 **室温**____℃

	主　绕　组			副　绕　组		
I(mA)						
U(V)						
R(Ω)						

2. 空载实验、短路实验、负载实验

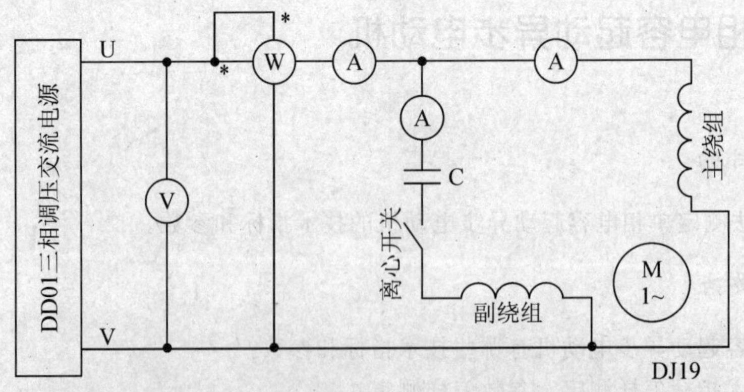

图 4-10　单相电容起动异步电动机接线图

按图 4-10 接线，起动电容 C 选用 35 μF 电容。

(1)调节调压器让电机降压空载起动，在额定电压下空载运转使机械损耗达稳定。

(2)从 1.1 倍额定电压开始逐步降低直至可能达到的最低电压值，即功率和电流出现回升时为止，其间测取电压 U_0、电流 I_0、功率 P_0 数据 7～8 组记录于表 4-15 中。

表 4-15

序号									
U_0(V)									
I_0(A)									
P_0(W)									
$\cos\varphi_0$									

由空载实验数据计算电机参数见 4-3

(3)在短路实验时，电机轴端装上圆盘和弹簧秤，然后合上交流电源，升压至约 0.95～1.02U_N，再逐次降压至短路电流接近额定电流为止。

(4)共测取 U_K、I_K、T_K 等数据 6～8 组记录于表 4-16 中。

注意：测取每组读数时，通电持续时间不应超过 5 秒，以免绕组过热。

(5)转子绕组等值电阻的测定(数据记录于表 4-17 中)及由短路实验数据计算电机的参数参见实验 4-3。

表 4-16

序号	U_K(V)					
I_K(A)						
F(N)						
T_K(N·m)						

表 4-17

U_{K0}(V)	I_{K0}(A)	P_{K0}(W)	r_2'(Ω)

(6)在负载实验时，负载电阻选用 D42(MEL-03)上 1 800 Ω 加上 900 Ω 并联 900 Ω 共 2 250 Ω阻值。电动机 M 和校正直流电机 MG(G)同轴联接(MG 的接线参照实验 2-3 图 2-10)，接通交流电源，升高电压至 U_N并保持不变。

(7)保持 MG(G)的励磁电流 I_f为规定值，再调节 MG 的负载电流 I_F，使电动机在 1.1～0.25 倍额定功率范围内测取定子电流 I、输入功率 P_1、转矩 T_2、转速 n，共测取 6～8 组数据，其中额定点必测，记录于表 4-18。

表 4-18　　　　U_N=220 V　　　I_f=_____ mA

序号									
I(A)									
P_1(W)									
I_F(A)									
n(r/min)									
T_2(N·m)									
P_2(W)									
$\cos\varphi$									

续表

序号									
S(%)									
η(%)									

五、实验报告

1. 由实验数据计算出电机参数。
2. 由负载试验计算出电机工作特性：P_1、I_1、η、$\cos\varphi$、$S=f(P_2)$。
3. 算出电动机的起动技术数据。
4. 确定电容参数。

六、思考题

1. 由电机参数计算出电机工作特性和实测数据是否有差异？是由哪些因素造成的？
2. 电容参数该怎样决定？电容怎样选配？

4—5 单相电容运转异步电动机

一、实验目的

用实验方法测定单相电容运转异步电动机的技术指标和参数。

二、预习要点

1. 单相电容运转异步电动机有哪些技术指标和参数？
2. 这些技术指标怎样测定？参数怎样测定？

三、实验设备与挂件排列

1. 实验设备

序号	DDSZ-1	MEL-I	名　　称	数量
1	DD03	MEL-13	导轨、测速发电机及转速表	1 件
2	DJ23	G	校正过的直流电机	1 件
3	DJ20	M06	单相电容运转异步电动机	1 件
4	D32		交流电流表	1 件
5	D33		交流电压表	1 件
6	D34-3	MEL-20	单三相智能功率、功率因数表	1 件
7	D31	MEL-06	直流电压、毫安、安培表	1 件
8	D42	MEL-03	三相可调电阻器	1 件
9	D44		可调电阻器、电容器	1 件
10	D51	MEL-05	波形测试及开关板	1 件

2. 屏上挂件按一定顺序排列

四、实验方法

1. 测量定子主、副绕组的实际冷态电阻

测量方法见实验 4-1，记录当时室温，将数据记录于表 4-19 中。

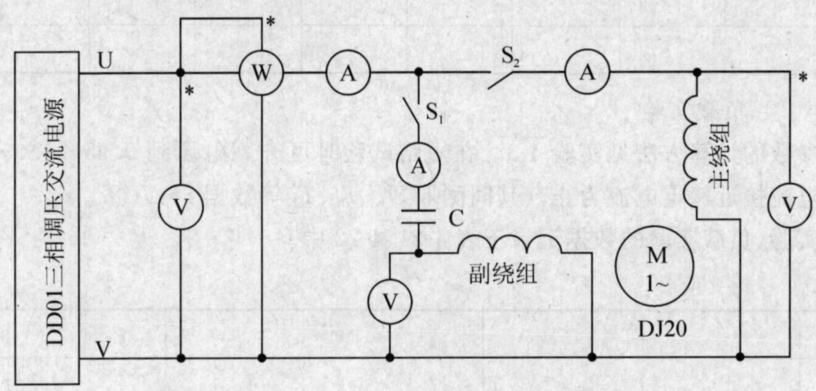

图 4-11　单相电容运转异步电动机接线图

表 4-19　　　　　　　　　　室温______℃

	主　绕　组			副　绕　组		
I(mA)						
U(V)						
R(Ω)						

2. 有效匝数比的测定

按图 4-11 接线，外配电容 C 选用 4uF 电容。

(1)降压空载起动，将副绕组开路(打开开关 S_1)。主绕组加额定电压 220 伏，测量副绕组的感应电势 E_a。

(2)主绕组开路(打开开关 S_2)。加电压 U_a ($U_a=1.25\times E_a$)施于副绕组，测量主绕组的感应电势 E_m。

(3)主、副绕组的有效匝数比 K 按下式求得：

$$K=\sqrt{\frac{U_a\times E_a}{E_m\times 220}}$$

3. 空载实验

(1)降压空载起动，再将副绕组开路(打开开关 S_1)，主绕组加额定电压空载运转使机械损耗达稳定(15 分钟)。

(2)从 1.1～1.2 倍额定电压开始逐步降低到可能达到的最低电压值即功率和电流出现回升时为止，其间测取电压、电流、功率。共测取数据 7～9 组记录于表 4-20 中。

参数的计算方法见实验 4-3

表 4-20

序号									
U_0(V)									
I_0(A)									
P_0(W)									
$\cos\varphi_0$									

4. 短路实验、负载实验

测量和参数的计算方法见实验 4-3。在短路试验时可升高电压到 $0.95\sim1.05U_N$，再逐次降压至短路电流接近额定电流为止。其间测取 U_K、I_K、T_K 等数据 5～7 组。

将短路实验、负载实验的数据记录于表 4-21、4-22 中。

表 4-21

序号						
U_K(V)						
I_K(A)						
F(N)						
T_K(N·m)						

表 4-22 U_N＝220 V I_f＝______ mA

序号									
$I_主$(A)									
$I_副$(A)									
$I_总$(A)									
P_1(W)									
I_F(A)									
n(r/min)									
T_2(N·m)									
P_2(W)									
η(%)									
$\cos\varphi$									
S(%)									

五、实验报告

1. 由实验数据计算出电机参数。
2. 由负载实验计算出电机工作特性：P_1、I_1、η、$\cos\varphi$、$S=f(P_2)$。
3. 算出电动机的起动技术数据。

4. 确定电容参数。

六、思考题

1. 由电机参数计算出电机工作特性和实验数据是否有差异？是有哪些因素造成的？
2. 电容参数该怎样确定？电容怎样选配？

4-6　双速异步电动机

一、实验目的

用实验方法测定两种转速时的工作特性，从而加深对变极调速原理的理解。

二、预习要点

1. 变极调速原理。
2. 工作特性的测试方法。

三、实验设备与挂件排列

1. 实验设备

序号	DDSZ-1	MEL-I	名　称	数量
1	DD03	MEL-13	导轨、测速发电机及转速表	1件
2	DJ23	G	校正过的直流电机	1件
3	DJ22	M11	双速异步电动机	1件
4	D32		交流电流表	1件
5	D33		交流电压表	1件
6	D34-3	MEL-20	单三相智能功率、功率因数表	1件
7	D31	MEL-06	直流电压、毫安、安培表	1件
8	D42	MEL-03	三相可调电阻器	1件
9	D51	MEL-05	波形测试及开关板	1件

2. 屏上挂件按一定顺序排列

四、实验方法

1. 四极电机时的工作特性测试

(1)按图 4-12 接线，电机和校正直流电机(作发电机)同轴联接(校正发电机的接线参考实验 2-3 图 2-10)。负载电阻选用 D42(MEL-03)上 900 Ω 串 900 Ω 加上 900 Ω 并联 900 Ω 共 2 250 Ω电阻值。

(2)把电流表短接，功率表电流线圈短接，转速表量程用 3 600 转/分。把开关 S 合向图 4-

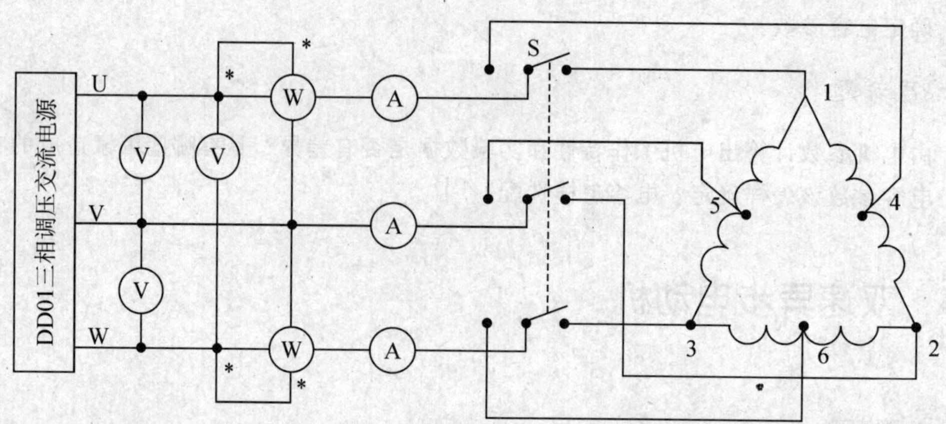

图 4-12　双速异步电动机(2/4 极)

12 所示的右边,使电动机为 Δ 接法(四极电机)。

(3)接通交流电源(合控制屏上起动按钮),调节调压器,使输出电压为电动机额定电压 220 伏,并保持恒定。

(4)把电流表、功率表的短接线拆掉,给电机施加负载,使异步电动机定子电流逐渐上升到 1.25 倍额定电流。从这负载开始,逐渐减小负载直至空载,在这范围内读取异步电动机的定子电流、输入功率、转速、转矩数据。

(5)共读取数据 6～8 组并记录于表 4-23 中。

表 4-23　　$U_N = 220$ V　　$I_f =$ ____ mA　　Δ 接法(四极电机)

序号									
I(A)									
P_1(W)									
I_F(A)									
n(r/min)									
T_2(N·m)									
P_2(W)									
η(%)									
$\cos\varphi$									

2. 二极电机时的工作特性测试

(1) 把电流表短接,功率表电流线圈短接,把 S 合向左边(YY 接法)并把右边三端点用导线短接。

(2)电机空载起动,保持输入电压为额定电压,拆掉电流表,功率表短接线。给电机施加负载,使异步电动机定子电流为 $1.25I_N$,然后逐次减小负载,直至空载。

(3)测取电机的 I、P_1、n、直流电机的 I_F,共取数据 6～8 组记录于表 4-24 中。

表 4-24　$U_N=220$ V　$I_f=$______mA　YY 接法(二极电机)

序号									
I(A)									
P_1(W)									
I_F(A)									
n(r/min)									
T_2(N·m)									
P_2(W)									
η(%)									
$\cos\varphi$									

五、实验报告

1. 绘制二极运行时的工作特性曲线。
2. 绘制四极运行时的工作特性曲线。
3. 对这种 2/4 极双速电机的性能加以评价。

六、思考题

1. 做试验时三只电流表的读数是否相同？有差别时是什么原因造成的？定子电流怎样测量？

3. Δ/YY 的变极调速特点是什么？

4—7　三相异步发电机

一、实验目的

1. 研究三相异步发电机的自激条件、工作特性及运行问题。
2. 掌握异步电机的可逆原理。

二、预习要点

1. 三相异步发电机是以什么装置来充磁？自激磁的过程是怎样的？
2. 什么是三相异步发电机的空载特性？在求取空载特性曲线时，哪些物理量保持不变？哪些物理量应测取？
3. 在求取外特性时，为什么负载增加时发电机电压会急剧下降？

三、实验设备与挂件排列

1. 实验设备

序号	型 号	名 称	数量
1	DD03	导轨、测速发电机及转速表	1件
2	DJ23	校正过的直流电机	1件
3	DJ16	三相鼠笼异步电动机	1件
4	D32	交流电流表	1件
5	D33	交流电压表	1件
6	D34-3	单三相智能功率、功率因数表	1件
7	D31	直流电压、毫安、安培表	1件
8	D44	可调电阻器、电容器	1件
9	D46	三相可调电容器	1件
10	D51	波形测试及开关板	1件
11	D42	三相可调电阻器	1件

2. 屏上挂件排列顺序

D31、D44、D51、D33、D32、D34-3、D46

四、实验方法

1. 空载试验

保持 $n=n_N=n_0$ 不变，测取 $U_0=f(I_C)$，

保持 $n=n_N=n_0$ 不变，测取 $U_0=\mathrm{f}(C)$。

测取电容不变时空载电压与转速(频率)的关系，即保持 C=常数，测取 $U_0=f(n)$。

测取空载电压不变时电容与转速的关系，即保持 U_0=常数，测取 $C=f(n)$。

(1)按图 4-13 接线。校正过的直流电机 MG 按他励方式联接，用作电动机拖动三相鼠笼电机 M 旋转，M 的定子绕组为 Δ 形接法($U_N=220$ V)。R_{f1} 选用 D44 上 900 Ω 加上 900 Ω 共 1 800 Ω阻值，R_1 选用 D44 上 90 Ω 加上 90 Ω 共 180 Ω 阻值。R 选用 D42 上 900 Ω 加上 900 Ω 共1 800 Ω阻值(共三组)。可调电容 C 选用 D46 挂件。电容 C 采用 D46 上 C_1 与 C_3 并联，并把 C_3 调至最小值。开关 S_1、S_2 打在断开位置。

(2)把 MG 电枢串联起动电阻 R_1 调至最大，R_{f1} 调至最小。先接通励磁原源，再接通电枢电源。电动机 MG 正常运转后，调节 R_1 使发电机转速为 1 500 转每分。

(3)保持电机转速为 1 500 转每分不变。合上开关 S_1，调节电容器，即调节电容电流 I_C，使发电机输出电压约为 1.2 倍额定电压。读取对应的空载电压 U_0，电容值 C，电容电流 I_C。共读取数据 6～7 组记录于表 4-25 中。

表 4-25 $n=n_N=$ ______ r/min

序号							
U_0(V)							
I_C(A)							
C(uF)							

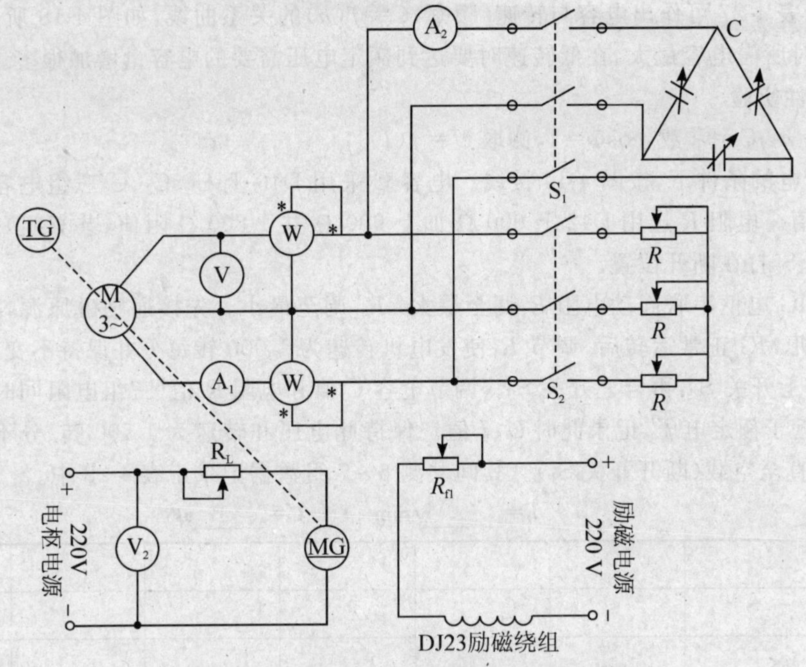

图 4-13　三相异步发电机空载实验接线图

(4)根据空载试验数据可做出空载特性曲线 $U_0 = f(I_C)$ 和空载电压与电容的关系曲线 $U_0 = f(C)$，如图 4-15 和图 4-16。

(5)由图 4-15 和图 4-16 可见，电压与电容的关系曲线与空载特性曲线相似，只有当电容量达一定数值时，空载电压才趋于稳定。

(6)按(1)、(2)步骤起动电机。增大可调电容使发电机电压接近于额定电压。保持这一电容 C 不变，缓慢增大 R_1 阻值即减小电机转速。在 1 500 转/分至 1 450 转/分之间测取空载电压与转速(频率)的关系，即 $U_0 = f(n)$。共取 5～6 组数据记录于表 4-26 中。

表 4-26　　**C=______uF**

序号							
n(r/min)							
U_0(V)							

(7)根据表 4-26 可做出空载电压与转速(频率)$U_0 = f(n)$ 的关系曲线，如图 4-17 所示。由图可看出空载电压与转速(频率)曲线近似于线性关系。

(8)按(1)、(2)步骤起动电机。增大可调电容使发电机电压接近于额定电压并保持不变。缓慢增大 R_1 阻值即减小电机转速。在 1 500 转/分至 1 650 转/分之间测取电容与转速(频率)的关系，即 $C = f(n)$。注意在实验过程中保持电压基本不变。共取 6～7 组数据记录于表 4-27 中。

表 4-27　　**U_0≈____V**

序号							
n(r/min)							
C(μF)							

(9)根据表 4-27 可作出电容与转速(频率)$C=f(n)$的关系曲线,如图 4-18 所示。图 4-18 表明频率低时所需电容最大,在低转速时要达到额定电压需要的电容量增加很多。

2. 外特性实验

保持 $n=n_0$,C=常数,$\cos\Phi=1$,测取 $U=f(I)$。

(1)在断电的条件下,按图 4-14 接线。电容 C 采用 D46 上 C_1、C_2、C_3 三组电容并联,并把 C_3 调至最小值。电阻 R 选用 D42 上 900 Ω 加上 900 Ω 共 1 800 Ω 阻值(共三组)并调至最大值。开关 S_1、S_2 打在断开位置。

(2)把 MG 电枢串联起动电阻 R_1 调至最大,R_{f1} 调至最小。先接通励磁原源,再接通电枢电源。电动机 MG 正常运转后,调节 R_1 使发电机转速为 1 500 转每分并保持不变。

(3)先合上开关 S_2,再合上开关 S_1。调节电容 C 值和电阻 R 值(三组电阻同时调节)使发电机电压接近于额定电压,记录此时 U、I 值。保持此电压和转速为 1 500 转/分不变,逐渐增大电阻 R 值直至空载(断开开关 S_2)。其间共测 6~7 组数据记录于表 4-28 中。

表 4-28 $n=$____r/min C=____uF

序号							
U(V)							
I(A)							

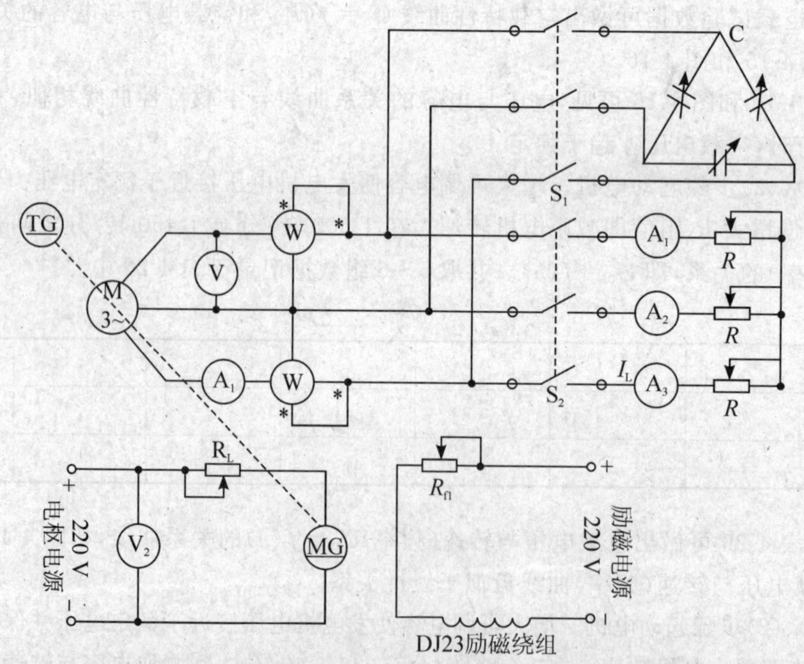

图 4-14 三相异步发电机负载实验接线图

(4)由表 4-28 可做出三相异步外特性曲线图,如图 4-19 所示。负载增加时电压下降,当负载增至临界值,继续增加负载,电流反而减小,线电压急剧下降。

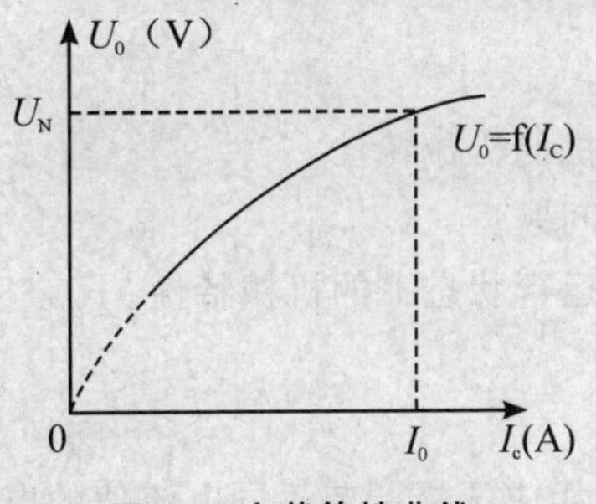

图 4-15 空载等性曲线

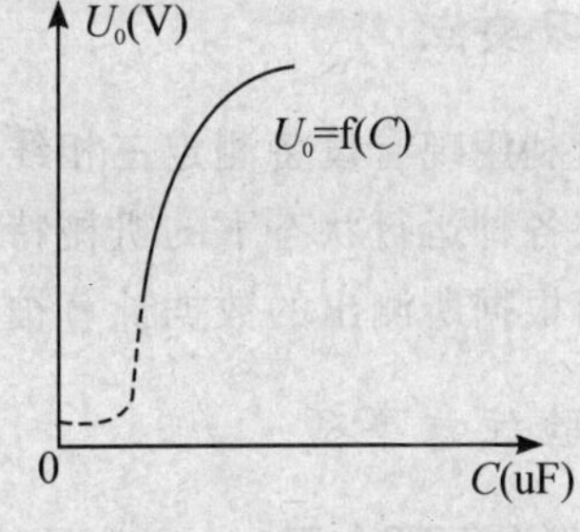

图 4-16 电压与电容的关系曲线

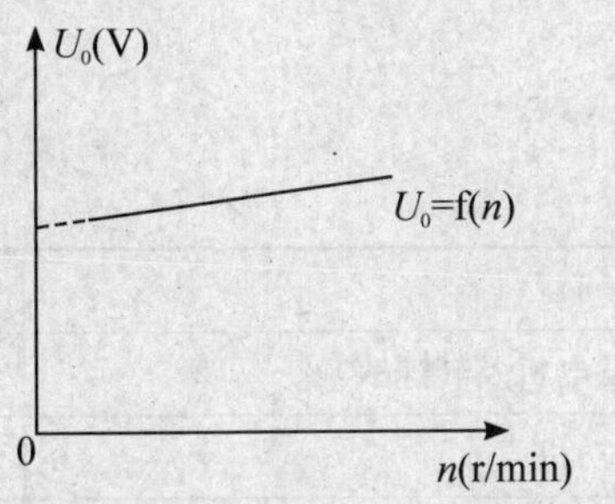

图 4-17　空载电压与转速(频率)的关系曲线(C=常数)

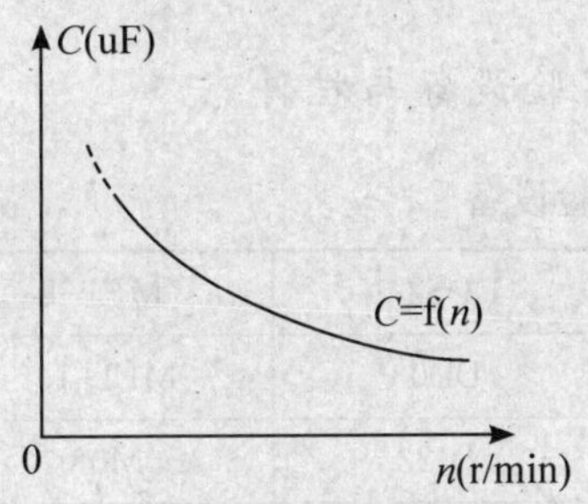

图 4-18　电容与转速(频率)的关系曲线

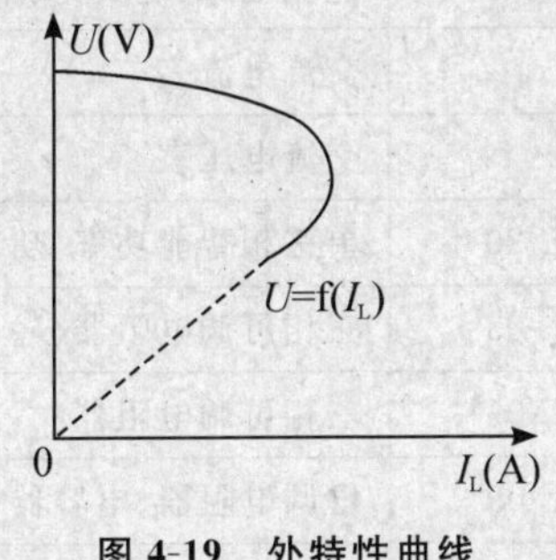

图 4-19　外特性曲线

五、实验报告

1. 根据空载实验数据，做出三相异步发电机空载特性曲线 $U_0=f(I_C)$、$U_0=f(C)$、$U_0=f(n)$、$C=f(n)$。

2. 根据负载实验数据，做出三相异步发电机外特性曲线 $U=f(I_L)$。

4－8　三相异步电动机在各种运行状态下的机械特性

一、实验目的

了解三相线绕式异步电动机在各种运行状态下的机械特性。

二、预习要点

1. 如何利用现有设备测定三相线绕式异步电动机的机械特性。
2. 测定各种运行状态下的机械特性应注意哪些问题。
3. 如何根据所测出的数据计算被试电机在各种运行状态下的机械特性。

三、实验注意事项

调节串联的可调电阻时，要根据电流值的大小而相应选择调节不同电流值的电阻，防止个别电阻器过流而引起烧坏。

四、实验设备与挂件

1. 实验设备

序 号	DDSZ-1	MEL-I	名 称	数 量
1	DD03	MEL-13	导轨、测速发电机及转速表	1 件
2	DJ23	M03	校正直流测功机	1 件
3	DJ17	M09	三相线绕式异步电动机	1 件
4	D31	MEL-06	直流电压、毫安、安培表	2 件
5	D32		交流电流表	1 件
6	D33		交流电压表	1 件
7	D34-3	MEL-20	单三相智能功率、功率因数表	1 件
8	D41	MEL-03	三相可调电阻器	1 件
9	D42	MEL-04	三相可调电阻器	1 件
10	D44	MEL-09	可调电阻器、电容器	1 件
11	D51	MEL-05	波形测试及开关板	1 件

2. 屏上挂件按一定顺序排列

五、实验方法

(一)针对 DDSZ-1 电机教学实验台

1. 测定三相绕线式转子异步电动机在 $R_S=0$ 时的电动运行状态和再生发电制动状态下的机械特性

(1)按图 4-20 接线，图中 M 用编号为 DJ17 的三相线绕式异步电动机，额定电压：220 V，Y 接法。MG 用编号为 DJ23 的校正直流测功机。S_1、S_2、、S_3 选用 D51 挂箱上的对应开关，并将 S_1 合向左边 1 端，S_2 合在左边短接端(即线绕式电机转子短路)，S_3 合在 2′位置。R_1 选用 D44 的 180 Ω 阻值加上 D42 上四只 900 Ω 串联再加两只 900 Ω 并联共 4 230 Ω 阻值，R_2 选用 D44 上 1 800 Ω阻值，R_S 选用 D41 上三组 45 Ω 可调电阻(每组为 90 Ω 与 90 Ω 并联)，并用万用表调定在 36 Ω 阻值，R_3 暂不接。直流电表 A_2、A_4 的量程为 5 A，A_3 量程为 200 mA，V_2 的量程为 1 000 V，交流电表 V_1 的量程为 150 V，A_1 量程为 2.5 A。转速表 n 置正向 1 800 r/min 量程。

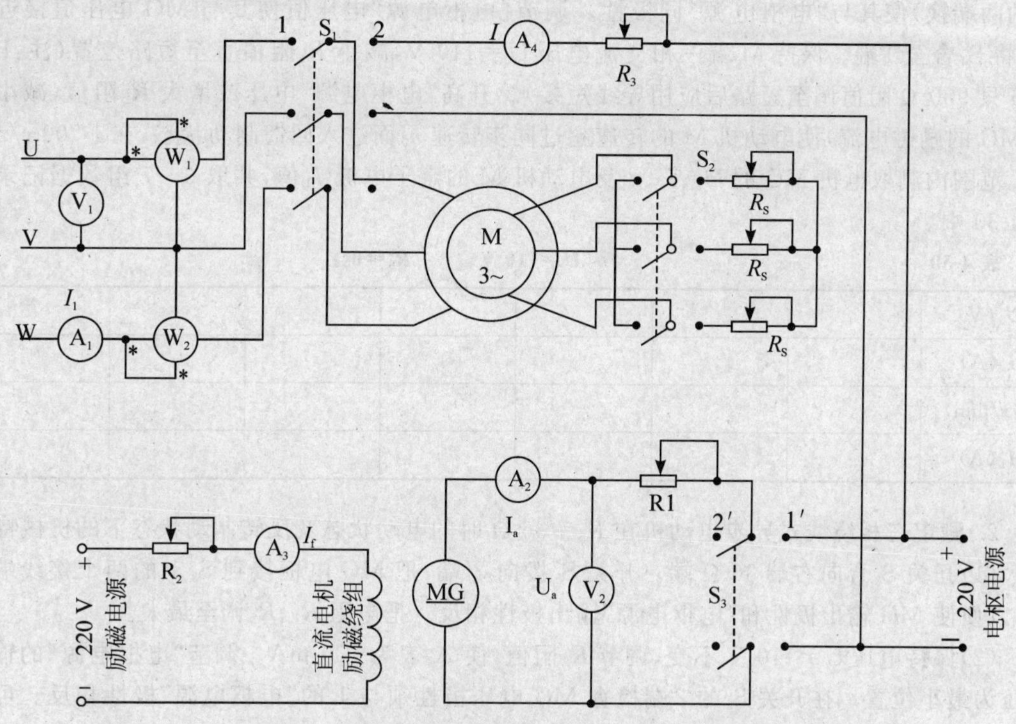

图 4-20　三相线绕转子异步电动机机械特性的接线图

(2)确定 S_1 合在左边 1 端，S_2 合在左边短接端，S_3 合在 2′位置，M 的定子绕组接成星形的情况下。把 R_1、R_2 阻值置最大位置，将控制屏左侧三相调压器旋钮向逆时针方向旋到底，即把输出电压调到零。

(3)检查控制屏下方“直流电机电源”的“励磁电源”开关及“电枢电源”开关都须在断开位置。接通三相调压“电源总开关”，按下“开”按钮，旋转调压器旋钮使三相交流电压慢慢升高，观察电机转向是否符合要求。若符合要求则升高到 U=110 V，并在以后实验中保持不变。接通“励磁电源”，调节 R_2 阻值，使 A_3 表为 100 mA 并保持不变。

(4)接通控制屏右下方的“电枢电源”开关，在开关 S_3 的 2′端测量电机 MG 的输出电压的极性，先使其极性与 S_3 开关 1′端的电枢电源相反。在 R_1 阻值为最大的条件下将 S_3 合向 1′位置。

(5)调节“电枢电源”输出电压或 R_1 阻值，使电动机从接近于堵转到接近于空载状态，其间测取电机 MG 的 U_a、I_a、n 及电动机 M 的交流电流表 A_1 的 I_1 值，共取 8～9 组数据录于表 4-29 中。

表 4-29　　**U=110 V**　　**R_S=0Ω**　　**I_f=＿＿mA**

U_a(V)							
I_a(A)							
n(r/min)							
I_1(A)							

(6)当电动机接近空载而转速不能调高时，将 S_3 合向 2′位置，调换 MG 电枢极性(在开关

S_3的两端换)使其与“电枢电源”同极性。调节“电枢电源”电压值使其与 MG 电压值接近相等,将 S_3合至 1′端。保持 M 端三相交流电压 $U=110$ V,减小 R_1阻值直至短路位置(注:D42 上 6 只 900 Ω 阻值调至短路后应用导线短接)。升高“电枢电源”电压或增大 R_2阻值(减小电机 MG 的励磁电流)使电动机 M 的转速超过同步转速 n_0而进入回馈制动状态,在 1 700 r/min ~n_0范围内测取电机 MG 的 U_a、I_a、n 及电动机 M 的定子电流 I_1值,共取 6~7 组数据记录于表 4-30 中。

表 4-30 **$U=110$ V** **$R_S=0\Omega$**

U_a(V)							
I_a(A)							
n(r/min)							
I_1(A)							

2. 测定三相绕线式异步电动机在 $R_S=36$ Ω 时的电动状态及反转制动状态下的机械特性

(1)开关 S_2合向右端 36 Ω 端。开关 S_3拨向 2′端,把 MG 电枢接到 S_3上的两个接线端对调,以便使 MG 输出极性和“电枢电源”输出极性相反。把电阻 R_1、R_2调至最大。

(2)保持电压 $U=110$ V 不变,调节 R_2阻值,使 A_3表为 100 mA。调节“电枢电源”的输出电压为最小位置。在开关 S_3的 2′端检查 MG 电压极性须与 1′的“电枢电源”极性相反。可先记录此时 MG 的 U_a、I_a值,将 S_3合向 1[1] 端与“电枢电源”接通。测量此时电机 MG 的 U_a,I_a,n 及 A_1表的 I_1值,减小 R_1阻值(先调 D42 上四个 900 Ω 串联的电阻)或调高“电枢电源”输出电压使电动机 M 的 n 下降,直至 n 为零。把转速表置反向位置,并把 R_1的 D42 上四个 900 Ω 串联电阻调至零值位置后应用导线短接,继续减小 R_1阻值或调高电枢电压使电机反向运转。直至 n 为 1 300 r/min 为止,在该范围内测取电机 MG 的 U_a,I_a,n 及 A_1表的 I_1值。共取 11-12 组记录于表 4-31 中。

表 4-31 **$U=110$ V** **$R_S=36$ Ω** **$I_f=$ ______ mA**

U_a(V)												
I_a(A)												
n(r/min)												
I_1(A)												

(3)停机(先将 S_2合至 2′ 端,关断“电枢电源”再关断“励磁电源”,调压器调至零位,按下“关”按钮)。

3. $R_S=36$ Ω,定子绕组加直流励磁电流 $I_1=0.6I_N$及 $I_2=I_N$时,分别测定能耗制动状态下的机械特性

(1)确认在“停机”状态下。把开关 S_1合向右边 2 端,S_2合向右端(R_S仍保持 36 Ω 不变),S_3合向左边 2′端,R_1用 D44 上 180 Ω 阻值并调至最大,R_2用 D42 上 1 800 Ω 阻值并调至最大,R_3用 D42 上 900 Ω 与 900 Ω 并联再加上 900 Ω 与 900 Ω 并联共 900 Ω 阻值并调至最大。

(2)开启“励磁电源”,调节 R_2阻值,使 A_3表 $I_f=100$ mA,开启“电枢电源”,调节电枢电源的输出电压 $U=220$ V,再调节 R_3使电动机 M 的定子绕组流过 $I=0.6I_N=0.36$ A 并保持不变。

(3)在R_1阻值为最大的条件下，把开关S_3合向右边1′端，减小R_1阻值，使电机MG起动运转后转速约为1 600 r/min，增大R_1阻值或减小电枢电源电压(但要保持A_4表的电流I不变)使电机转速下降，直至转速n约为50 r/min，其间测取电机MG的U_a，I_a及n值，共取10～11组数据记录于表4-32中。

(4)停机[同2(3)停机步骤]。

(5)调节R_3阻值，使电机M的定子绕组流过的励磁电流$I=I_N=0.6$ A。重复上述操作步骤，测取电机MG的U_a，I_a及n值，共取10～11组数据记录于表4-33中。

表 4-32 **$R_S=36\ \Omega$ $I=0.36$ A $I_f=$______mA**

U_a(V)											
I_a(A)											
n(r/min)											

表 4-33 **$R_S=36\ \Omega$ $I=0.6$ A $I_f=$______mA**

U_a(V)											
I_a(A)											
n(r/min)											

4．绘制电机M-MG机组的空载损耗曲线$P_0=f(n)$

(1)拆掉三相线绕式异步电动机M定子和转子绕组接线端的所有插头，R_1用D44上180 Ω阻值并调至最大，R_2用D44上1 800 Ω阻值并调至最大。直流电流表A_3的量程为200 mA，A_2的量程为5 A，V_2的量程为1 000 V，开关S_3合向右边1′端。

(2)开启"励磁电源"，调节R_2阻值，使A_3表$I_f=100$ mA，检查R_1阻值在最大位置时开启"电枢电源"，使电机MG起动运转，调高"电枢电源"输出电压及减小R_1阻值，使电机转速约为1 700 r/min，逐次减小"电枢电源"输出电压或增大R_1阻值，使电机转速下降直至$n=100$ r/min，在其间测量电机MG的U_{a0}、I_{a0}及n值，共取10～12组数据记录于表4-34中。

表 4-34

U_{a0}(V)												
I_{a0}(A)												
n(r/min)												

*(二)针对MEL-I电机教学实验台

实验线路如图4-21。

M为三相绕线式异步电动机M09，额定电压$U_N=220$ V，Y接法；

G为直流并励电动机M03(作他励接法)，其$U_N=220$ V，$P_N=185$ W

R_S选用三组90 Ω电阻(每组为MEL-04，90 Ω电阻)

R_1选用675 Ω电阻(MEL-03中，450 Ω电阻和225 Ω电阻相串联)。

R_f选用3 000 Ω电阻(电机起动箱中，磁场调节电阻)

V_2、A_2、mA分别为直流电压、电流、毫安表，采用MEL-06或直流在主控制屏上

V_1、A_1、W_1、W_2为交流、电压、电流、功率表，含在主控制屏上

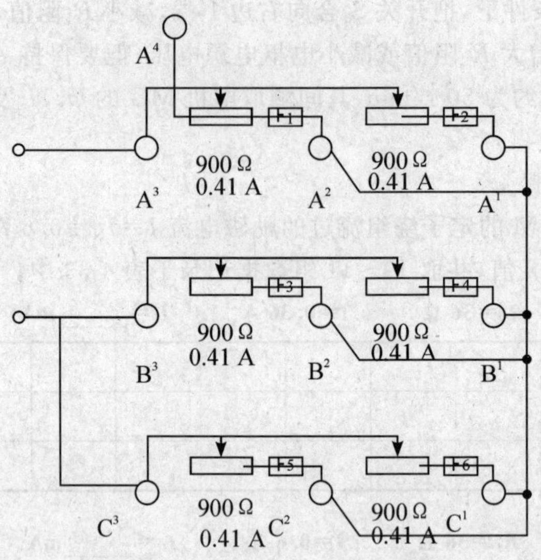

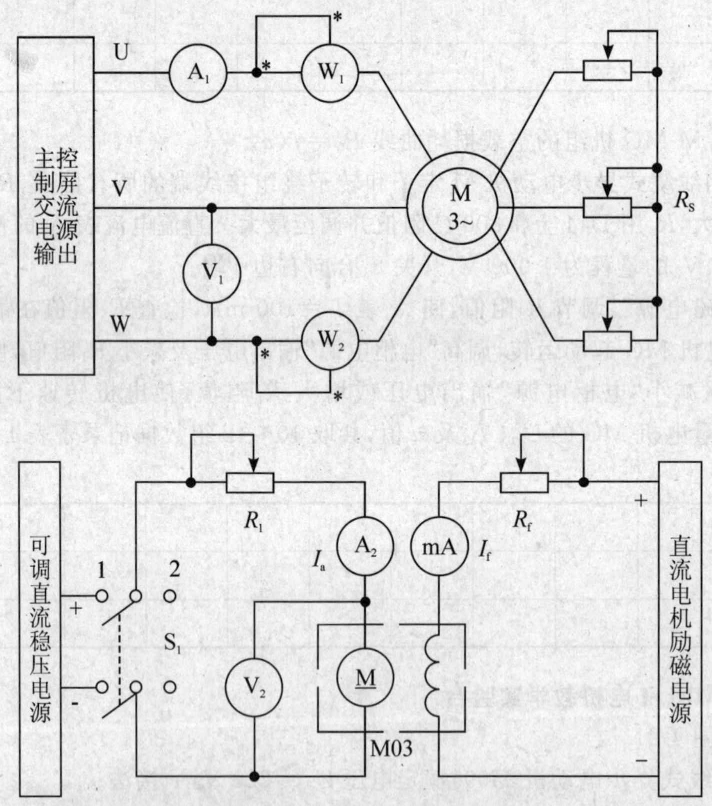

图 4-21　绕线式异步电动机机械特性实验接线图

S_1选用 MEL-05 中的双刀双掷开关

1. 测定三相绕线式异步电机电动及再发电制动机械特性

仪表量程及开关、电阻的选择：

V_2的量程为 300 V 档，mA 的量程为 200 mA 档，A_2的量程为 2 A 档。

R_S阻值调至零，R_1、R_f阻值调至最大。

开关 S_1 合向“2”端。

三相调压旋钮逆时针到底，直流电机励磁电源船形开关和 220 V 直流稳压电源船形开关在断开位置。并且直流稳压电源调节旋扭逆时针到底，使电压输出最小。

实验步骤：

(1)接下绿色“闭合”按钮开关，接通三相交流电源，调节三相交流电压输出为 180 V(注意观察电机转向是否符合要求)，并在以后的实验中保持不变。

(2)接通直流电机励磁电源，调节 R_f阻值使 $I_f=95$ mA 并保持不变。接通可调直流稳压电源的船形开关和复位开关，在开关 S_1 的“2”端测量电机 G 的输出电压极性，先使其极性与 S_1 开关“1”端的电枢电源相反。在 R1 为最大值的条件下，将 S_1 合向“1”端。

(3)调节直流稳压电源和 R_1的阻值(先调节 R_1 中的 450 Ω 电阻，当减到 0 时，用导线短接，再调节 225 Ω 电阻，同时调节直流稳压电源)，使电动机从堵转(约 200 转左右)到接近于空载状态，其间测取电机 G 的 U_a、I_a、n 及电动机 M 的交流电流表 A、功率表 P_I、P_{II}的读数，共取 8～9组数据记录于 4-35 中。

表 4-35　　　　$U=200$ V　　$R_S=0$　　$I_f=$______ mA

U_a(A)									
I_a(A)									
n(r/min)									
I_1(A)									
P_I(W)									
P_{II}(W)									

(4)当电动机 M 接近空载而转速不能调高时，将 S_1 含向“2”位置，调换发电机 G 的电枢极性使其与“直流稳压电源”同极性。调节直流电源使其 G 的电压值接近相等，将 S_1 合至“1”端，减小 R_1阻值直至为零(用导线短接 900 Ω 相串联的电阻)。

(5)升高直流电源电压，使电动机 M 的转速上升，当电机转速为同步转速时，异步电机功率接近于 0，继续调高电枢电压，则异步电机从第一象限进入第二象限再生发电制动状态，直至异步电机 M 的电流接近额定值，测取电动机 M 的定子电流 I_1、功率 P_I、P_{II}，转速 r 和发电机 G 的电枢电流 I_a，电压 U_a，填入表 4-36 中。

表 4-36　　　　$U=200$ 伏　　$I_f=$A

U_a(A)									
I_a(A)									
n(r/min)									
I_1(A)									
P_I(W)									
P_{II}(W)									

2. 电动及反接制动运行状态下的机械特性

在断电的条件下，把 R_S的三只可调电阻调至 90 Ω，拆除 R_1的短接导线，并调至最大2 250欧，直流发电机 G 接到 S_1上的两个接线端对调，使直流发电机输出电压极性和“直流稳压电源”极性相反，开关 S_1合向左边，逆时针调节可调直流稳压电源调节旋钮到底。

(1)按下绿色“闭合”按钮开关，调节交流电源输出为 200 V，合上励磁电源船形开关，调节 R_f的阻值，使 $I_f=95$ mA。

(2)按下直流稳压电源的船形开关和复位按钮，起动直流电源，开关 S_1合向右边，让异步电机 M 带上负载运行，减小 R_1阻值(先减小 1 800 Ω 0.41 A，当减至最小时，用导线短接，再接小 450 Ω 0.82 A)，使异步发电机转速下降，直至为零。

(3)继续减小 R_1阻值或调离电枢电压值，异步电机即进入反向运转状态，直至其电流接近额定值，测取发电机 G 的电枢电流 I_a、电压、U_a 值和异步电动机 M 的定子电流 I_1、P_1、P_{II}、转速 n，共取 8～9 组数据填入表 4-39 中。

表 4-37 **$U=200$ V** **$U_f=95$ mA**

U_a(A)								
I_a(A)								
n(r/min)								
I_1(A)								
P_I(W)								
P_{II}(W)								

六、实验报告

1. 根据实验数据绘制各种运行状态下的机械特性

计算公式：

$$T=\frac{9.55}{n}[P_0-(U_aI_a-I_a^2R_a)]$$

式中 T——受试异步电动机 M 的输出转矩(N・m)；

U_a——测功机 MG 的电枢端电压(V)；

I_a——测功机 MG 的电枢电流(A)；

R_a——测功机 MG 的电枢电阻(Ω)，可由实验室提供；

P_0——对应某转速 n 时的某空载损耗(W)。

注：上式计算的 T 值为电机在 $U=110$ V 时的 T 值，实际的转矩值应折算为额定电压时的异步电机转矩。

2. 绘制电机 M—MG 机组的空载损耗曲线 $P_0=f(n)$

第五章　控制微电机实验

5－1　永磁式直流测速发电机

测速发电机是一种测量转速信号的元件，它将转入的机械转速变换为电压信号转出，且转出电压与转速成正比。在自动控制系统中用作测量元件和反馈元件，用以测量转速或调节和稳定转速。

测速发电机有交直流两大类，交流测速发电机有异步和同步之分，直流测速发电机根据励磁方式不同，又可分为永磁式和他励磁式之分。本处使用的是永磁式直流测速发电机。

一、实验设备及挂件排列

1. 实验设备

序　号	型　号	名　　称	数　量
1	DD03	导轨、光码盘测速系统及转速表	1 件
2	DJ23	校正直流测功机	1 件
3	D31	直流电压、毫安、安培表	1 件
4	D51	波形测试及开关板	1 件
5	D44	可调电阻器、电容器	1 件
6	D42	三相可调电器	1 件

2. 屏上挂件排列顺序

D44、D31、D51、D42

二、实验方法与步骤

1. 按图 5-1 接线。图中直流电动机 M 选用 DJ23 作他励接法，TG 选用导轨上的永磁式直流测速发电机，R_{f1} 选用 D44 上 1 800 Ω 阻值，R_1 选用 D44 上 180 Ω 阻值，R_Z 选用 D42 上 6 只 900 Ω 电阻串联共 5 400 Ω 阻值，并把 R_{f1} 调至最小，R_1 调至最大，R_Z 调至最大，A 表选用 D31 上 20 mA 档，开关 S 断开。

2. 先接通励磁电源，再接通电枢电源，电动机 M 运行后将 R_1 调至最小，并调节转速达 2 000 r/min，减小电枢电源输出电压并调节 R_1 和 R_{f1} 逐渐使电机减速。记录对应的转速和输出电压。

3. 共测取 8～9 组，记录于表 5-1 中。

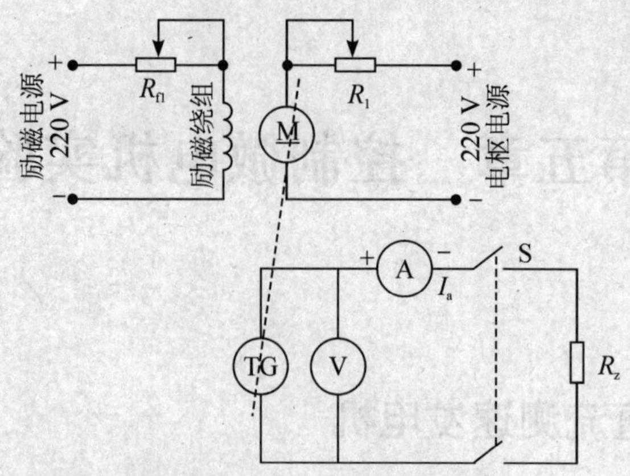

图 5-1 直流测速发电机接线图

4. 合上开关 S,重复上面步骤,记录 8～9 组数据于表 5-2 中。

表 5-1

n(r/min)									
U(V)									

表 5-2

n(r/min)									
U(V)									

二、实验报告

1. $\because U=E_0-I_aR_a=E_0-\dfrac{U}{R_Z}R_a$

$$\therefore U=\frac{E_0}{1+\dfrac{R_a}{R_Z}}=\frac{C_e\varphi}{1+\dfrac{R_a}{R_Z}}n$$

式中:R_a——电枢回路总电枢

R_z——负载电阻

$E_0=C_e\Phi n$——电枢总电势

2. 做出 $U=f(n)$ 曲线。

三、思考题

1. 直流测速发电机的误差主要由哪些因素造成?
2. 在自动控制系统中主要起什么作用?

5—2 步进电动机

步进电动机又称脉冲电机,是数字控制系统中的一种重要的执行元件,它是将电脉冲信号变换成转角或转速的执行电动机，其角位移量与输入电脉冲数成正比；其转速与电脉冲的频率成正比。在负载能力范围内，这些关系将不受电源电压、负载、环境、温度等因素的影响，还可在很宽的范围内实现调速，快速启动、制动和反转。随着数字技术和电子计算机的发展，使步进电机的控制更加简便、灵活和智能化。现已广泛用于各种数控机床、绘图机、自动化仪表、计算机外设，数、模变换等数字控制系统中作为元件。

一、DDSZ-1 电机教学实验台步进电机实验系统使用说明

D54 步进电机实验装置由步进电机智能控制箱和实验装置两部分构成。

（一）步进电机智能控制箱

本控制箱用以控制步进电机的各种运行方式，它的控制功能是由单片机来实现的。通过键盘的操作和不同的显示方式来确定步进电机的运行状况。

本控制箱可适用于三相、四相、五相步进电动机各种运行方式的控制。

因实验装置仅提供三相反应式步进电动机，故控制箱只提供三相步进电动机的驱动电源，面板上也只装有三相步进电动机的绕组接口。

1. 面板示意图（见附录）

2. 技术指标

功能：能实现单步运行、连续运行和预置数运行；能实现单拍、双拍及电机的可逆运行。

电脉冲频率：5 Hz～1 kHz

工作条件：供电电源　　AC220 V±10%，50 Hz

　　　　　环境温度　　－5℃～40℃

　　　　　相对湿度　　≥80%

重　　量：6 kg

尺　　寸：$390\times200\times230\ mm^3$

3. 使用说明

（1）开启电源开关，面板上的三位数字频率计将显示“000”；由六位 LED 数码管组成的步进电机运行状态显示器自动进入“9999→8888→7777→6666→5555→4444→3333→2222→1111→0000”动态自检过程，而后停显在系统的初态“┤.3”。

（2）控制键盘功能说明

设置键：手动单步运行方式和连续运行各方式的选择。

拍数键：单三拍、双三拍、三相六拍等运行方式的选择。

相数键：电机相数（三相、四相、五相）的选择。

转向键：电机正、反转选择。

数位键：预置步数的数据位设置。

数据键：预置步数位的数据设置。

执行键：执行当前运行状态。

复位键：由于意外原因导致系统死机时可按此键，经动态自检过程后返回系统初态。

（3）控制系统试运行

暂不接步进电机绕组，开启电源进入系统初态后，即可进入试运行操作。

①单步操作运行：每按一次“执行键”，完成一拍的运行，若连续按执行键，状态显示器的末位将依次循环显示“B→C→A→B…”；由五只 LED 发光二极管组成的绕组通电状态指示器的

B、C、A 将依次循环点亮，以示电脉冲的分配规律。

②连续运行：按设置键，状态显示器显示“┤ 3000”，称此状态为连续运行的初态. 此时，可分别操作“拍数”、“转向”和“相数”三个键，以确定步进电机当前所需的运行方式。最后按“执行”键，即可实现连续运行。三个键的具体操作如下(注：在状态显示器显示“┤ 3000”状态下操作)：

a. 按“拍数”键：状态显示器首位数码管显示在“┤ ”、“ ┐”、“┼”之间切换，分别表示三相单拍、三相六拍和三相双三拍运行方式。

b. 按“相数”键：状态显示器的第二位，在“3、4、5”之间切换，分别表示为三相、四相、五相步进电机运行。

c. 按“转向”键：状态显示器的首位在“┤ ”与“ ├”之间切换，“┤ ”表示正转，“ ├”表示反转。

③预置数运行：设定“拍数”、“转向”和“拍数”后，可进行预置数设定，其步骤如下：

a. 操作“数位”键，可使状态显示器逐位显示“0.”，出现小数点的位即为选中位。

b. 操作“数据”键，写入该位所需的数字。

c. 根据所需的总步数，分别操作“数位”和“数据”键，将总步数的各位写入显示器的相应位。至此，预置数设定操作结束。

d. 按“执行”键，状态显示器作自动减 1 运算，直减至 0 后，自动返回连续运行的初态。

④步进电机转速的调节与电脉冲频率显示

调节面板上的“速度调节”电位器旋钮，即可改变电脉冲的频率，从而改变了步进电机的转速。同时，由频率计显示出输入序列脉冲的频率。

⑤脉冲波形观测

在面板上设有序列脉冲和步进电机三相绕组驱动电源的脉冲波形观测点，分别将各观测点接到示波器的输入端，即可观测到相应的脉冲波形。

经控制系统试运行无误后，即可接入步进电机的实验装置，以完成实验指导书所规定的各项实验内容。

(二)BSZ-1 型步进电机实验装置

该装置系统由步进电动机、刻度盘、指针以及弹簧测力矩机构组成。

1. 步进电动机技术数据

型号：70BF10C

相数：三相

每相绕组电阻：1.2 Ω

每相静态电流：3 A

直流励磁电压：24 V

最大静力矩：6 kgf. cm

2. 装置结构

(1)本装置已将步进电动机紧固在实验架上，步进电动机的绕组已按星形(“Y”形)接好并已将四个引出线接在装置的四个接线端上。运行时只需将这四个接线端与智能控制箱的对应输入端相连接即可。

(2)步进电动机转轴上固定有红色指针及力矩测量盘，底面是刻度盘(刻度盘的最小分度为 1°)。

(3)本装置门形支架的上端，装有定滑轮和一固定支点(采用卡簧结构)，20 N 的弹簧秤连接在固定支点上，30 N 的弹簧秤通过丝线与下滑轮、测量盘、棘轮机构等连接。装置的下方设有棘轮机构。整套系统由丝绳把棘轮机构、定滑轮、弹簧秤、力矩测量盘等连接起来构成一套完整的力矩测量系统。

附录：

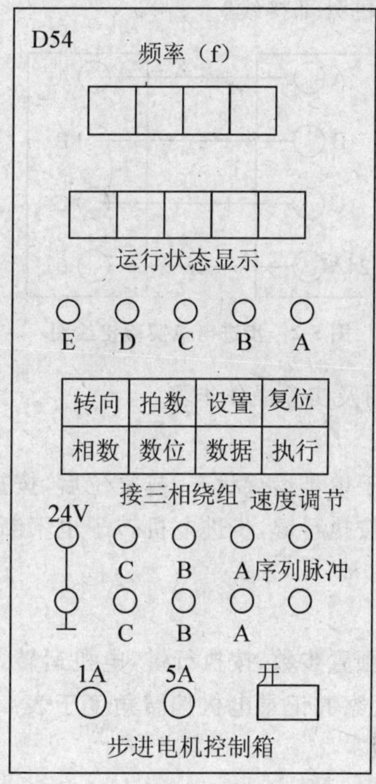

二、BSZ-1 步进电动机实验

（一）实验目的

1. 通过实验加深对步进电动机的驱动电源和电机工作情况的了解。
2. 掌握步进电动机基本特性的测定方法。

（二）预习要点

1. 了解步进电动机的工作情况和驱动电源。
2. 步进电动机有哪些基本特性？怎样测定？

（三）实验设备及挂件排列

1. 实验设备

序　号	型　号	名　　称	数　量
1	D54(BSZ-1)	步进电机控制箱	1台
2	BSZ-1	步进电机实验装置	1台
3	D41	三相可调电阻器	1件
4	D31	直流电压、毫安、安培表	1件
5		双踪示波器(另购)	1台

2. 屏上挂件排列顺序

D54、D31、D41

(四)实验线路及操作步骤

1. 基本实验电路的外部接线

图 5-2 表示了基本实验电路的外部接线。

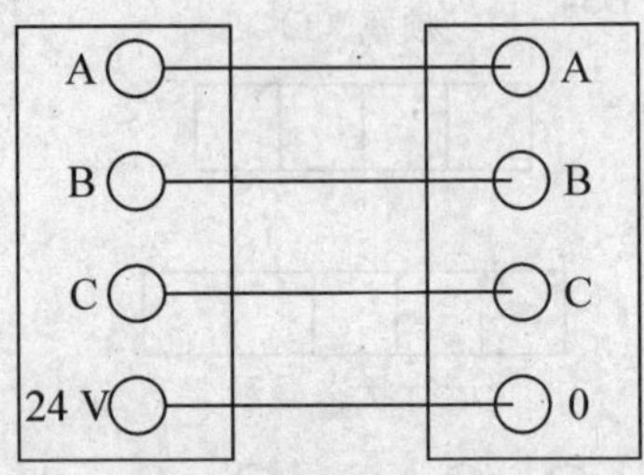

图 5-2 步进电机实验接线图

2. 步进电机组件的使用说明及实验操作步骤

(1)单步运行状态

接通电源,将控制系统设置于单步运行状态,或复位后,按执行键,步进电机走一步距角,绕组相应的发光管发亮,再不断按执行键,步进电机转子也不断作步进运动。改变电机转向,电机作反向步进运动。

(2)角位移和脉冲数的关系

控制系统接通电源,设置好预置步数,按执行键,电机运转,观察并记录电机偏转角度,再重设置另一置数值,按执行键,观察并记录电机偏转角度于表 5-3、表 5-4 中,并利用公式计算电机偏转角度与实际值是否一致。

表 5-3 **步数=______步**

序号	实际电机偏转角度	理论电机偏转角度

表 5-4 **步数=______步**

序号	实际电机偏转角度	理论电机偏转角度

(3)空载突跳频率的测定

控制系统置连续运行状态,按执行键,电机连续运转后,调节速度调节旋钮使频率提高至某频率(自动指示当前频率)。按设置键让步进电机停转,再重新启动电机(按执行键),观察电机能否运行正常,如正常,则继续提高频率,直至电机不失步启动的最高频率,则该频率为步进电机的空载突跳频率,记为______Hz。

(4)空载最高连续工作频率的测定

步进电机空载连续运转后缓慢调节速度调节旋钮使频率提高,仔细观察电机是否不失步,如不失步，则再缓慢提高频率，直至电机能连续运转的最高频率，则该频率为步进电机空载最高连续工作频率，记为______Hz。

(5)转子振荡状态的观察

步进电机空载连续运转后，调节并降低脉冲频率，直至步进电机声音异常或出现电机转子来回偏摆即为步进电机的振荡状态。

(6)定子绕组中电流和频率的关系

在步进电机电源的输出端串接一只直流电流表(注意＋、－端)使步进电机连续运转，由低到高逐渐改变步进电机的频率，读取并记录5～6组电流表的平均值、频率值于表5-5中，观察示波器波形，并作好记录。

表 5-5

序号	f(Hz)	I(A)

(7)平均转速和脉冲频率的关系

表 5-6

序号	f(Hz)	n(r/min)

接通电源，将控制系统设置于连续运行状态，再按执行键，电机连续运转，改变速度调节旋钮，测量频率 f 与对应的转速 n，即 $n=f(f)$，记录5～6组于表5-6中。

(8)矩频特性的测定

置步进电机为逆时针转向，试验架上左端挂20 N的弹簧秤，右端挂30 N的弹簧秤，两秤下端的弦线套在皮带轮的凹槽内，控制电路工作于连续方式，设定频率后，使步进电机启动运转，旋转棘轮机构手柄，弹簧秤通过弦线对皮带轮施加制动力矩[力矩大小 $T=(F_{大}-F_{小})\cdot\frac{D}{2}$]，仔细测定对应设定频率的最大输出动态力矩(电机失步前的力矩)。改变频率，重复上述过程得到一组与频率 f 对应的转矩 T 值，即为步进电机的矩频特性 $T=f(f)$，记录于表5-7中。

表 5-7 $D=$______cm

序号	f(Hz)	$F_{大}$(N)	$F_{小}$(N)	T(N. cm)

(9)静力矩特性 $T=f(I)$

关闭电源,控制电路工作于单步运行状态,将可调电阻箱的两只 90 Ω 电阻并接(阻值为 45 Ω,电流 2.6 A),把可调电阻及一只 5A 直流电流表串入 A 相绕组回路(注意+、-端),把弦线一端串在皮带轮边缘上的小孔并固定,另一端盘绕皮带轮凹槽几圈后结在 30 N 弹簧秤下端的钩子上,弹簧秤的另一端通过弦线与定滑轮、棘轮机构连接。

接通电源,使 A 相绕组通过电流,缓慢旋转手柄,读取并记录弹簧秤的最大值即为对应电流 I 的最大静力矩 T_{max} 值($T_{max}=F\cdot\frac{D}{2}$),改变可调电阻并使阻值逐渐增大,重复上述过程,可得一组电流 I 值及对应 I 值的最大静力矩 T_{max} 值,即为 $T_{max}=f(I)$ 静力矩特性,共取 4～5 组记录于表 5-8 中。

表 5-8 $D=$______cm

序号	I(A)	F(N)	T_{max}(N. cm)

(五)实验报告

经过上述实验后,须对照实验内容写出数据总结并对电机试验加以小结。

1. 步进电机驱动系统各部分的功能和波形试验

(1)方波发生器

(2)状态选择

(3)各相绕组间的电流关系

2. 步进电机的特性

(1)单步运行状态:步矩角

(2)角位移和脉冲数(步数)关系

(3)空载突跳频率

(4)空载最高连续工作频率

(5)绕组电流的平均值与频率之间的关系

(6)平均转速和脉冲频率的特性 $n=f(f)$

(7)矩频特性 $T=f(f)$

(8)最大静力矩特性 $T_{max}=f(I)$

(六)思考题

1. 影响步进电机步距的因素有哪些？对实验用步进电机，采用何种方法步距最小？

2. 平均转速和脉冲频率的关系怎样？为什么特别强调是平均转速？

3. 最大静力矩特性是怎样的特性？由什么因素造成？

4. 对该步进电机矩频特性加以评价，能否再进行改善？若能改善应从何处着手？

5. 各种通电方式对性能的影响？

三、MEL-I 电机教学实验台系统步进电机实验

(一)实验设备及仪器

1. MEL 系列电机教学实验台主控制屏

2. 电机导轨及测功机(MEL-B、MEL-14)

3. 步机电机驱动电源(MEL-10)

4. 步进电机 M10

5. 双踪示波器

6. 直流电流表(MEL-06 或含在主控制屏)

(二)实验方法及步骤

1. 驱动波形观察

(1)合上控制电源船形开关，分别按下“连续”控制开关和“正转/反转”、“三拍/六拍”，“启动/停止”开关，使电机处于三拍正转连续运行状态。

(2)用示波器观察电脉冲信号输出波形(CP 波形)，改变“调频”电位器旋钮，频率变化范围应不小于 5 Hz～1 kHz，可从频率计上读出此频率。

(3)用示波器观察环形分配器输出的三相 A、B、C 波形之间的相序及其与 CP 脉冲波形之间的关系。

(4)改变电机运行方式，使电机处于正转、六拍运行状态，重复(3)的实验。(注意，每次改变电机运行，均需先弹出“启动/停止”开关，再按下“复位”按钮，再重新起动。)

(5)再次改变电机运行方式，使电机处于反转状态，重复(3)的实验。

2. 步进电机特性的测定和动态观察

按图 5-3 接线，注意接线不可接错，测功机和步进电机脱开，且接线时需断开控制电源。

(1)单步运行状态

接通电源，按下述步骤操作：按下“单步”琴键开关，“复位”按钮，“清零”按钮，最后按下“单步”按钮。

每按一次“单步”按钮，步进电机将走一步距角，绕组相应的发光管发亮，不断按下“单步”按钮，电机转子也不断作步进运行，改变电机转向，电机作反向步进运动。

(2)角位移和脉冲数的关系

按下“置数”琴键开关，给拔码开关预置步数，分别按下“复位”、“清零”按钮(操作以上步骤

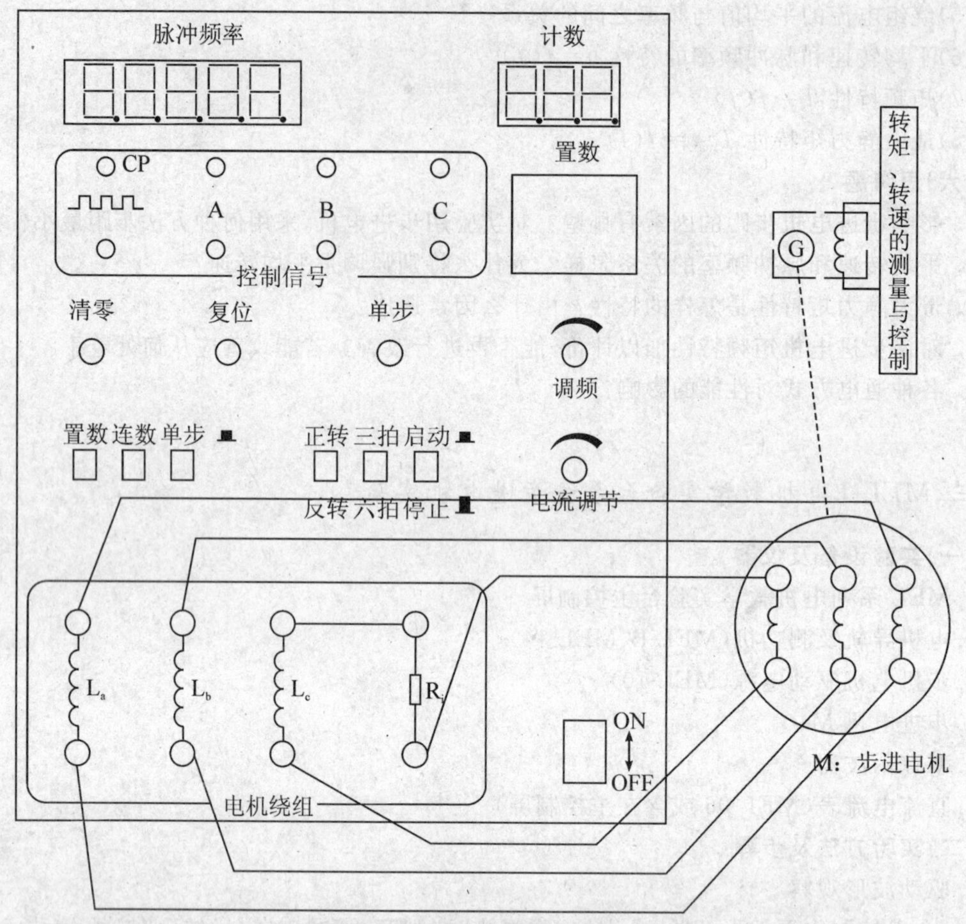

图 5-3 步进电机实验接线图

须让电机处于停止状态)，记录电机所处位置。

按下“启动/停止”开关，电机运转，观察并记录电机偏转角度，填入表 5-9。

再重新预置步数，重复观察并记录电机偏转角度，填入表 5-9，并利用公式计算电机偏转角度与实际值是否一致。

表 5-9

序号	预置步数	实际转子偏转角度	理论电机偏转角度
1			
2			

进行上述实验时，若电机处于失步状态，则数据无法读出，须调节“调频”电位器，寻找合适的电机运转速度，使电机处于正常工作状态。

(3)空载突跳频率的测定

电机处于连续运行状态，按下“启动/停止”开关，调节“调频”电位器旋钮使频率逐渐提高。

弹出“启动/停止”开关，电机停转，再重新起动电机，观察电机能否运行正常，如正常，则继续提高频率，直至电机不失步启动的最高频率，则该频率为步进电机的空载突跳频率，记为______Hz。

(4)空载最高连续工作频率的测定

步进电机空载连续运转后，缓慢调节“调频”电位器旋钮，使电机转速升高，仔细观察电机是否不失步，如不失步，则继续缓慢提高频率，直至电机停转，则该频率为步进电机最高连续工作频率，记为为______Hz。

(5)转子振荡状态的观察

步进电机脉冲频率从最低开始逐步上升，观察电机的运行情况，有无出现电机声音异常或电机转子来回偏转，即出现步进电机的振荡状态。

(6)定子绕组中电流和频率的关系

电机在空载状态下连续运行，用示波器观察取样电阻 R 波形，即为控制绕组电流波形，改变频率，观察波形的变化。

在停机条件下，将测功机和步进电机同轴联接，起动步进电机，并调节 MEL-13 的“转矩设定”电位器，观察定子绕组电流波形。

(7)平均转速和脉冲频率的关系

电机处于连续运行状态，改变“调频”旋钮，测量频率 f(由频率计读出)与对应的转速 n，则 $n=f(f)$，填入表 5-10 中。

表 5-10

序　号	f(Hz)	n(r/min)
1		
2		
3		
4		
5		

(8)矩频特性的测定

电机处于连续空载运行状态，缓慢顺时针调节“转矩设定”旋钮，对电机逐渐增大负载，直至电机失步，读出此时的转矩值。

改变频率，重复上述过程得到一组与频率 f 对应的转矩 T 值，即为步进电机的矩频特性 $T=f(f)$，记录于表 5-11 中。

表 5-11

序　号	f(Hz)	T(N. m)
1		
2		
3		
4		
5		

(9)静力矩特性 $T=f(I)$

断开电源，将直流安培表(5 A 量程档)串入控制绕组回路中，将“单步”控制琴键开关和“三拍/六拍”开关按下，用起子将测功机堵住。

合上船形开关，按下“复位”按钮，使 C 相绕组通电，缓慢转动步进电机手柄，观察 MEL-13 转矩显示的变化，直至测功机发出“咔嚓”一声，转矩显示开始变小，记录变小前的力矩，即为对

应电流 I 的最大静力矩 T_{max}的值。

改变“电流调节”旋钮，重复上述过程，可得一组电流 I 值及对应 I 值的最大静力矩 T_{max} 值，即为 $T_{max}=f(I)$静力矩特性，可取 4～5 组记录于表 5-12 中。

表 5-12

序　号	I(A)	T_{max}(N.m)
1		
2		
3		
4		
5		

实验时，为提高精确度，同一电流下，可重复 3 次取其转矩的平均值，每次转动步进电机手柄前，应先前测功机堵转起子拿出，待测功机回零后，再重新将起子插入测功机堵转孔中。

5—3　伺服电动机

伺服电动机在自动控制系统中作为执行元件又称为执行电动机，它把输入的控制电压信号变为输出的角位移或角速度。它的运行状态由控制信号控制，加上控制信号它应当立即旋转，去掉控制电压它应当立即停转，转速高低与控制信号成正比。

5-3.1　针对 DDSZ-1 电机教学实验台

一、直流伺服电动机

(一)实验目的

1. 通过实验测出直流伺服电动机的参数 r_a、K_e、K_T。

2. 掌握直流伺服电动机的机械特性和调节特性的测量方法。

(二)预习要点

1. 分析掌握直流伺服电动机的运行原理。

2. 如何测量直流伺服电动机的机电时间常数，并求传递函数。

(三)实验设备与挂件排列

1. 实验设备

序号	型　号	名　　称	数量	备注
1	DD03	导轨、测速发电机及转速表	1 件	
2	DJ15	直流并励电动机(也可用 DJ25)	1 件	作直流伺服电动机
3	DJ23	校正直流测功机	1 件	
4	D31	直流电压、毫安、安培表	2 件	
5	D41	三相可调电阻器	1 件	

续表

序号	型　号	名　　称	数量	备注
6	D44	可调电阻器、电容器	1件	
7	D42	三相可调电阻器	1件	
8	D51	波形测试及开关板	1件	
9		记忆示波器	1件	另购

2. 屏上挂件排列顺序

D31、D42、D51、D31、D44、D41

(四)实验方法

1. 用伏安法测直流伺服电动机电枢的直流电阻

(1)按图 5-4 接线，电阻 R 用 D44 上 1 800 Ω 和 180 Ω 串联共 1 980 Ω 阻值，A 表选用 D31 量程选用 5 A 档，开关 S 选用 D51。

(2) 经检查无误后接通电枢电源，并调至 220 V，合上开关 S，调节 R 使电枢电流达到 0.2 A，迅速测取电机电枢两端电压 U 和电流 I，再将电机轴分别旋转三分之一周和三分之二周。同样测取 U、I，记录于表 5-13 中，取三次的平均值作为实际冷态电阻。

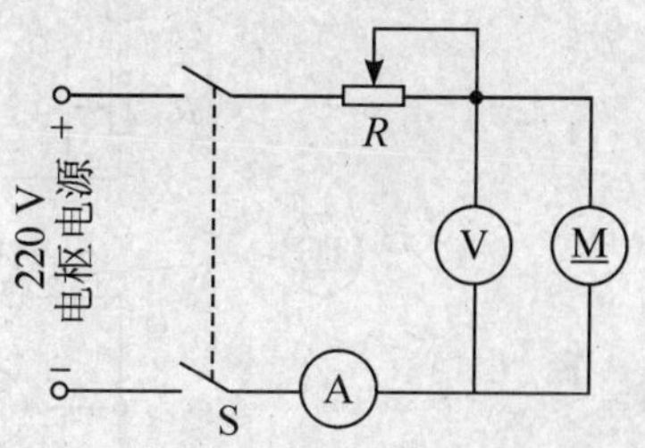

图 5-4　测电枢绕组直流电阻接线图

表 5-13

序号	U(V)	I(A)	R_a(Ω)	R_{aref}(Ω)	

(3)计算基准工作温度时的电枢电阻

由实验直接测得电枢绕组电阻值，此值为实际冷态电阻值，冷态温度为室温，按下式换算到基准工作温度时的电枢绕组电阻值。

$$R_{aref}=R_a\frac{235+\theta_{ref}}{235+\theta_a}$$

式中：R_{aref}——换算到基准工作温度时电枢绕组电阻(Ω)，

R_a——电枢绕组的实际冷态电阻(Ω)，

θ_{ref}——基准工作温度，对于 E 级绝缘为 75℃

θ_a——实际冷态时电枢绕组温度(℃)。

2. 测取直流伺服电动机的机械特性

(1) 按图 5-5 接线，图中 R_{f1} 选用 D44 上 1 800 Ω 阻值，R_{f2} 选用 D42 上 1 800 Ω 阻值，R_1 选用 D41 上 6 只 90 Ω 串联共 540 Ω 阻值，R_2 选用 D44 上 180 Ω 阻值采用分压器接法，R_L 选用 D42 上 1 800 Ω 加上 900 Ω 并联 900 Ω 共 2 250 Ω 阻值，开关 S_1 选用 D51，S_2 选用 D44，A_1、A_3 选用两只 D31 上 200 mA 档，A_2、A_4 选用 D31 上安培表。

(2)把 R_{f1} 调至最小，R_1、R_2、R_L 调至最大，开关 S_1、S_2 打开，先接通励磁电源，再接通电枢电源并调至 220 V，电机运行后把 R_1 调至最小。

(3)合上开关 S_1，调节校正直流测功机 DJ23 励磁电流 I_{f2} = 100 mA 校正值不变(如果是 DJ25 则取 I_{f2} = 50 mA)。逐渐减小 R_L 阻值(注：先调 1 800 Ω 阻值，调到最小后用导线短接)，并增大 R_{f1} 阻值，使 $n = n_N$ = 1 600 r/min，$I_a = I_N$ = 1.2 A，$U = U_N$ = 220 V，此时电机励磁电流为额定励磁电流。

(4)保持此额定电流不变，逐渐增加 R_L 阻值，从额定负载到空载(断开开关 S_1)，测取其机械特性 $n = f(T)$，其中 T 可由 I_F 从校正曲线查出，记录 n、I_a、I_F 7～8 组于表 5-14 中。

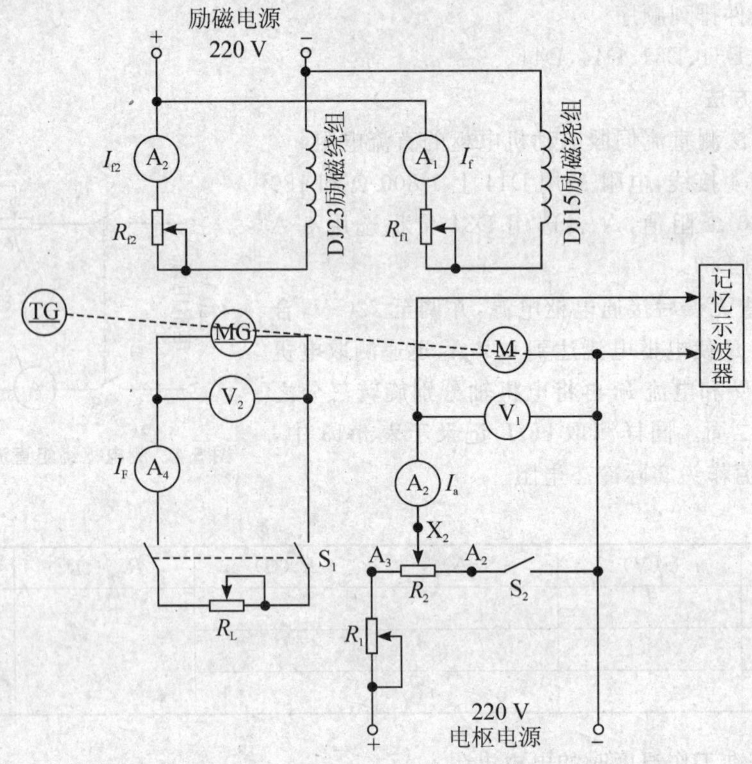

图 5-5　直流伺服电动机接线图

表 5-14　　$U = U_N$ = 220 V　　I_{f2} = ____ mA　　$I_f = I_{fN}$ = ____ mA

n(r/min)								
I_a(A)								
I_F(A)								
T(N. m)								

(5) 调节电枢电压为 U = 160 V，调节 R_{f1}，保持电动机励磁电流的额定电流 $I_f = I_{fN}$，减小 R_L 阻值，使 I_a = 1 A，再增大 R_L 阻值，一直到空载，其间记录 7～8 组于表 5-15 中。

表 5-15　　U = 160 V　　I_{f2} = ____ mA　　$I_f = I_{fN}$ = ____ mA

n(r/min)								
I_a(A)								
I_F(A)								
T(N. m)								

(6) 调节电枢电压为 $U=110$ V，保持 $I_f=I_{fN}$ 不变，减小 R_L 阻值，使 $I_a=0.8$ A，再增大 R_L 阻值，一直到空载，其间记录 7～8 组于表 5-16 中。

表 5-16 **$U=110$ V** **$I_{f2}=$ ______ mA** **$I_f=I_{fN}=$ ______ mA**

n(r/min)								
I_a(A)								
I_F(A)								
T(N. m)								

3. 测取直流伺服电动机的调节特性

(1)按 2 中(1)、(2)、(3)步骤起动电动机，保持 $I_f=I_{fN}$、$I_{f2}=100$ mA 不变。调节 R_L 使电动机输出转矩为额定输出转矩时的 I_F 值并保持不变，即保持校正直流电机输出电流为额定输出转矩时的电流值(额定输出转矩 $T_N=\dfrac{P_N}{0.105n_N}$)，调节直流伺服电动机电枢电压(注：单方向调节控制屏上旋钮，不要调 D41 上电阻)测取直流伺服电动机的调节特性 $n=f(U)$，直到 $n=100$ r/min 记录 7～8 组于表 5-17 中。

表 5-17 **$I_{f2}=$ ______ mA** **$I_f=I_{fN}=$ ______ mA** **$I_F=$ ______ A($T=T_N$)**

U_a(V)								
n(r/min)								

(2)保持电动机输出转矩 $T=0.5T_N$，重复以上实验，记录 7～8 组数据于表 5-18 中。

表 5-18 **$I_{f2}=$ ______ mA** **$I_f=I_{fN}=$ ______ mA** **$I_F=$ ______ A($T=0.5T_N$)**

U_a(V)								
n(r/min)								

(3)保持电动机输出转矩 $T=0$(即校正直流测功机与直流伺服电动机脱开，直流伺服电动机直接与测速发电机同轴联接)，调节直流伺服电动机电枢电压。当调至最小后合上开关 S_2，减小分压电阻 R_2，直至 $n=0$ r/min，其间取 7～8 组数据记录于表 5-19 中。

表 5-19 **$I_f=I_{fN}=$ ______ mA** **$T=0$**

U_a(V)								
n(r/min)								

4. 测定空载始动电压和检查空载转速的不稳定性

(1)空载始动电压

按实验方法 3.(3)步骤起动电机，把电枢电压调至最小后，合上开关 S_2，逐渐减小 R_2 直至 $n=0$ r/min，再慢慢增大分压电阻 R_2，即使电枢电压从零缓慢上升，直至转速开始连续转动，此时的电压即为空载始动电压。

(2)正、反向各作三次，取其平均值作为该电机始动电压，将数据记录于表 5-20 中。

表 5-20 $I_f = I_{fN} =$ ______ mA $T=0$

次 数	1	2	3	平均
正向 U_a(V)				
反向 U_a(V)				

(3)正(反)转空载转速的不对称性

$$\text{正(反)转空载转速不对称性} = \frac{\text{正(反)向空载转速} - \text{平均转速}}{\text{平均转速}} \times 100\%$$

$$\text{平均转速} = \frac{\text{正向空载转速} - \text{反向空载转速}}{2}$$

注:正(反)转空载转速的不对称性应≤3%

5. 测量直流伺服电动机的机电时间常数

按图 5-5 中右半边接线,直流伺服电动机加额定励磁电流,用记忆示波器拍摄直流伺服电动机空载启动时的电流过渡过程,从而求得电动机的机电时间常数。

(五)实验报告

1. 由实验数据求得电机参数:R_{aref}、K_e、K_T

R_{aref}——直流伺服电动机的电枢电阻

$K_e = \dfrac{U_{aN}}{n_0}$——电势常数

$K_T = \dfrac{30}{\pi} K_e$——转矩常数

2. 由实验数据做出直流伺服电动机的三条机械特性和三条调节特性曲线。

3. 求该直流伺服电动机的传递函数。

(六)思考题

1. 转矩常数 K_T 的计算现采用 $K_T = \dfrac{30}{\pi} K_e$,而没有采用公式 $K_T = \dfrac{T_K \times R_a}{U_a}$ 来求取,这是为什么。用这两种方法所得之值是否相同,有差别时其原因是什么?

2. 若直流伺服电动机正(反)转速有差别,试分析其原因?

二、交流伺服电动机

(一)实验目的

1. 观察交流伺服电动机的自制动过程。

2. 掌握用实验方法配圆形磁场。

3. 掌握交流伺服电动机的机械特性及调节特性的测量方法。

(二)预习要点

1. 对交流伺服电动机有什么技术要求?

2. 交流伺服电动机有几种控制方式?

3. 何谓交流伺服电动机的机械特性和调节特性?

(三)实验设备与挂件排列

1. 实验设备

序号	型号	名　称	数量	备注
1	D57	交流伺服电机控制箱	1 件	
2	JSZ-1	交流伺服电机实验装置	1 件	圆盘半径为 3 cm
3	D32	交流电流表	1 件	
4	D33	交流电压表	1 件	
5	D41	三相可调电阻器	1 件	
6		示波器	1 台	另配

2. 屏上挂件排列顺序

D57、D33、D32、D41

(四)实验方法

1. 幅值控制

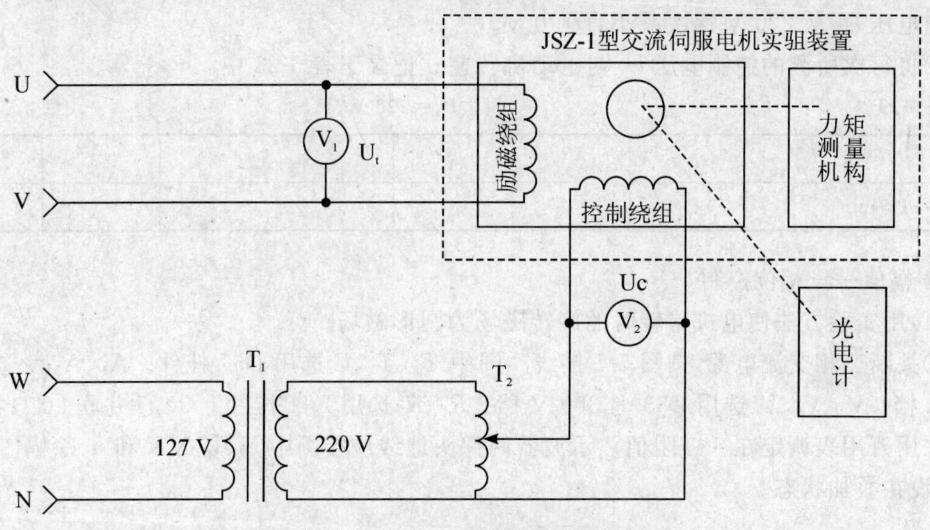

图 5-6　交流伺服电动机幅值控制接线图

(1)实测交流伺服电动机 $\alpha=1$(即 $U_C=U_N=220$ V)时的机械特性

①关断三相交流电源,按图 5-6 接线。图中 T_1、T_2 选用 D57 挂件,V_1、V_2 选用 D33 挂件。

②启动三相交流电源,调节调压器,使 $U_f=220$ V,再调节单相调压器 T_2 使 $U_C=U_N=220$ V。

③调节棘轮机构,逐次增大力矩 $T\ [T=(F_{10}-F_2)\times3]$,将弹簧秤读数及电机转速记录于表 5-21 中。

表 5-21　　$U_f=$____ V　　$U_C=$____ V

序号							
F_{10}(N)							
F_2(N)							
$T=(F_{10}-F_2)\times3$ (N. cm)							
n(r/min)							

(2)实测交流伺服电动机 $\alpha=0.75$(即 $U_C=0.75U_N=165$ V)时的机械特性

①保持 $U_f=220$ V 不变,调节单相调压器 T_2 使 $U_C=0.75U_N=165$ V。

②重复上述步骤,将所测数据记录于表 5-22 中。

表 5-22　　$U_f=$______**V**　　$U_C=$______**V**

序号								
F_{10}(N)								
F_2(N)								
$T=(F_{10}-F_2)\times 3$ (N. cm)								
n(r/min)								

(3)实测交流伺服电动机的调节特性

①调节三相调压器使 $U_f=220$ V,松开棘轮机构,即电机空载。逐次调节单相调压器 T_2。使控制电压 U_C 从 220 V 逐次减小直到 0 V。

②将每次所测的控制电压 U_C 与电动机转速 n 记录于表 5-23 中。

表 5-23　　$U_f=$**220 V**

U(V)								
n(r/min)								

2. 幅值——相位控制

(1)用实验方法使电机堵转时的旋转磁场为圆形磁场

①关断三相交流电源,按图 5-7 接线。图中 T_1、T_2、C 选用 D57 挂件。A_1、A_2 表选用 D32 上 1 A 档。V_1、V_2、V_3 选用 D33 上 300 V 档。R_1、R_2 选用 D41 挂件上 90 Ω 并联 90 Ω 共 45 Ω 阻值并用万用表调定在 5 Ω 阻值。示波器两探头地线应接图中 N 线,X 踪和 Y 踪幅值量程一致,并设在叠加状态。

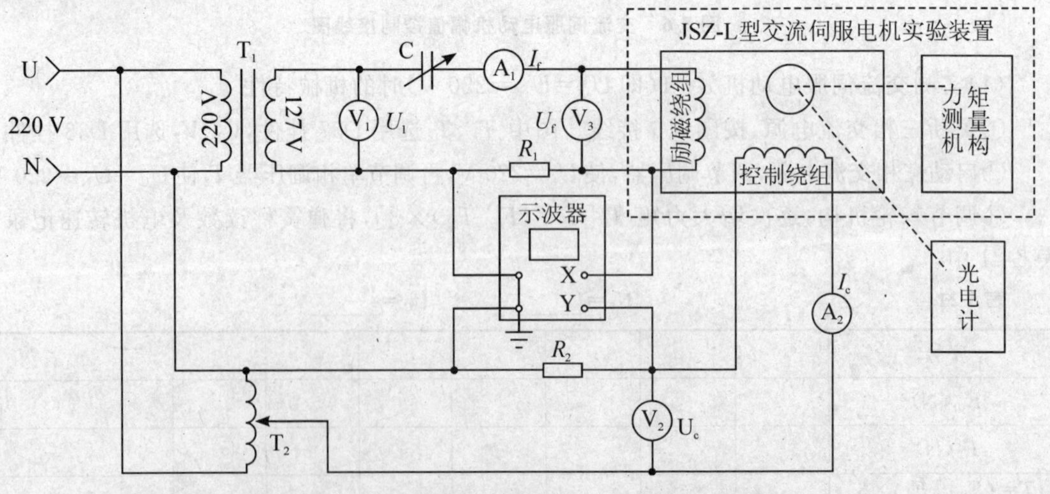

图 5-7　交流伺服电动机幅值——相位控制接线图

②合上三相交流电源,调节三相调压器使 $U_1=127$ V,再调节单相调压器 T_2 使 $U_C=U_1=$

127 V，调节棘轮机构使电机堵转。

③调节可变电容C，观察 A_1 和 A_2 表，使 $I_f=I_C$，此时观察示波器轨迹应为圆形旋转磁场。并且此时 U_f 应等于 U_C。

(2)实测交流伺服电机 $U_1=127$ V，$\alpha=1$（即 $U_C=U_N=220$ V）时的机械特性

①调节单相调压器 T_2 使 $U_C=U_N=220$ V。松开棘轮机构，再调节棘轮机构手柄逐次增大力矩。

②记录电机从空载至堵转时，10 N弹簧秤和2 N弹簧秤读数及电机转速于表5-24。

表 5-24 $U_1=$ ____ V $U_C=$ ____ V

序号								
F_{10}(N)								
F_2(N)								
$T=(F_{10}-F_2)\times 3$ (N. cm)								
n(r/min)								

(3)实测交流伺服电机 $U_1=127$ V，$\alpha=0.75$（即 $U_C=0.75U_N=165$ V）时的机械特性

调节三相交流电源和单相调压器使 $U_C=0.75U_N=165$ V，重复上面实验，将数据记录于表5-25中。

表 5-25 $U_f=$ ____ V $U_C=$ ____ V

序号							
F_{10}(N)							
F_2(N)							
$T=(F_{10}-F_2)\times 3$ (N. cm)							
n(r/min)							

5. 观察交流伺服电动机"自转"现象

(1)接线图同5-7一样，调节调压器使 $U_1=127$ V，$U_C=220$ V，再将 U_C 开路，观察电机有无"自转"现象。

(2)接线图同5-7一样，调节调压器使 $U_1=127$ V，$U_C=220$ V，再将 U_C 调到0 V，观察电机有无"自转"现象。

(五)实验报告

1. 作交流伺服电动机幅值控制时的机械特性和调节特性。

2. 作交流伺服电动机幅值——相位控制时的机械特性。

3. 分析实验数据及实验过程中发生的现象。

(六)思考题

1. 分析无"自转"现象的原因？怎样消除"自转"现象？

2. 幅值——相位控制时的交流伺服电动机，什么条件下电机气隙磁场为圆形磁场？其理想空载转速是多大？

5-3.2 针对 MEL－I 电机教学实验台

一、直流伺服电机实验

(一)实验设备及仪器

1. MEL 系列电机系统教学实验台主控制屏(MEL-I、MEL-IIA、B)
2. 电机导轨及测功机、转速转矩测量(MEL-13)
3. 直流并励电动机 M03(作直流伺服电机)
4. 220V 直流可调稳压电源(位于实验台主控制屏的下部)
5. 三相可调电阻 900 Ω(MEL-03)
6. 三相可调电阻 90 Ω(MEL-04)
7. 直流电压、毫安、安培表(MEL-06)
8. 波形测试及开关板(MEL-05)

(二)实验说明及操作步骤

1. 用伏安法测电枢的直流电阻 r_a

接线原理图见图 5-4。

R：1 800 Ω 磁场调节电阻(MEL-03)

V：直流电压表(MEL-06)

A：直流安培表(MEL-06)

M：直流电机电枢

(1)经检查接线无误后，逆时针调节磁场调节电阻 R 使至最大。直流电压表量程选为 300 V 档，直流安培表量程选为 2 A 档。

(2)按顺序按下主控制屏绿色“闭合”按钮开关，可调直流稳压电源的船形开关以及复位开关，建立直流电源，并调节直流电源至 220 V 输出。

调节 R 使电枢电流达到 0.2 A(如果电流太大，可能由于剩磁的作用使电机旋转，测量无法进行，如果此时电流太小，可能由于接触电阻产生较大的误差)，迅速测取电机电枢两端电压 U_M 和电流 I_a。将电机转子分别旋转三分之一和三分之二周，同样测取 U_M、I_a，填入表 5-26*。

取三次测量的平均值作为实际冷态电阻值 $R_a=\dfrac{R_{a1}+R_{a2}+R_{a3}}{3}$。

表 5-26 　　　　　　　　　　**室温_____℃**

序号	U_M(V)	I_a(A)	R(Ω)		R_{aref}(Ω)
1			R_{a1}	R_a	
2			R_{a2}		
3			R_{a3}		

表中 $R_a=(R_{a1}+R_{a2}+R_{a3})/3$

(3)计算基准工作温度时的电枢电阻

由实验测得电枢绕组电阻值，此值为实际冷态电阻值，冷态温度为室温。按下式换算到基准工作温度时的电枢绕组电阻值：

$$R_{aref}=R_a\frac{235+\theta_{ref}}{235+\theta_a}$$

式中R_{aref}——换算到基准工作温度时电枢绕组电阻,Ω。

R_a——电枢绕组的实际冷态电阻,Ω。

θ_{ref}——基准工作温度,对于 E 级绝缘为 75 ℃。

θ_a——实际冷态时电枢绕组的温度。℃

2. 测直流伺服电动机的机械特性

实验线路如图 5-8 所示。

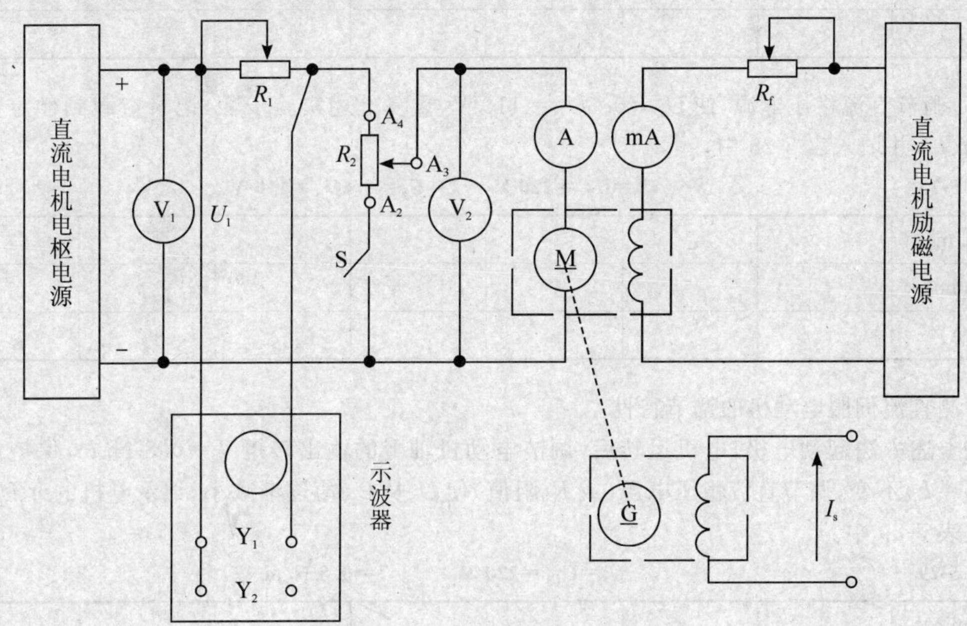

图 5-8　直流伺服电动机接线图

R_1:180 Ω 电阻(MEL-04 中两只 90 Ω 相串联)

R_f:900 Ω 电阻(MEL-03 中两只 900 Ω 相串联)

R_2:采用 MEL-03 最上端 900 Ω 电阻,为电位器接法

开关 S 选用 MEL-05

M:直流伺服电动机 M03:

G:涡流测功机

I_S:电流源,位于 MEL-13,由"转矩设定"电位器进行调节。实验开始时,将 MEL-13"转速控制"和"转矩控制"选择开关板向"转矩控制","转矩设定"电位器逆时针旋到底。

V_1:可调直流稳压电源自带电压表

V_2:直流电压表,量程为 300 V 档,位于 MEL-06

A:可调直流稳压电源自带电流表

mA:毫安表,位于直流电机励磁电源部。

(1)操作前先把 R_1 置最大值,R_f 置最小值,R_2 逆时针调到底,使 U_{R3R4} 的电压为零,并且开关 S 断开。测功机的的励磁电流调到最小。

(2)先接通直流电机励磁电源。

(3)再接通直流稳压电源,电机运转后把 R_1 调到最小值,调节电枢绕组两端的 $U_a=U_N=220$ V 并保持不变。

(4)调节测功机负载，使电机输出转矩增加，并调节 R_f，使 n=1 600 r/min，$I_a=I_{aN}$，此时电机励磁电流为额定电流。

保持此额定电流不变，调节测功机负载，记录空载到额定负载的 T、n、I_a，并填入表 5-27 中。

表 5-27 $U_f=U_{fN}=220$ V $U_a=U_N=220$ V

T(N·m)								
n(r/min)								
Ia(A)								

(5)调节直流稳压电源，使 $U_a=0.5U_N=110$ V，重复上述实验步骤，记录空载到额定负载的 T、n、I_a，并填入表 5-28 中。

表 5-28 $U_f=U_{fN}=220$ V $U_a=0.5U_N=110$ V

T(N. m)								
n(r/min)								
Ia(A)								

3. 测直流伺服电动机的调节特性

按上述方法起动电机，电机运转后，调节电动机轴上的输出转矩 $T=0.8$ N. m，保持该转矩及 $I_f=I_{fN}$不变，调节直流稳压电源(或 R_1阻值)使 U_a从 U_N值逐渐减小，记录电机的 n、U_a、I_a并填入表 5-29 中。

表 5-29 $U_f=U_{fN}=220$ V $T=0.8$ N. m

n(r/min)								
U_a(V)								
I_a(A)								

使电动机和测功机脱开，仍保持 $I_f=I_{fN}$，在电机空载状态，调节直流稳压电源(或 R_1阻值)，使 U_a从 U_N逐渐减小，记录电动机的 n、U_a、I_a并填入表 5-30 中。

表 5-30 $U_f=U_{fN}=220$ V $T=0$ N. m

n(r/min)								
U_a(V)								
I_a(A)								

4. 测直流伺服电动机的机电时间常数

先接通励磁电源，调节 R_f，使 $I_f=I_{fN}$，再接通直流稳压电源，并调节输出电压，使电机能启动运转，利用数字示波器拍摄直流伺服电动机空载起动时的电时间常数 τ_e 和机械时间常数 τ_m，从而求出传递函数。

5. 测空载始动电压

操作前先把 R_1置最小值，R_f置最小值，R_2顺时针调到底，使 U_{R2R3}的电压为零，并且开关 S 闭合。断开测功机的励磁电流。

启动电机前先接通励磁电源，调节 $U_f=220$ V，再接通电枢电源，调节 R_2使输出电压缓慢上升，直到转轴开始连续转动，这时的电压为空载始动电压 U_a。

正反二个方向各做三次，取其平均值作为该电机始动电压，将数据记录于表 5-31。

表 5-31

次数	1	2	3	平均
正向 U_a(V)				
反向 U_a(V)				

(三)实验报告

1. 根据实验记录，计算 75℃时电枢绕组电阻 $r_{a75℃}$ 数值；K_e、K_t 等参数。

2. 根据实验测得的数据，作出电枢控制时电机的机械特性 $n=f(t)$ 和调节特性 $n=f(Ua)$ 曲线。并求出电机空载时的始动电压。

3. 分析实验数值及现象。

二、交流伺服电机实验

(一)实验设备及仪器

1. MEL 系列电机系统教学实验台主控制屏(MEL-I、MEL-IIA、B)
2. 电机导轨及测功机、转速转矩测量(MEL-13)
3. 交流伺服电机 M13
4. 三相可调电阻 90 Ω(MEL-04)
5. 波形测试及开关板(MEL-05)
6. 单相调压器(MEL-08 或单配)
7. 电机电容箱
8. 万用表
9. 示波器

(二)实验方法

实验线路见图 5-9。

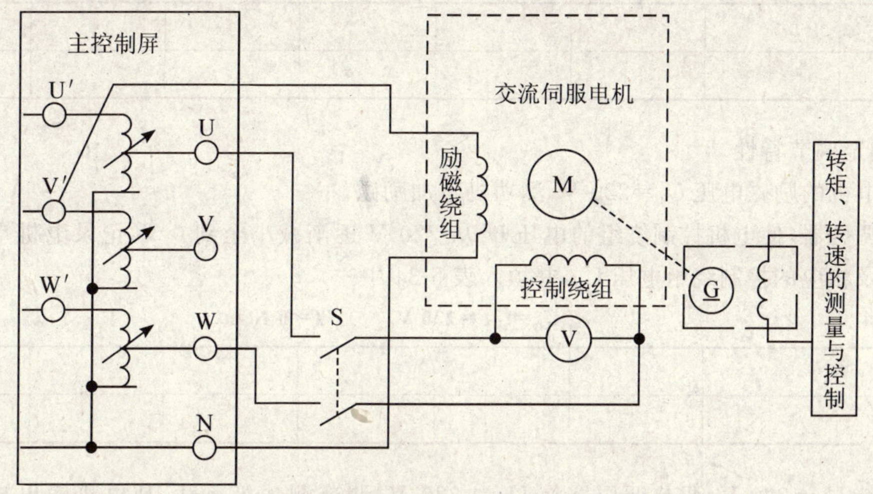

图 5-9　交流伺服电机幅值控制接线图

图中，交流伺服电机采用 M13，额定功率 $P_N=25$ W，额定控制电压 $U_N=220$ V，额定激磁电压 $U_N=220$ V，堵转转矩 $M=3\ 000$ g. cm，空载转速 n=2 700 r/min。

隔离变压器输出的固定电压(V 相调压器的输入电压)$U_{V'N}$ 接至交流伺服电机的励磁绕组。

三相调压器输出的线电压 U_{uw} 经过开关 S(MEL—05)接交流伺服电机的控制绕组。

G 为测功机，通过航空插座与 MEL—13 相连。

1. 观察交流伺服电动机有无"自转"现象

测功机和交流伺服电机暂不联接(联轴器脱开)，调压器旋钮逆时针调到底，使输出位于最小位置。合上开关 S。

接通交流电源，调节三相调压器，使输出电压增加，此时电机应启动运转，继续升高电压直到控制绕组 $U_c=127$ V。

待电机空载运行稳定后，打开开关 S，观察电机有无"自转"现象。

将控制电压相位改变 180°电角度，观察电动机转向有无改变。

2. 测定交流伺服电动机采用幅值控制时的机械特性和调节特性

(1)测定交流伺服电动机 $a=1$(即 $U_c=U_N=220$ V)时的机械特性

把测功机和交流伺服电动机同轴联接，调节三相调压器，使 $U_c=U_{cn}=220$ V，保持 U_f、U_c 电压值，调节测功机负载，记录电动机从空载到接近堵转时的转速 n 及相应的转矩 T 并填入表 5-32 中

表 5-32 $U_f=U_{fN}=220$ V $U_c=U_{cn}=220$ V

n(r/min)								
T(N. m)								

(2)测定交流伺服电动机 $a=0.75$(即 $U_c=0.75U_N=165$ V)时的机械特性

调节三相调压器，使 $U_c=0.75U_{cn}=165$ V，保持 U_f、U_c 电压值，调节测功机负载，记录电动机从空载到接近堵转时的转速 n 及相应的转矩 T 并填入表 5-33 中

表 5-33 $U_f=U_{fN}=220$ V $U_c=U_{cn}=220$ V

n(r/min)								
T(N. m)								

(3)测定调节特性

保持电机的励磁电压 $U_f=220$ V，测功机不加励磁。

调节调压器，使电机控制绕组的电压 U_c 从 220 V 逐渐减小至到 0 V，记录电机空载运行的转速 n 及相应的控制绕组电压 U_c，并填入表 5-34 中

表 5-34 $U_f=U_{fN}=220$ V $T=0$ N. m

n(r/min)								
T(N. m)								

仍保持 $U_f=220$ V，调节调压器使 U_c 为 220 V，调节测功机负载，使电机输出转矩 $T=0.03$ N. m 并保持不变，重复上述步骤，记录转速 n 及相应控制绕组电压 Uc 并填入表 5-35 中。

表 5-35　　$U_f = U_{fn} = 220$ V　　$T = 0.03$ N. m

n(r/min)								
Uc(V)								

3. 用实验方法配堵转园磁场

实验线路见图 5-10。

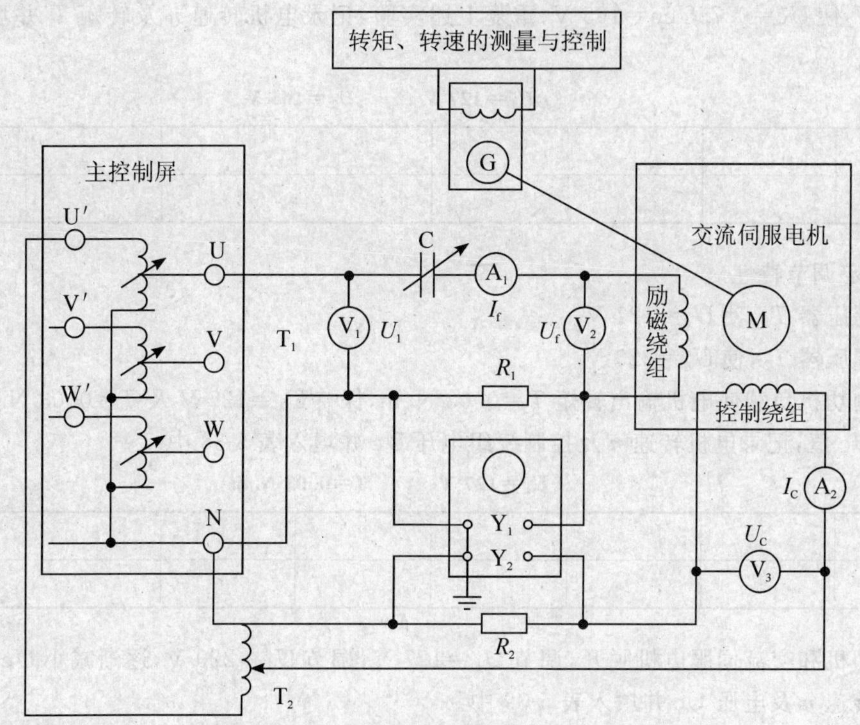

图 5-10　交流伺服电机幅值—相位控制接线图

A_1、A_2选用交流电流表 0.75 A 档。

V_1、V_2、V_3选用交流电压表 300 V 档。

R_1、R_2选用 MEL—04 中 90 Ω 并联 90 Ω 共 45 Ω 阻值，并用万用表调定在 5 Ω 阻值。

可变电容选用电机电容箱，位于下组件。

调压器 T_2选用 MEL—08 或单配。

示波器两探头的地线应接 N 线，X 踪和 Y 踪幅值量程一致。

(1)使电机堵转。

(2)接通交流电源，调节 T_1、T_2使 V_1、V_2电压指示为 220 V。

(3)改变电容 C_f(约为 $4_{\mu f}$)，使 A_1、A_2电流接近相等，示波器显示的两个电流波形相位相差 90°(或 Y_2改接 X 端子，示波器显示为园图)。

4. 测定交流伺服电动机采用幅值——相位控制时的机械特性和调节特性

(1)测定机械特性

接线仍如图 5-10 所示。

接通交流电源，调节调压器 T_1，使 V_1指示为 127 V。

调节 T_2使 V_2指示为 220 V。

保持 V_1、V_2值不变，改变测功机负载，记录电机从空载到接近堵转时的转速 n 及转矩 T 并填入表 5-36 中.

表 5-36 $U_1=127$ $U_2=220$ V

n(r/min)							
T(N. m)							

调节 T_2使 $Uc=0.75Ucn=165$ V，重复上述实验，记录电机转速 n 及转矩 T 并填入表 5-37 中。

表 5-37 $U_1=127$ V $U_2=165$ V

N(r/min)							
T(N. m)							

(2)测定调节特性

调节调压器 T_1，使 $U_1=127$ V。

调节调压器 T_2，使 $U_2=220$ V。

调节测功机负载使电机输出转矩 $T=0.03$ N. m，保持 $U_1=127$ V 及 $T=0.03$ N. m 不变，逐渐减小 Uc 值，记录电机转速 n 及控制绕组电压 Uc 并填入表 5-38 中。

表 5-38 $U_1=127$ V $T=0.03$ N. m

n(r/min)							
Uc(V)							

使测功机和交流伺服电机脱开，调节 $U_1=127$ V，调节 $U_2=220$ V，逐渐减小 Uc 值，记录电机空载转速 n 及电压 Uc 并填入表 5-39 中。

表 5-39 $U_1=127$ V $T=0$ N. m

n(r/min)							
Uc(V)							

(三)实验报告

1. 根据幅值控制实验测得的数据作出交流伺用电动机的机械特性 $n=f(t)$ 和调节特性 $n=f(U_c)$ 曲线。

2. 根据幅值—相位控制实验测得的数据作出交流伺服电动机的机械特性 $n=f(T)$ 和调节特性 $n=f(U_c)$ 曲线。

3. 分析实验过程中发生的现象。

5—4 自整角机

自整角机是一种对角位移或角速度的偏差有自整步能力的控制电机，他广泛用于显示装置和随动系统中，使机械上互不相连的两根或多根转轴能自动保持相同的转角变化或同步旋转，在系统中通常是两台或多台自整角机组合使用。产生信号的一方称发送机，接收信号的一方称为接收机。

一、使用说明

1. 自整角机技术参数

发送机型号　BD-404A-2

接收机型号　BS-404A

激磁电压　220 V±5%

激磁电流　0.2 A

次级电压　49 V

频率　50 Hz

2. 发送机的刻度盘及接收机的指针调准在特定位置的方法

旋松电机轴头螺母，拧紧电机后轴头，旋转刻度盘(或手拨指针圆盘)至某要求的刻度值位置，保持该电机转轴位置并旋紧轴头螺母。

3. 接线柱的使用方法

本装置将自整角机的五个输出端分别与接线柱对应相连，激磁绕组用 L_1、L_2(L_1'、L_2')表示；次级绕组用 T_1、T_2、T_3、(T_1'、T_2'、T_3')表示。使用时根据实验接线图要求用手枪插头线分别将接线柱连接，即可完成实验要求。(注：电源线、连接导线出厂配套)。

4. 发送机的刻度盘上边和接收机的指针两端均有 20 小格的刻度线，每一小格为 $3'$，转角按游标尺方法读数。

5. 接收机的指针圆盘直径为 4 cm，测量静态整步转矩＝砝码重力×圆盘半径＝砝码重力×2 cm。

6. 将固紧滚花螺钉拧松后，便可用手柄轻巧旋转发送机的刻度盘(不允许用力向外拉，以防轴头变形)。如需固定刻度盘在某刻度值位置不动，可用手旋紧滚花螺钉。

7. 需吊砝码实验时，将串有砝码勾的线端在指针小圆盘的小孔上，将线绕过小圆盘上边凹槽，在砝码勾上吊砝码即可。

8. 每套自整角机实验装置中的发送机、接收机均应配套，按同一编号配套。

9. 自整角机变压器用力矩式自整角接收机代用。

10. 需要测试激磁绕组的信号，在该部件的电源插座上插上激磁绕组测试线即可。

二、力矩式自整角机实验

(一)实验目的

1. 了解力矩式自整角机精度和特性的测定方法。

2. 掌握力矩式自整角机系统的工作原理和应用知识。

(二)预习要点

1. 力矩式自整角机的工作原理。

2. 力矩式自整角机精度与特性测试方法。

3. 力矩式自整角机比整步转矩的测量方法。

(三)实验项目

1. 测定力矩式自整角发送机的零位误差。

2. 测定力矩式自整角机静态整步转矩与失调角的关系曲线。

3. 测定力矩式自整角比整步转矩(又称比力矩)及阻尼时间。

4. 测定力矩式自整角机的静态误差。

(四)实验方法

1. 实验设备

序号	型号	名　　称	数量	备注
1	ZSZ-1	自整角机实验装置	1件	圆盘半径为2 cm
2	D33	交流电压表	1件	
3	D41	三相可调电阻器	1件	

2. 屏上挂件排列顺序

D33、D41

3. 测定力矩式自整角发送机的零位误差 $\Delta\theta$

(1)按图5-11接线。励磁绕组 L_1、L_2 接额定激励电压 U_N(220 V),整步绕组 T_2—T_3 端接电压表。

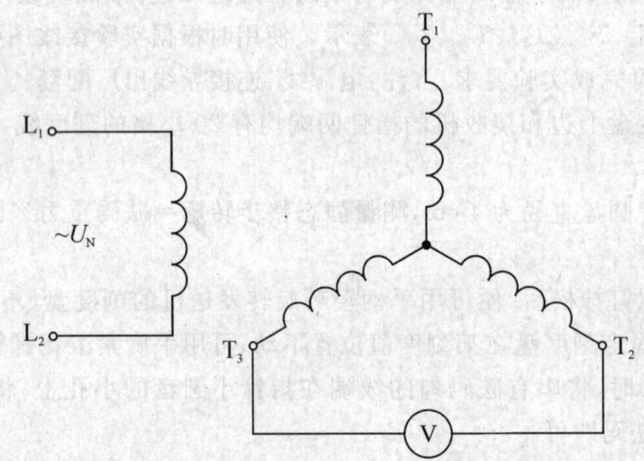

图5-11 测定力矩式自整角机零位误差接线图

(2)旋转刻度盘,找出输出电压为最小的位置作为基准电气零位。

(3)整步绕组三线间共有六个零位,刻度盘转过60°,即有两线端输出电压为最小值。

(4)实测整步绕组三线间6个输出电压为最小值的相应位置角度与电气角度,并记录于表5-40中。

表5-40

理论上应转角度	基准电气零位	+180°	+60°	+240°	+120°	+300°
刻度盘实际转角						
误差						

注意:机械角度超前为正误差,滞后为负误差,正负最大误差绝对值之和的一半,此误差值即为发送机的零位误差 $\Delta\theta$,以角分表示。

2. 测定力矩式自整角机静态整步转矩与失调角的关系 $T=f(\theta)$

(1)确保断电情况下,按图 5-12 接线。

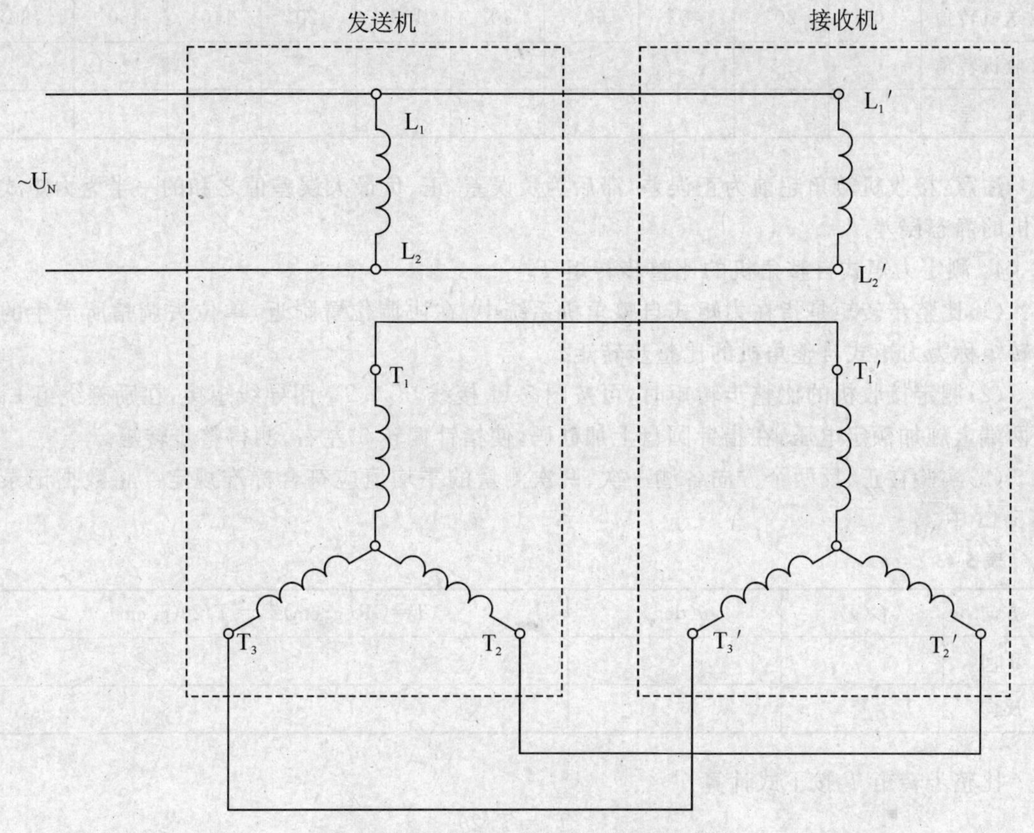

图 5-12　力矩式自整角机实验接线图

(2)将发送机和接收机的励磁绕组加额定激励电压 220 V,待稳定后,发送机和接收机均调整到 0°位置。固紧发送机刻度盘在该位置。

(3)在接收机的指针圆盘上吊砝码,记录砝码重量以及接收机转轴偏转角度。在偏转角从零至 90°之间取 7～9 组数据并记录于表 5-41 中。

表 5-41

T(gf. cm)									
θ(deg)									

注意:①实验完毕后,应先取下砝码,再断开励磁电源。

②表中 $T=G\times R$

式中 G——砝码重量(g);R——圆盘半径(cm)

3. 测定力矩式自整角机的静态误差 $\Delta\theta_{jt}$

(1)接线图仍按图 5-11。

(2)发送机和接收机的励磁绕组加额定电压 220 V,发送机的刻度盘不固紧,并将发送机和接收机均调整到 0°位置。

(3)缓慢旋转发送机刻度盘,每转过 20°,读取接收机实际转过的角度并记录于表 5-42 中。

表 5-42

发送机转角	0°	20°	40°	60°	80°	100°	120°	140°	160°	180°
接收机转角										
误　差										

注意：接收机转角超前为正误差，滞后为负误差，正、负最大误差值之和的一半为力矩式接收机的静态误差。

4. 测定力矩式自整角机的比整步转矩 T_θ

(1)比整步转矩是指在力矩式自整角机系统中，在协调位置附近，单位失调角所产生的整步转矩称为力矩式自整角机的比整步转矩。

(2)测定接收机的比整步转矩时，可按图 5-11 接线，T_2'、T_3'用导线短接，在励磁绕组 L_1—L_2两端上施加额定电压，在指针圆盘上加砝码，使指针偏转 5°左右，测得整步转矩。

(3)实验在正、反两个方向各测一次，两次测量的平均值应符合标准规定。将数据记录于表 5-43 中。

表 5-43

方向	G(g)	θ(deg)	T=GR(g. cm) $T_\theta=T/2\theta$(g. cm)
正向			
反向			

比整步转矩 T_θ按下式计算：

$$T_\theta=T/2\theta$$

式中T=GR——整步转矩，单位为(g. cm)克厘米

θ——指针偏转的角度，单位为(deg)度

G——砝码重量，单位为(g)

R——轮盘半径，为 2(cm)

5. 阻尼时间的测定

(1)阻尼时间 tm 是指在力矩式自整角系统中，接收机自失调位置至协调位置，达到稳定状态所需时间。测定阻尼时间可按图 5-13 接线。

(2)将发送机和接收机的励磁绕组加上额定电压，使发送机的刻度盘和接收机的指针指在 0°位置并固紧发送机的刻度盘在该位置。旋转接收机指针圆盘使系统失调角为 177°，然后松手使接收机趋向平衡位置，用光线示波器拍摄(或慢扫描示波器观察)取样电阻 R 两端的电流波形，记录接收机阻尼时间。

(五)实验报告

1. 根据实验结果，求出被试力矩式自整角发送机的零位误差 $\Delta\theta$。

2. 做出静态整步转矩与失调角的关系曲线 $T=f(\theta)$。

3. 实测比整步转矩和接收机的阻尼时间数值为多少？

4. 求出被试力矩式自整角机的静态误差 $\Delta\theta_{jt}$。

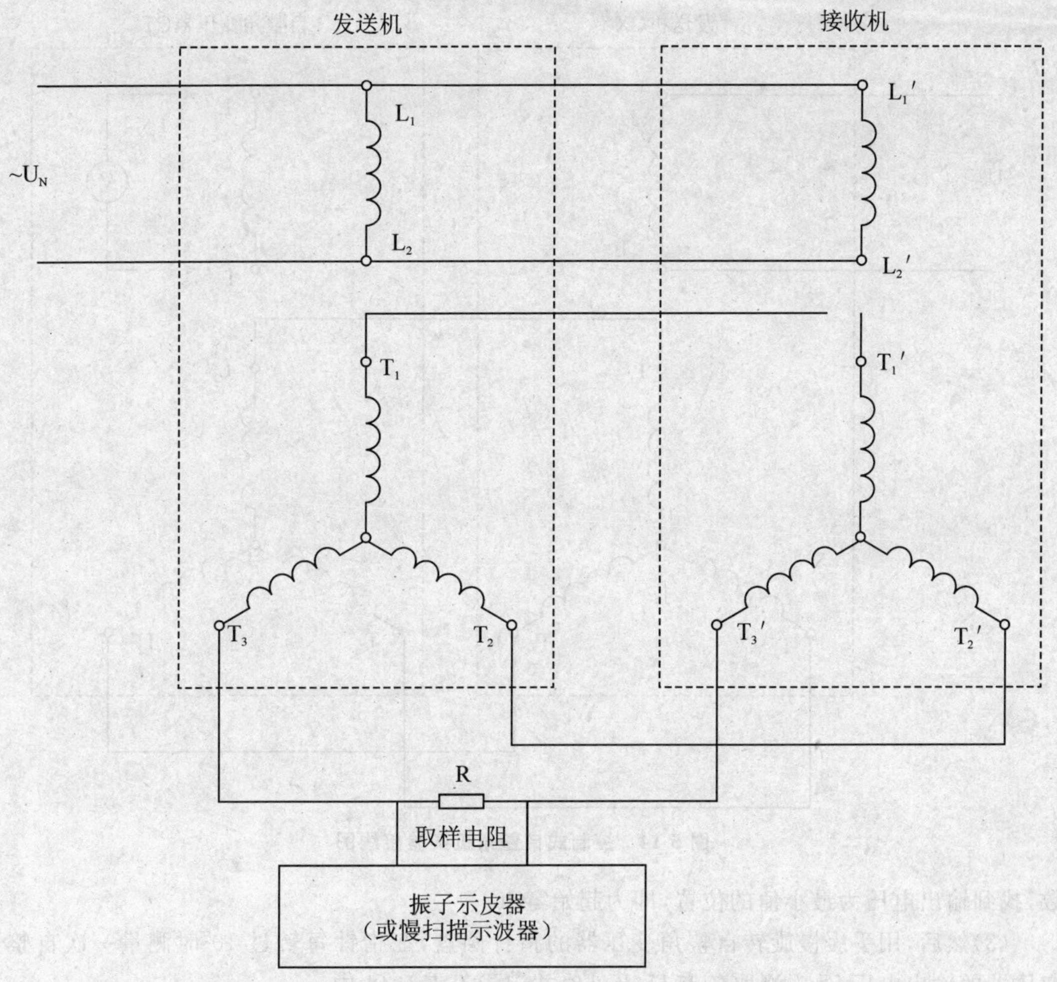

图 5-13　测定力矩式自整角机阻尼时间接线图

三、控制式自整角机参数的测定

(一)实验目的

1. 通过实验测定控制式自整角机的主要技术参数。
2. 掌握控制式自整角机的工作原理和运行特性。

(二)预习要点

1. 控制式自整角机的工作原理和运行特性。
2. 控制式自整角机的主要技术指标。

(三)实验项目

1. 测自整角变压器输出电压与失调角的关系 $U_2=f(\theta)$。
2. 测定比电压 U_θ 和零位电压 U_0。

(四)实验方法

1. 测定控制式自整角变压器输出电压与失调角的关系 $U_2=f(\theta)$

(1)按图 5-14 接线。发送机加额定电压，旋转发送机刻度盘至 0°位置并固紧。

(2)用手缓慢旋转自整角变压器的指针圆盘，接在 L_1'、L_2'两端的数字电压表就有相应读

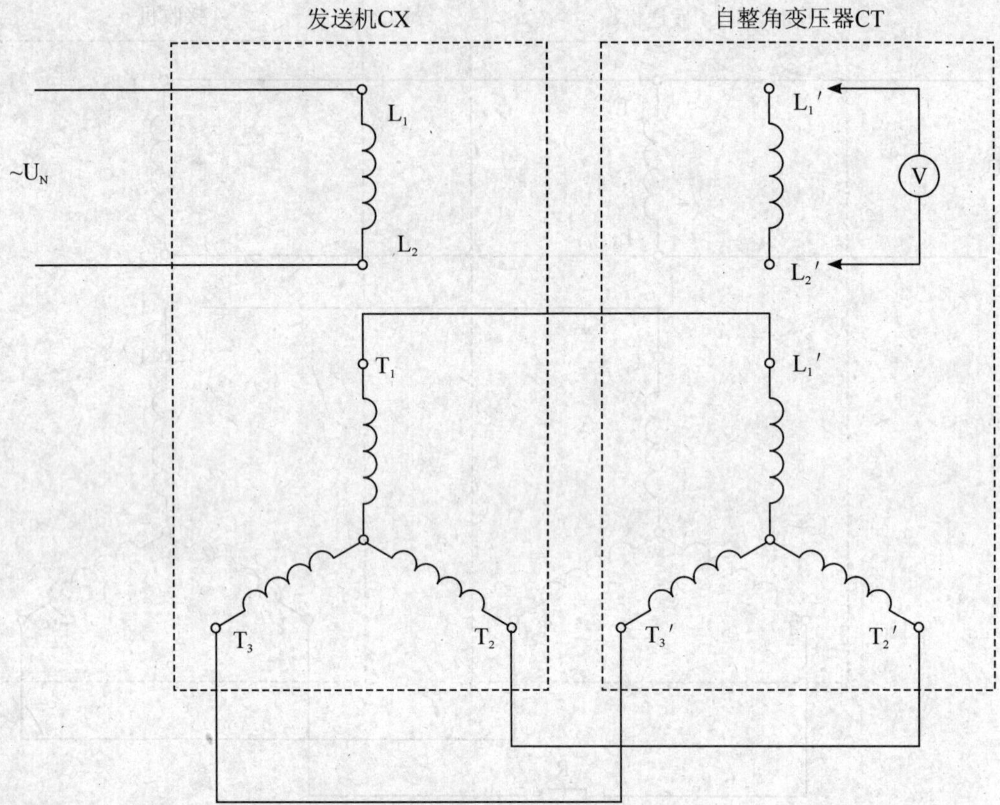

图 5-14 控制式自整角机实验接线图

数，找到输出电压为最小值的位置，即为起始零点。

(3)然后，用手缓慢旋转自整角变压器的指针圆盘，在指针每转过 10°时测量一次自整角变压器的输出电压 U_2。测取各点 U_2 及 θ 值并记录于表 5-44 中。

2. 测定比电压 U_θ

比电压是指自整角变压器在失调角为 1°时的输出电压，单位为 V/deg。

在刚才测定控制式自整角变压器输出电压与失调角关系的实验时，用手缓慢旋转自转角变压器的指针圆盘，使指针转过起始零点 5°，在这位置记录自整角变压器的输出电压 U_2 值，计算失调角为 1°时的输出电压。

表 5-44

角度 θ(deg)	0°	10°	20°	30°	40°	50°	60°	70°	80°	90°
电压 U_2(V)										

角度 θ(deg)	100°	110°	120°	130°	140°	150°	160°	170°	180°
电压 U_2(V)									

3. 测定零位电压 U_0

(1)按图 5-15 接线。调压器输出电压为最小位置，绕组 T_2'、T_3'两端点短接。

(2)合上交流电源，缓慢调节调压器使输出电压为 49 V，并保持不变。

(3)用手缓慢旋转指针圆盘，找出控制式自整角机输出电压为最小的位置，即为基准电气零位。指针转过 180°，仍找出零位电压位置。

(4)同样方法，改接绕组(使 T_1'、T_3'短接，T_1'、T_2'短接)，找出零位电压位置，测量六个位置的零位电压值并记录于表 5-45 中。

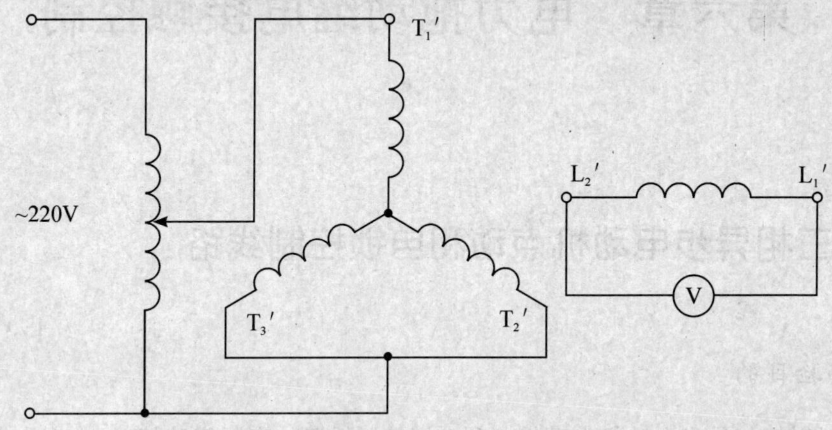

图 5-15 测定控制式自整角机零位电压接线图

表 5-45

绕组接法	$T_1'-T_2'T_3'$		$T_2'-T_1'T_3'$		$T_3'-T_1'T_2'$	
理论零位电压位置	0°	180°	60°	240°	120°	300°
实际刻度值						
零位电压大小						

(五)实验报告

1. 作自整角变压器的输出电压与失调角的关系曲线 $U_2=f(\theta)$。
2. 该自整角变压器的比电压为多少？
3. 被测试自整角变压器的零位电压数值为多少？

第六章 电力拖动继电接触控制

6—1 三相异步电动机点动和自锁控制线路

一、实验目的

1. 通过对三相异步电动机点动控制和自锁控制线路的实际安装接线，掌握由电气原理图变换成安装接线图的知识。

2. 通过实验进一步加深理解点动控制和自锁控制的特点以及在机床控制中的应用。

二、选用组件

1. 实验设备

序 号	型 号	名 称	数 量
1	DJ24	三相鼠笼异步电动机(Δ/220 V)	1件
2	D61	继电接触控制挂箱(一)	1件
3	D62	继电接触控制挂箱(二)	1件

2. 屏上挂件排列顺序

D61、D62

注:若未购买 D62 挂箱，图中的 Q_1 和 FU 可用控制屏上的接触器和熔断器代替，学生可从 U、V、W 端子开始接线。以后同此。

三、实验方法

实验前要检查控制屏左侧端面上的调压器旋钮须在零位，下面“直流电机电源”的“电枢电源”开关及“励磁电源”开关须在“关”断位置。开启“电源总开关”，按下启动按钮，旋转调压器旋钮将三相交流电源输出端 U、V、W 的线电压调到 220 V。再按下控制屏上的“关”按钮以切断三相交流电源。以后在实验接线之前都应如此。

1. 三相异步电动机点动控制线路

按图 6-1 接线。图中 SB_1、KM_1 选用 D61 上元器件，Q_1、FU_1、FU_2、FU_3、FU_4 选用 D62 上元器件，电机选用 DJ24(Δ/220 V)。接线时，先接主电路，它是从 220 V 三相交流电源的输出端 U、V、W 开始，经三刀开关 Q_1、熔断器 FU_1、FU_2、FU_3、接触器 KM_1 主触点到电动机 M 的

三个线端 A、B、C 的电路，用导线按顺序串联起来，有三路。主电路经检查无误后，再接控制电路，从熔断器 FU_4 插孔 V 开始，经按钮 SB_1 常开、接触器 KM_1 线圈到插孔 W。线接好经指导老师检查无误后，按下列步骤进行实验：

(1)按下控制屏上“开”按钮；

(2)先合 Q_1，接通三相交流 220 V 电源；

(3)按下启动按钮 SB_1，对电动机 M 进行点动操作，比较按下 SB_1 和松开 SB_1 时电动机 M 的运转情况。

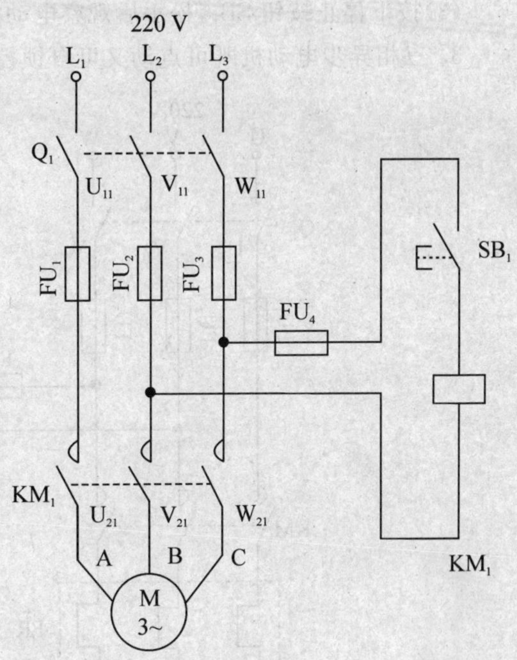

图 6-1　点动控制线路

2. 三相异步电动机自锁控制线路

按下控制屏上的“关”按钮以切断三相交流电源。按图 6-2 接线，图中 SB_1、SB_2、KM_1、FR_1 选用 D61 挂件，Q_1、FU_1、FU_2、FU_3、FU_4 选用 D62 挂件，电机选用 DJ24(Δ/220 V)。

检查无误后，启动电源进行实验：

(1)合上开关 Q_1，接通三相交流 220 V 电源；

(2)按下起动按钮 SB_2，松手后观察电动机 M 运转情况；

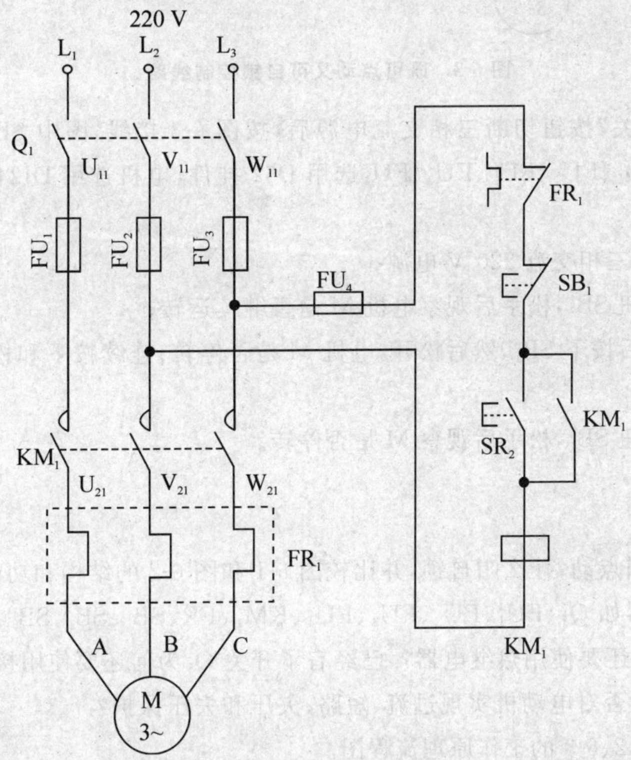

图 6-2　自锁控制线路

(3)按下停止按钮 SB_1，松手后观察电动机 M 运转情况。

3. 三相异步电动机既可点动又可自锁控制线路

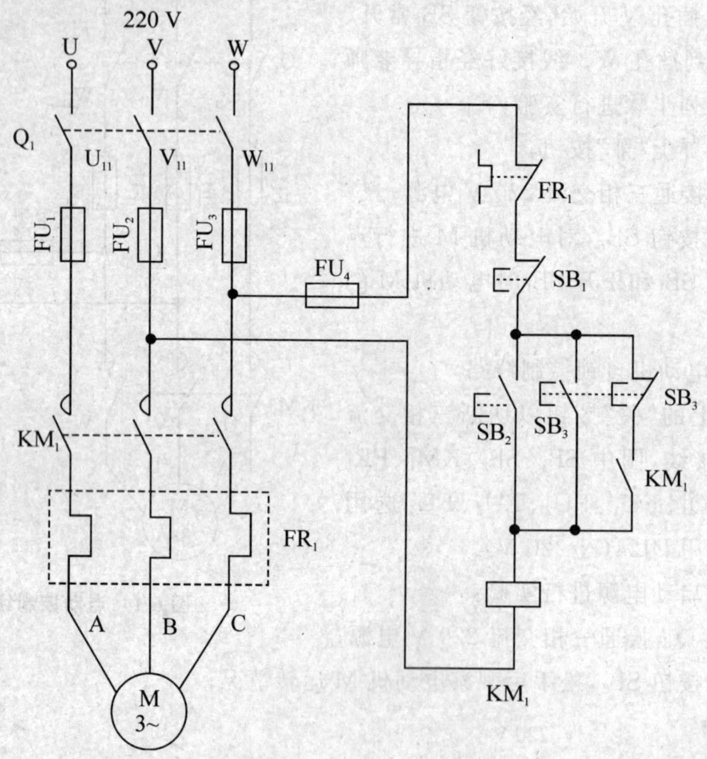

图 6-3 既可点动又可自锁控制线路

按下控制屏上“关”按钮切断三相交流电源后，按图 6-3 接线，图中 SB_1、SB_2、SB_3、KM_1、FR_1 选用 D61 挂件，Q_1、FU_1、FU_2、FU_3、FU_4 选用 D62 挂件，电机选用 DJ24(△/220 V)，检查无误后通电实验：

(1)合上 Q_1 接通三相交流 220 V 电源；

(2)按下起动按钮 SB_2，松手后观察电机 M 是否继续运转；

(3)运转半分钟后按下 SB_3，然后松开，电机 M 是否停转；连续按下和松开 SB_3，观察此时属于什么控制状态；

(4)按下停止按钮 SB_1，松手后观察 M 是否停转。

四、讨论题

1. 试分析什么叫点动，什么叫自锁，并比较图 6-1 和图 6-2 的结构和功能上有什么区别？

2. 图中各个电器如 Q_1、FU_1、FU_2、FU_3、FU_4、KM_1、FR、SB_1、SB_2、SB_3 各起什么作用？已经使用了熔断器为何还要使用热继电器？已经有了开关 Q_1 为何还要使用接触器 KM_1？

3. 图 6-2 电路能否对电动机实现过流、短路、欠压和失压保护？

4. 画出图 6-1、6-2、6-3 的工作原理流程图。

6－2　三相异步电动机的正反转控制线路

一、实验目的

1. 通过对三相异步电动机正反转控制线路的接线，掌握由电路原理图接成实际操作电路的方法。

2. 掌握三相异步电动机正反转的原理和方法。

3. 掌握手动控制正反转控制、接触器联锁正反转、按钮联锁正反转控制及按钮和接触器双重联锁正反转控制线路的不同接法，并熟悉在操作过程中有哪些不同之处。

二、选用组件

1. 实验设备

序　号	型　号	名　　称	数　量
1	DJ24	三相鼠笼异步电动机(Δ/220 V)	1 件
2	D61	继电接触控制挂箱(一)	1 件
3	D62	继电接触控制挂箱(二)	1 件

2. 屏上挂件排列顺序

D61、D62

三、实验方法

1. 倒顺开关正反转控制线路

(1)旋转调压器旋钮将三相调压电源 U、V、W 输出线电压调到 220 V，按下“关”按钮切断交流电源。

(2)按图 6-4 接线。图中 Q_1(用以模拟倒顺开关)、FU_1、FU_2、FU_3 选用 D62 挂件，电机选用 DJ24(Δ/220 V)。

(3)启动电源后，把开关 Q_1 合向“左合”位置，观察电机转向。

(4)运转半分钟后，把开关 Q_1 合向“断开”位置后，再扳向“右合”位置，观察电机转向。

2. 接触器联锁正反转控制线路

(1)按下“关”按钮切断交流电源。按图 6-5 接线。图中 SB_1、SB_2、SB_3、KM_1、KM_2、FR_1 选用 D61 件，Q_1、FU_1、FU_2、FU_3、FU_4 选用 D62 挂件，电机选用 DJ24(Δ/220 V)。经指导老师检查无误后，按下“开”按钮通电操作。

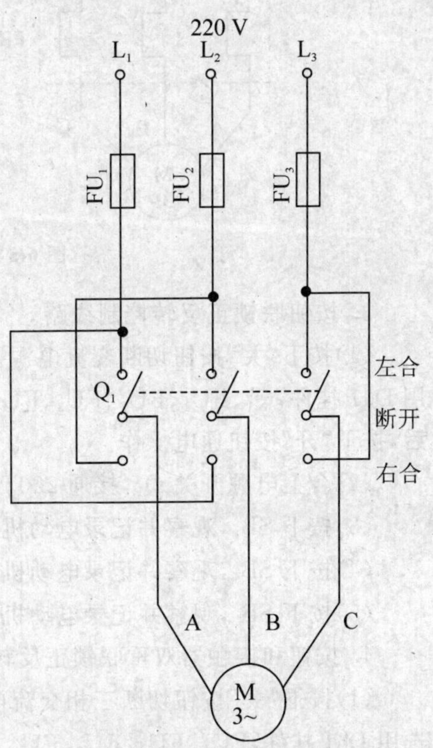

图 6-4　倒顺开关正反转控制线路

(2)合上电源开关 Q_1，接通 220 V 三相交流电源。

(3)按下 SB_1，观察并记录电动机 M 的转向、接触器自锁和联锁触点的吸断情况。

(4)按下 SB_3，观察并记录 M 运转状态、接触器各触点的吸断情况。

(5)再按下 SB_2，观察并记录 M 的转向、接触器自锁和联锁触点的吸断情况。

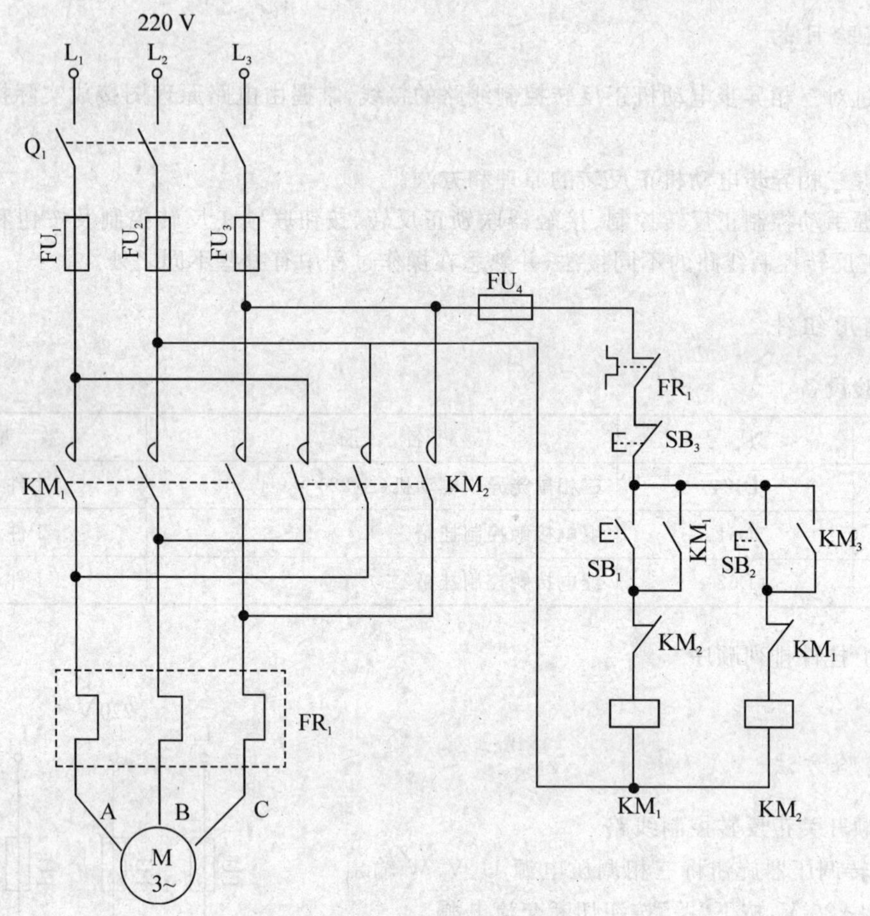

图 6-5 接触器联锁正反转控制线路

3. 按钮联锁正反转控制线路

(1)按下“关”按钮切断交流电源。按图 6-6 接线。图中 SB_1、SB_2、SB_3、KM_1、KM_2、FR_1 选用 D61 挂件，Q_1、FU_1、FU_2、FU_3、FU_4 选用 D62 挂件，电机选用 DJ24(Δ/220 V)。经检查无误后，按下“开”按钮通电操作。

(2)合上电源开关 Q_1，接通 220 V 三相交流电源。

(3)按下 SB_1，观察并记录电动机 M 的转向、各触点的吸断情况。

(4)按下 SB_3，观察并记录电动机 M 的转向、各触点的吸断情况。

(5)按下 SB_2，观察并记录电动机 M 的转向、各触点的吸断情况。

4. 按钮和接触器双重联锁正反转控制线路

(1)按下“关”按钮切断三相交流电源按图 6-7 接线。图中 SB_1、SB_2、SB_3、KM_1、KM_2、FR_1 选用 D61 挂件，FU_1、FU_2、FU_3、FU_4、Q_1 选用 D62 挂件，电机选用 DJ24(Δ/220 V)。经检查无误后，按下“开”按钮通电操作。

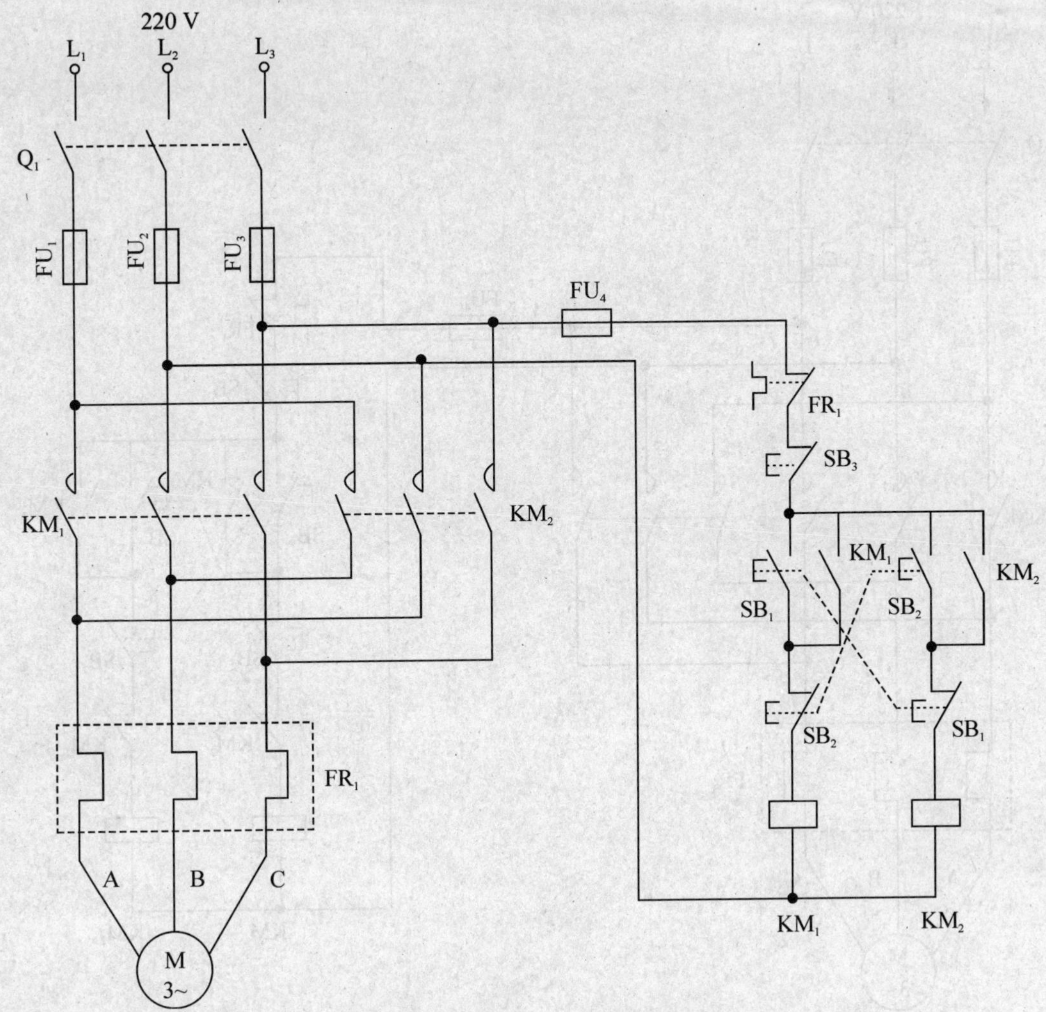

图 6-6　按钮联锁正反转控制线路

(2)合上电源开关 Q_1，接通 220 V 交流电源。

(3)按下 SB_1，观察并记录电动机 M 的转向、各触点的吸断情况。

(4)按下 SB_2，观察并记录电动机 M 的转向、各触点的吸断情况。

(5)按下 SB_3，观察并记录电动机 M 的转向、各触点的吸断情况。

四、讨论题

1. 在图 6-4 中，欲使电机反转为什么要把手柄扳到“停止”使电动机 M 停转后，才能扳向“反转”使之反转，若直接扳至“反转”会造成什么后果？

2. 试分析图 6-4、6-5、6-6、6-7 各有什么特点？并画出运行原理流程图。

3. 图 6-5、6-6 虽然也能实现电动机正反转直接控制，但容易产生什么故障，为什么？图 6-7 比图 6-5 和 6-6 有什么优点？

4. 接触器和按钮的联锁触点在继电接触控制中起到什么作用？

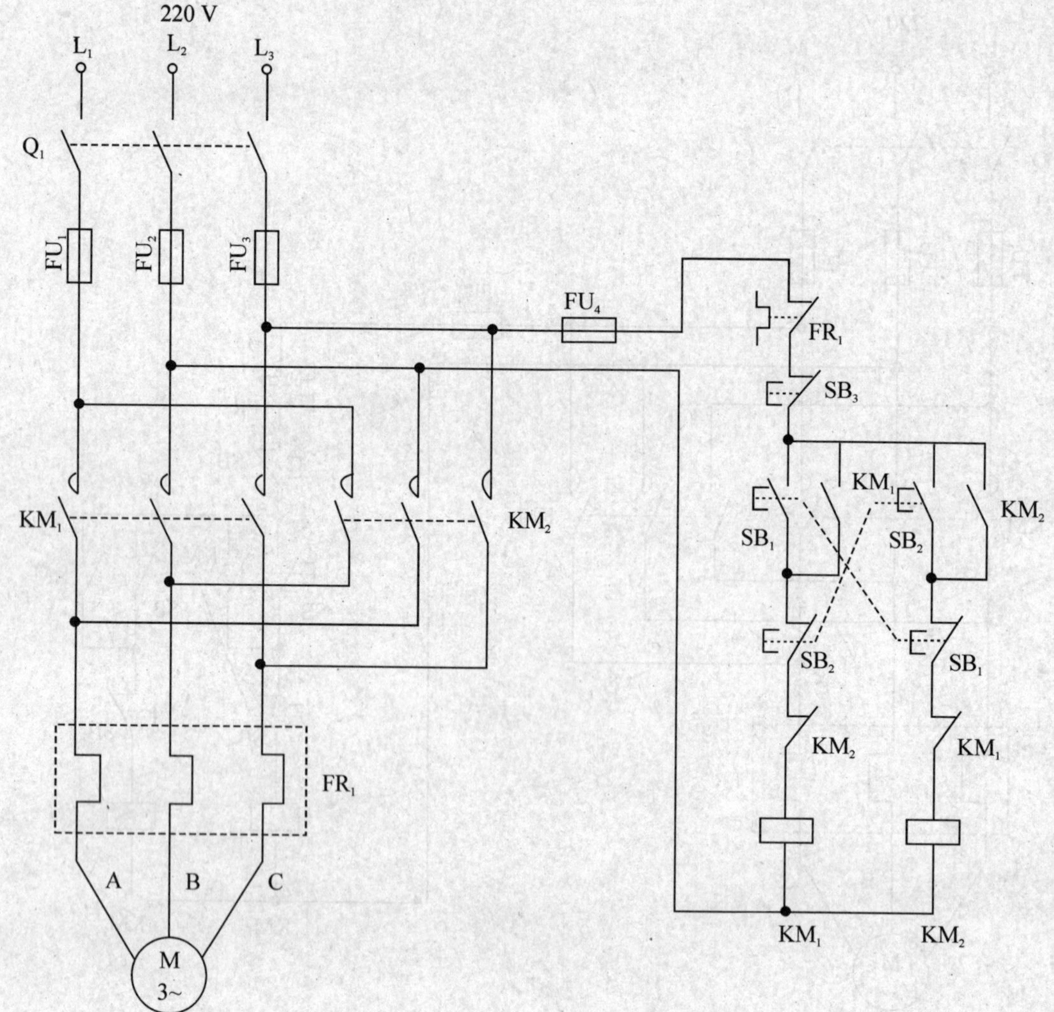

图 6-7 按钮和接触器双重联锁正反转控制线路

6-3 工作台自动往返循环控制线路

一、实验目的

1. 通过对工作台自动往返循环控制线路的实际安装接线、掌握由电气原理图变换成安装接线图的方法、掌握行程控制中行程开关的作用以及在机床电路中的应用。

2. 通过实验进一步加深自动往返循环控制在机床电路中的应用场合。

二、选用挂件

1. 实验设备

序　号	型　号	名　　称	数　量
1	DJ24	三相鼠笼异步电动机(Δ/220 V)	1件
2	D61	继电接触控制挂箱(一)	1件
3	D62	继电接触控制挂箱(二)	1件

2. 屏上挂件排列顺序

D61、D62

三、实验方法

1. 图6-8(a)为控制线路图，6-8(b)为示意图。当工作台的档块停在行程开关ST_1和ST_2之间任何位置时，可以按下任一启动按钮SB_1或SB_2使之运行。例如按下SB_1，电动机正转带动工作台左进，当工作台到达终点时档块压下终点行程开关ST_1，使其常闭触点ST_{1-1}断开，接触器KM_1因线圈断电而释放，电机停转；同时行程开关ST_1的常开触电ST_{1-2}闭合，使接触器KM_2通电吸合且自锁，电动机反转，拖动工作台向右移动；同时ST_1复位，为下次正转做准备，当电机反转拖动工作台向右移动到一定位置时，档块2碰到行程开关ST_2，使ST_{2-1}断开，KM_2断电释放，电动机停电释放，电动机停转；同时常开触点ST_{2-2}闭合，使KM_1通电并自锁，电动机又开始正转，如此反复循环，使工作台在预定行程内自动反复运动。

2. 按图6-8(a)接线。图中SB_1、SB_2、SB_3、FR_1、KM_1、KM_2选用D61挂件，FU_1、FU_2、FU_3、FU_4、Q_1、ST_1、ST_2、ST_3、ST_4选用D62挂件，电机选用DJ24(Δ/220 V)。经指导老师检查无误后通电操作：

(1)合上开关Q_1，接通220 V三相交流电源。

(2)按SB_1按钮，使电动机正转约十秒钟。

(3)用手按ST_1(模拟工作台左进到终点，档块压下行程开关ST_1)，观察电动机应停止正转并变为反转。

(4)反转约半分钟，用手压ST_2(模拟工作台右进到终点，档块压下行程开关ST_2)，观察电动机应停止反转并变为正转。

(5)正转十秒钟后按下ST_3和反转十秒钟后按下ST_4，观察电机运转情况。

(6)重复上述步骤，线路应能正常工作。

四、讨论题

1. 行程开关主要用于什么场合，它是运用什么来达到行程控制，行程开关一般安装在什么地方？

2. 图中ST_3、ST_4在行程控制中起什么作用？

3. 列举几种限位保护的机床控制实例。

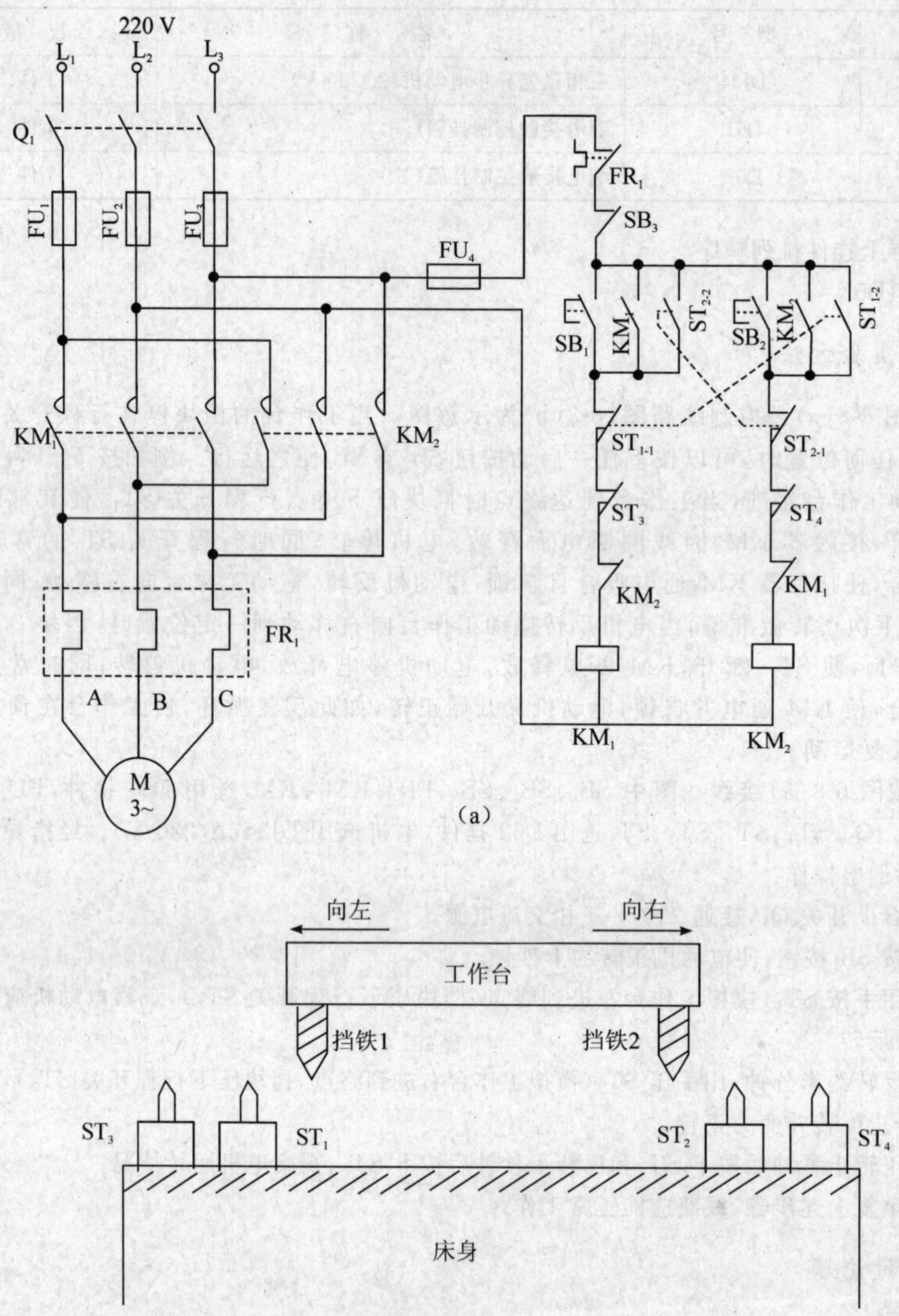

图 6-8 工作台自动往返循环控制线路

6—4 顺序控制线路

一、实验目的

1. 通过各种不同顺序控制的接线，加深对一些特殊要求机床控制线路的了解。

2. 进一步加深学生的动手能力和理解能力，使理论知识和实际经验进行有效的结合。

二、选用部件

1. 实验设备

序　号	型　号	名　　称	数　量
1	DJ16	三相鼠笼异步电动机（Δ/220 V）	1件
2	DJ24	三相鼠笼异步电动机（Δ/220 V）	1件
3	D61	继电接触控制挂箱（一）	1件
4	D62	继电接触控制挂箱（二）	1件

2. 屏上挂件排列顺序

D61、D62

三、实验方法

1. 三相异步电动机起动顺序控制（一）

按图 6-9 接线。图中 SB_1、SB_2、SB_3、KM_1、KM_2、FR_1 选用 D61 挂件，FU_1、FU_2、FU_3、FU_4、Q_1、FR_2 选用 D62 挂件，电机 M_1 选用 DJ16（Δ/220 V），M_2 选用 DJ24（Δ/220 V）。

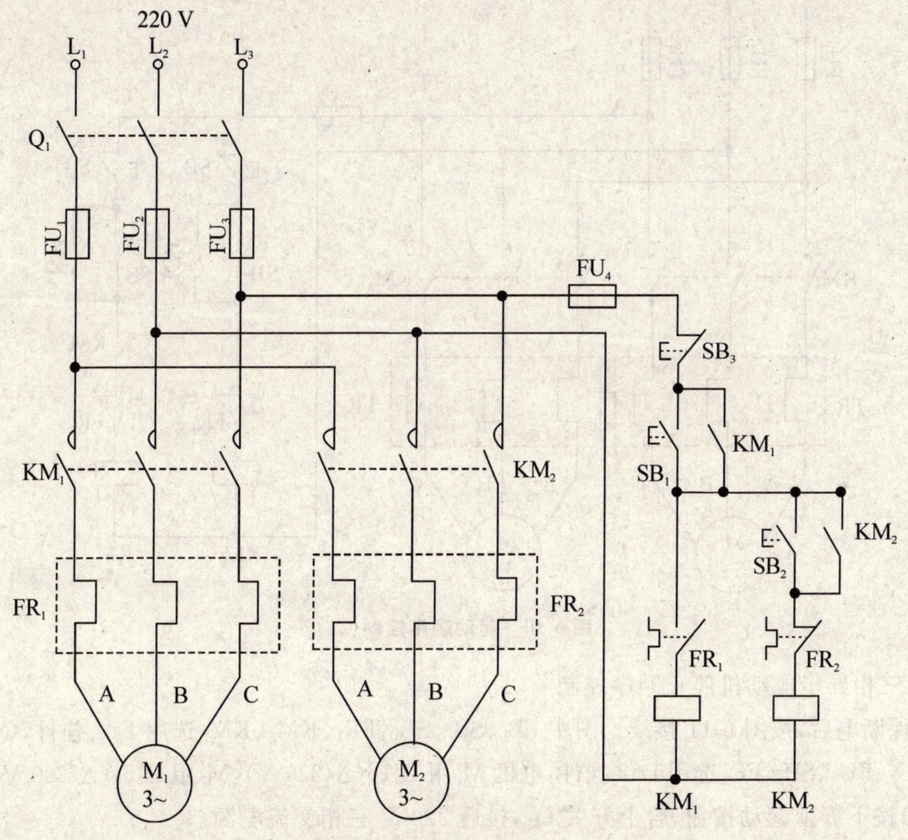

图 6-9　起动顺序控制（一）

(1)按下启动按钮,合上开关 Q_1,接通 220 V 三相交流电源。

(2)按下 SB_1,观察电机运行情况及接触器吸合情况。

(3)保持 M_1 运转时按下 SB_2,观察电机运转及接触器吸合情况。

(4)在 M_1 和 M_2 都运转时,能不能单独停止 M_2。

(5)按下 SB_3 使电机停转后,先按 SB_2,分析电机 M_2 为什么不能起动。

2. 三相异步电动机起动顺序控制(二)

按图 6-10 接线。图中 SB_1、SB_2、SB_3、FR_1、KM_1、KM_2 选用 D61 挂件,Q_1、FU_1、FU_2、FU_3、FU_4、SB_4、FR_2 选用 D62 挂件,M_1 选用 DJ16,M_2 选用 DJ24。

(1)按下屏上起动按钮,合上开关 Q_1,接通 220 V 三相交流电源。

(2)按下 SB_2,观察并记录电机及各接触器运行状态。

(3)再按下 SB_4,观察并记录电机及各接触器运行状态。

(4)单独按下 SB_3,观察并记录电机及各接触器运行状态。

(5)在 M_1 与 M_2 都运行时,按下 SB_1,观察电机及各接触器运行状态。

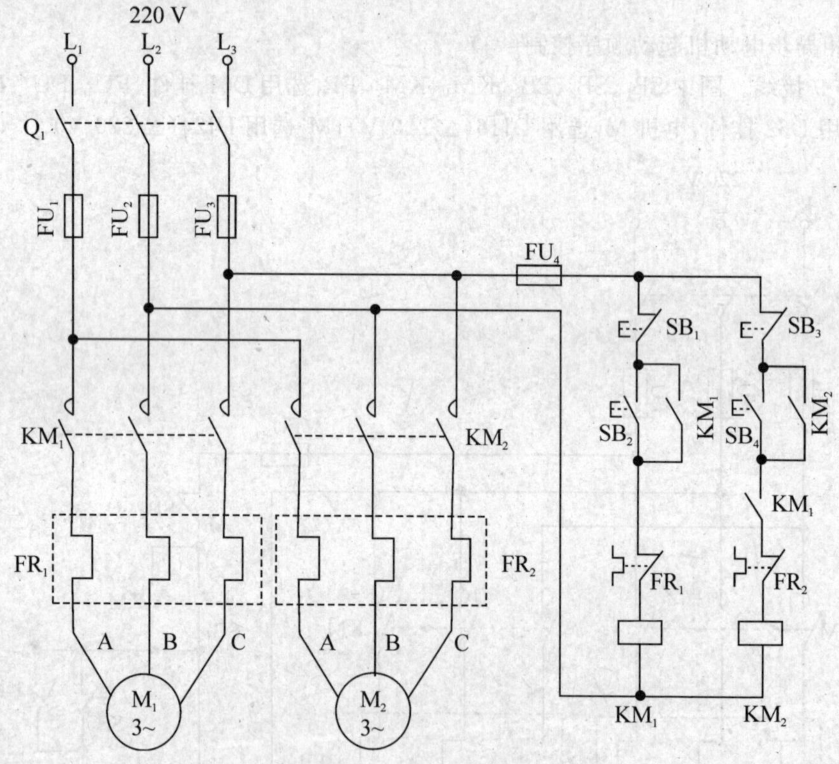

图 6-10 起动顺序控制(二)

3. 三相异步电动机停止顺序控制

确保断电后,按图 6-11 接线。图中 SB_1、SB_2、SB_3、FR_1、KM_1、KM_2 选用 D61 挂件,Q_1、FU_1、FU_2、FU_3、FU_4、SB_4、FR_2 选用 D62 挂件,电机 M_1 用 DJ16(Δ/220 V),M_2 用 DJ24(Δ/220 V)。

(1)按下屏上起动按钮,合上开关 Q_1,接通 220 V 三相交流电源。

(2)按下 SB_2,观察并记录电机及接触器运行状态。

(3)同时按下 SB_4,观察并记录电机及接触器运行状态。

(4)在 M_1 与 M_2 都运行时,单独按下 SB_1,观察并记录电机及接触器运行状态。

(5)在 M_1 与 M_2 都运行时,单独按下 SB_3,观察并记录电机及接触器运行状态。

(6)按下 SB_3 使 M_2 停止后再按 SB_1,观察并记录电机及接触器运行状态。

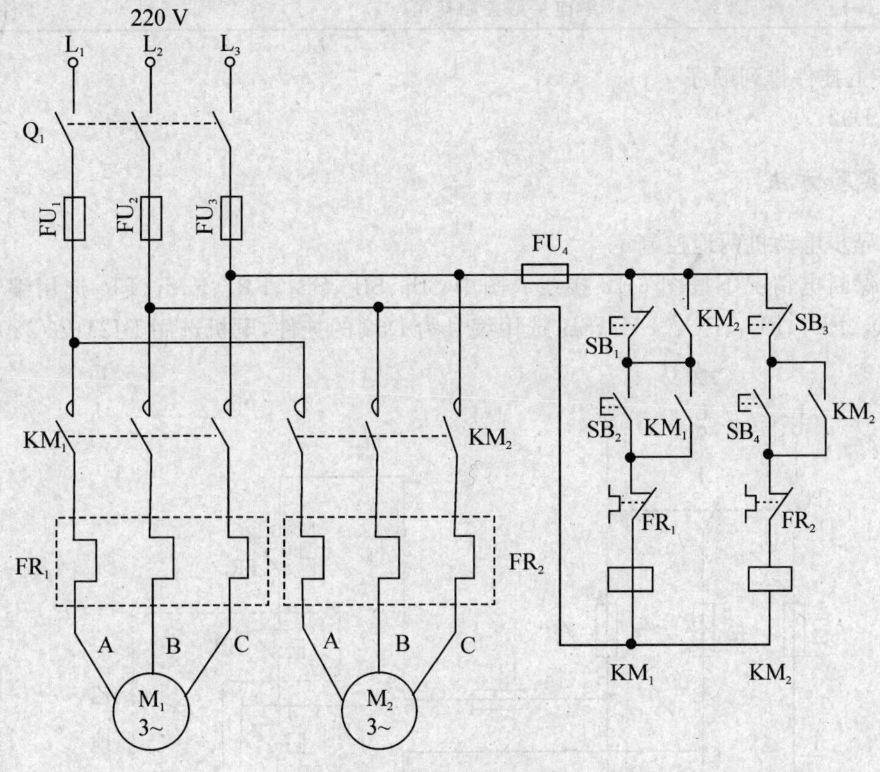

图 6-11　停止顺序控制

四、讨论题

1. 画出图 6-9、6-10、6-11 的运行原理流程图。
2. 比较图 6-9、6-10、6-11 三种线路的不同点和各自的特点。
3. 列举几个顺序控制的机床控制实例,并说明其用途。

6—5　两地控制线路

一、实验目的

1. 掌握两地控制的特点,使学生对机床控制中两地控制有感性的认识。
2. 通过对此实验的接线,掌握两地控制在机床控制中的应用场合。

二、选用组件

1. 实验设备

序　号	型　号	名　　称	数　量
1	DJ24	三相鼠笼异步电动机(Δ/220 V)	1件
2	D61	继电接触控制挂箱(一)	1件
3	D62	继电接触控制挂箱(二)	1件

2. 屏上挂件排列顺序

D61、D62

三、实验方法

三相异步电动机两地控制

在确保断电情况下按图 6-12 接线。图中 SB_1、SB_2、SB_3、FR_1、KM_1、FR_1 选用编号为 D61 的挂件，Q_1、FU_1、FU_2、FU_3、FU_4、SB_4 选用编号为 D62 的挂件，电机选用 DJ24(Δ/220 V)。

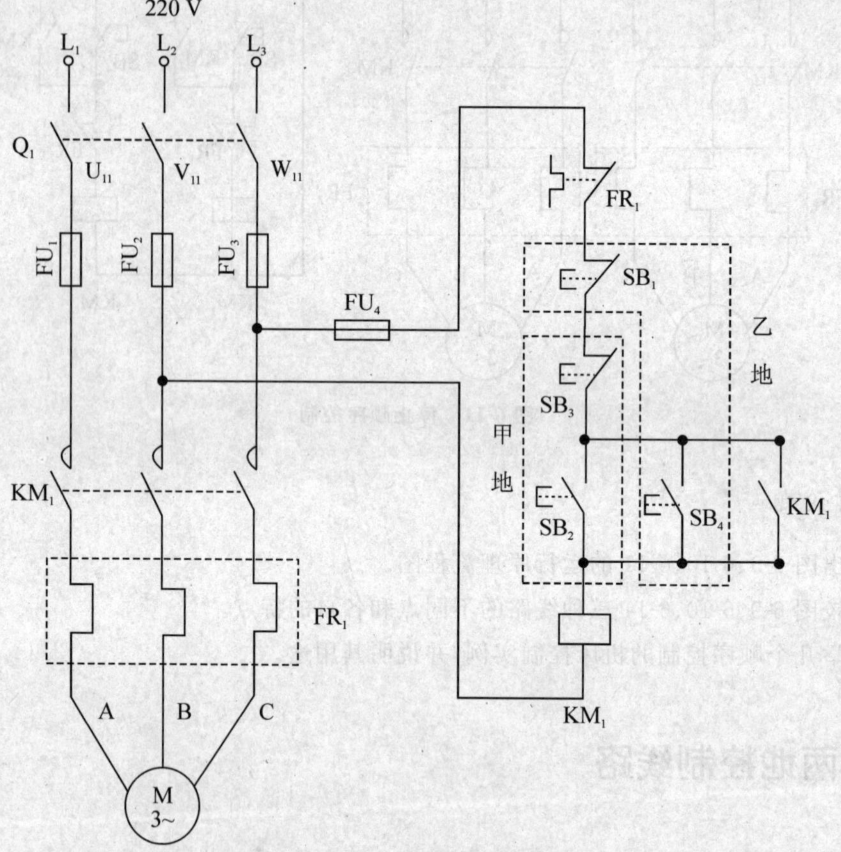

图 6-12　两地控制线路

(1)按下屏上起动按钮，合上开关 Q_1，接通 220 V 三相交流电源。

(2)按下 SB_2，观察电机及接触器运行状况。

(3)按下 SB_1，观察电机及接触器运行状况。

(4)按下 SB_4，观察电机及接触器运行状况。

(5)按下 SB_3，观察电机及接触器运行状况。

四、讨论题

1. 什么叫两地控制？两地控制有何特点？
2. 两地控制的接线原则是什么？

6-6　三相鼠笼式异步电动机的降压起动控制线路

一、实验目的

1. 通过对三相异步电动机降压起动的接线，进一步掌握降压起动在机床控制中的应用。
2. 了解不同降压起动控制方式时电流和起动转矩的差别。
3. 掌握在各种不同场合下应用何种起动方式。

二、选用部件

1. 实验设备

序　号	型　号	名　　称	数　量
1	DJ16	三相鼠笼异步电动机(Δ/220 V)	1件
2	DJ24	三相鼠笼异步电动机(Δ/220 V)	1件
3	D61	继电接触控制挂箱(一)	1件
4	D62	继电接触控制挂箱(二)	1件
5	D41	三相可调电阻箱	1件
6	D32	交流电流表	1件

2. 屏上挂件排列顺序

D41、D61、D62、D32

三、实验方法

1. 手动接触器控制串电阻降压起动控制线路

把三相可调电压调至线电压 220 V，按下屏上“关”按钮。按图 6-13 接线。图中 FR_1、SB_1、SB_2、SB_3、KM_1、KM_2 选用 D61 挂件，FU_1、FU_2、FU_3、FU_4、Q_1 选用 D62 挂件，R 用 D41 上 160 Ω 电阻，安培表用 D32 上 2.5 A 档，电机用 DJ24(Δ/220 V)。

(1)按下“开”按钮，合上 Q_1 开关，接通 220 V 交流电源。

(2)按下 SB_1，观察并记录电动机串电阻起动运行情况、安培表读数。

(3)再按下 SB_2，观察并记录电动机全压运行情况、安培表读数。

(4)按下 SB_3 使电机停转后，按住 SB_2 不放，再同时按 SB_1，观察并记录全压起动时电动机和接触器运行情况、安培表读数。

(5)试比较 $I_{串电阻}/I_{直接}$ = ______，并分析差异原因。

2. 时间继电器控制串电阻降压起动控制线路

关断电源后，按图 6-14 接线。图中 FR_1、SB_1、SB_2、KM_1、KM_2、KT_1 选用 D61 挂件，FU_1、

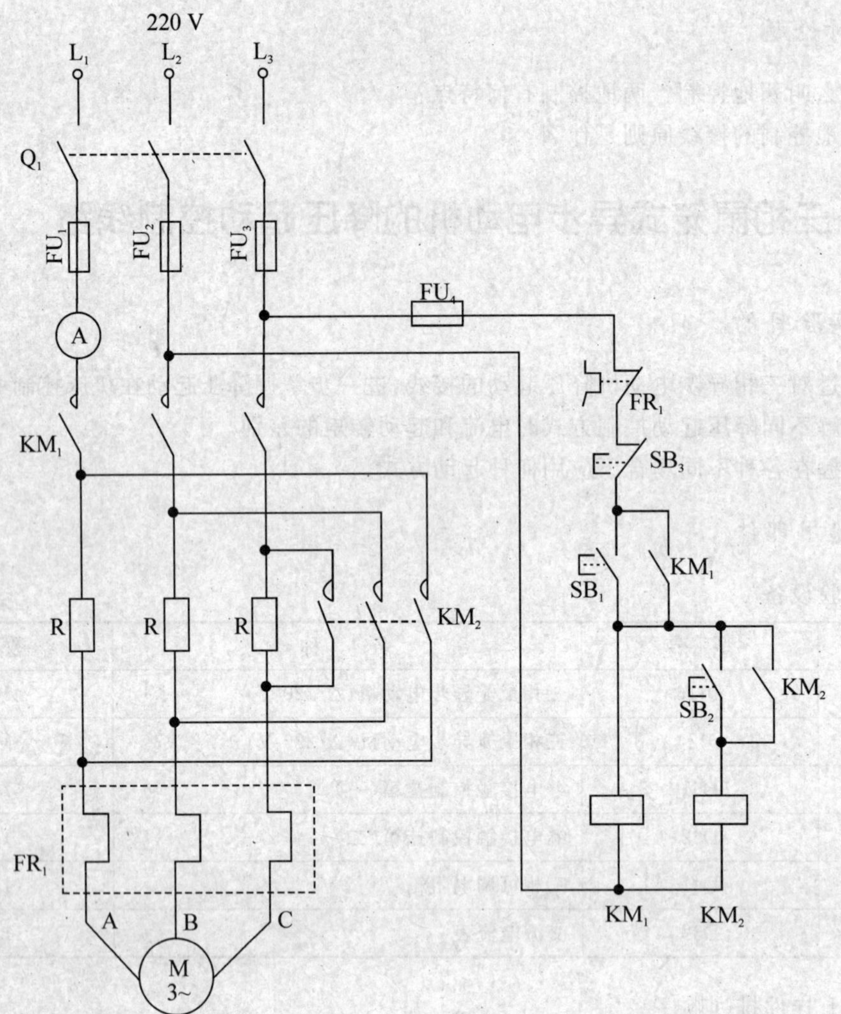

图 6-13　手动接触器控制串电阻降压起动控制线路

FU_2、FU_3、FU_4、Q_1 选用 D62 挂件，R 选用 D41 上 160 Ω 电阻，安培表选用 D32 上 2.5 A 档，电机用 DJ24(Δ/220 V)。

(1)起动电源，合上 Q_1，接通 220 V 交流电源。

(2)按下 SB_2，观察并记录电动机串电阻起动时各接触器吸合情况、电动机运行状态、安培表读数。

(3)隔一段时间，时间继电器 KT_1 吸合后，电动机全压运行时各接触器吸合情况、电动机运行状态、安培表读数。

3. 接触器控制 Y－Δ 降压起动控制线路

关断电源后，按图 6-15 接线。图中 SB_1、SB_2、SB_3、KM_1、KM_2、KM_3、FR_1 用 D61 挂件，FU_1、FU_2、FU_3、FU_4、Q_1 选用 D62 挂件，安培表用 D32 上 2.5 A 档，电机选用 DJ24(Δ/220 V)。

(1)起动控制屏，合上 Q_1，接通 220 V 交流电源。

(2)按下 SB_1，电动机作 Y 接法起动，注意观察起动时，电流表最大读数 $I_{Y起动}$ = ______A。

(3)按下 SB_2，使电机为 Δ 接法正常运行，注意观察 Δ 运行时，电流表电流为 $I_{Δ运行}$ = ______A。

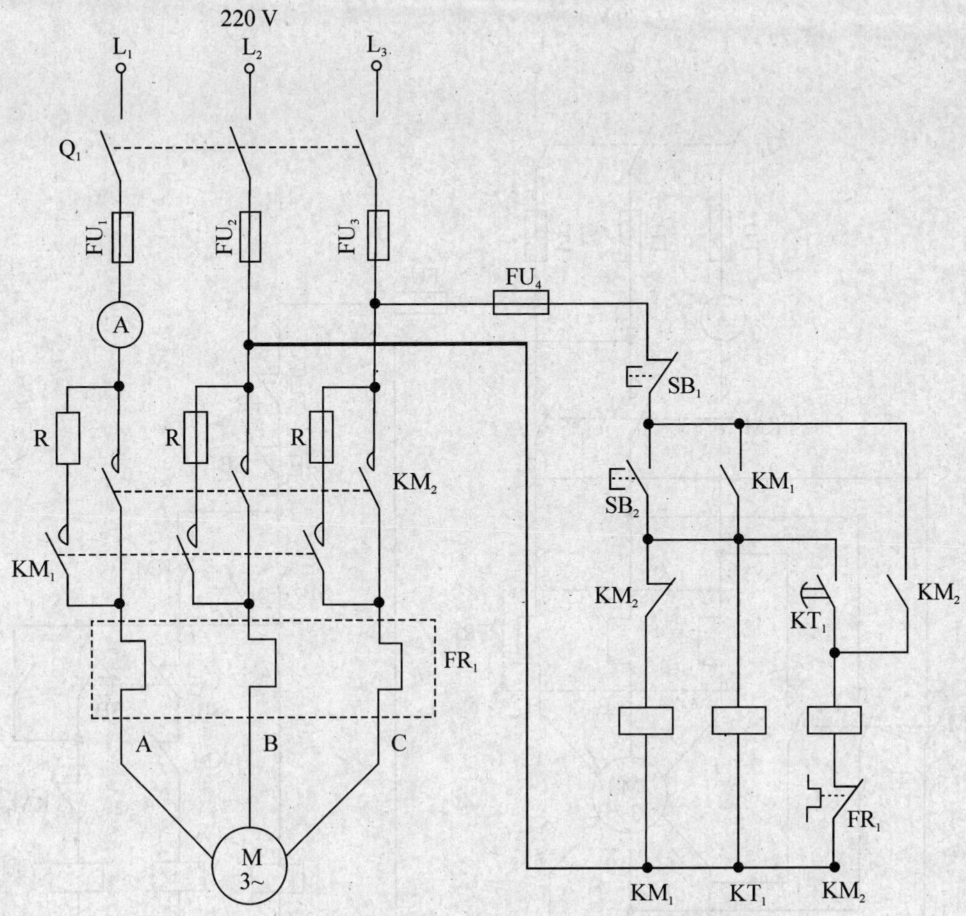

图 6-14　时间继电器控制串电阻降压起动控制线路

(4)按 SB_3 停止后,先按下 SB_2,再同时按下起动按钮 SB_1,观察电机在 Δ 接法直接起动时电流表最大读数 $I_{\Delta起动}=$______安。

(5)比较 $I_{Y起动}/I_{\Delta起动}=$______,结果说明什么问题?

4. 时间继电器控制 Y－Δ 降压起动控制线路

关断电源后,按图 6-16 接线。图中 SB_1、SB_2、KM_1、KM_2、KM_3、KT_1、FR_1 选用 D61 挂件,FU_1、FU_2、FU_3、FU_4、Q_1 选用 D62 挂件,安培表用 D32 上 2.5 A 档,电机用 DJ24(Δ/220 V)。

(1)起动控制屏,合上 Q_1,接通 220 V 三相交流电源。

(2)按下 SB_1,电动机作 Y 接法起动,观察并记录电机运行情况和交流电流表读数。

(3)经过一定时间延时,电机按 Δ 接法正常运行后,观察并记录电机运行情况和交流电流表读数。

(4)按下 SB_2,电动机 M 停止运转。

四、讨论题

1. 画出图 6-13、6-14、6-15、6-16 的工作原理流程图。

2. 时间继电器在图 6-14、6-16 中的作用是什么?

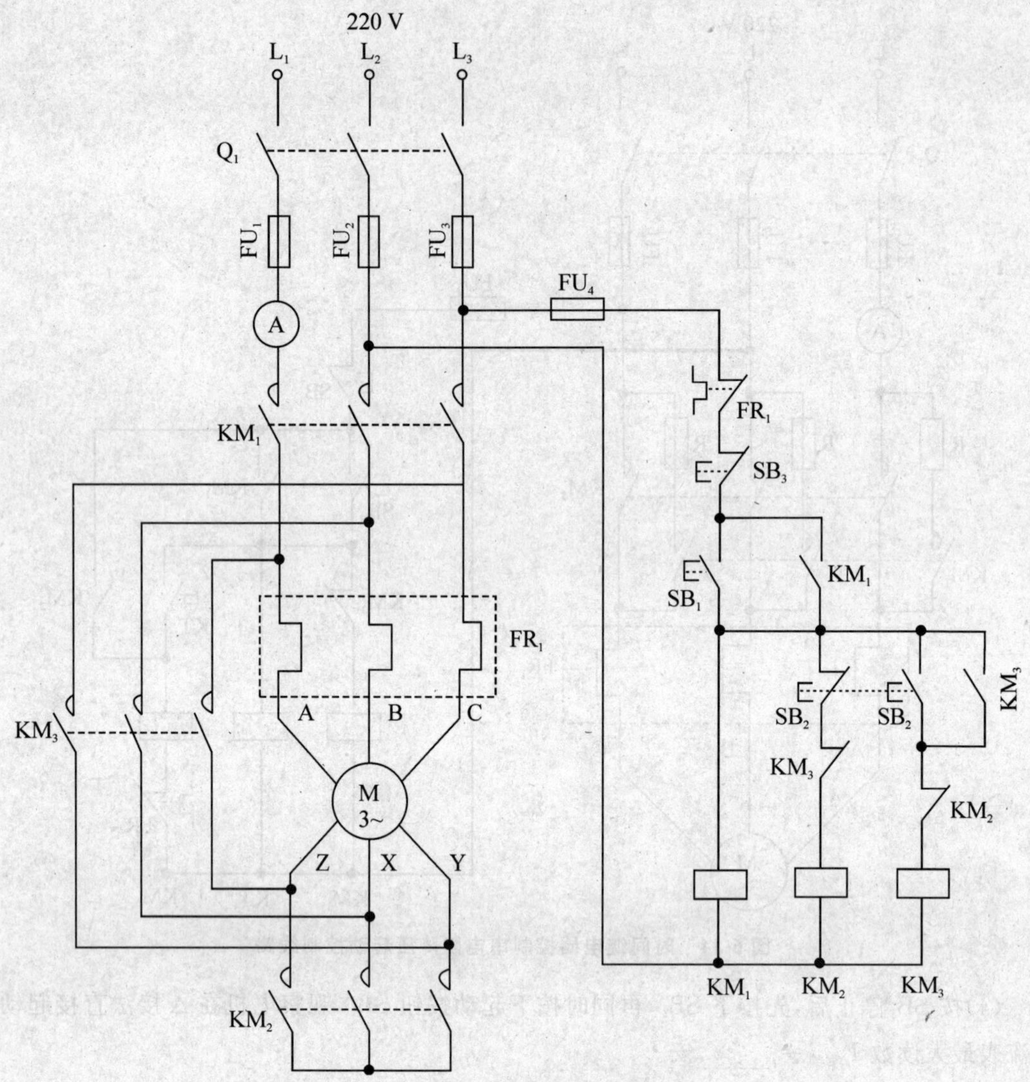

图 6-15 接触器控制 Y－Δ 降压起动控制线路

3. 图 6-14 比图 6-13 中串电阻方法有什么优点？

4. 采用 Y－Δ 降压起动的方法时对电动机有何要求？

5. 降压起动的最终目的是控制什么物理量？

6. 降压起动的自动控制与手动控制线路比较，有哪些优点？

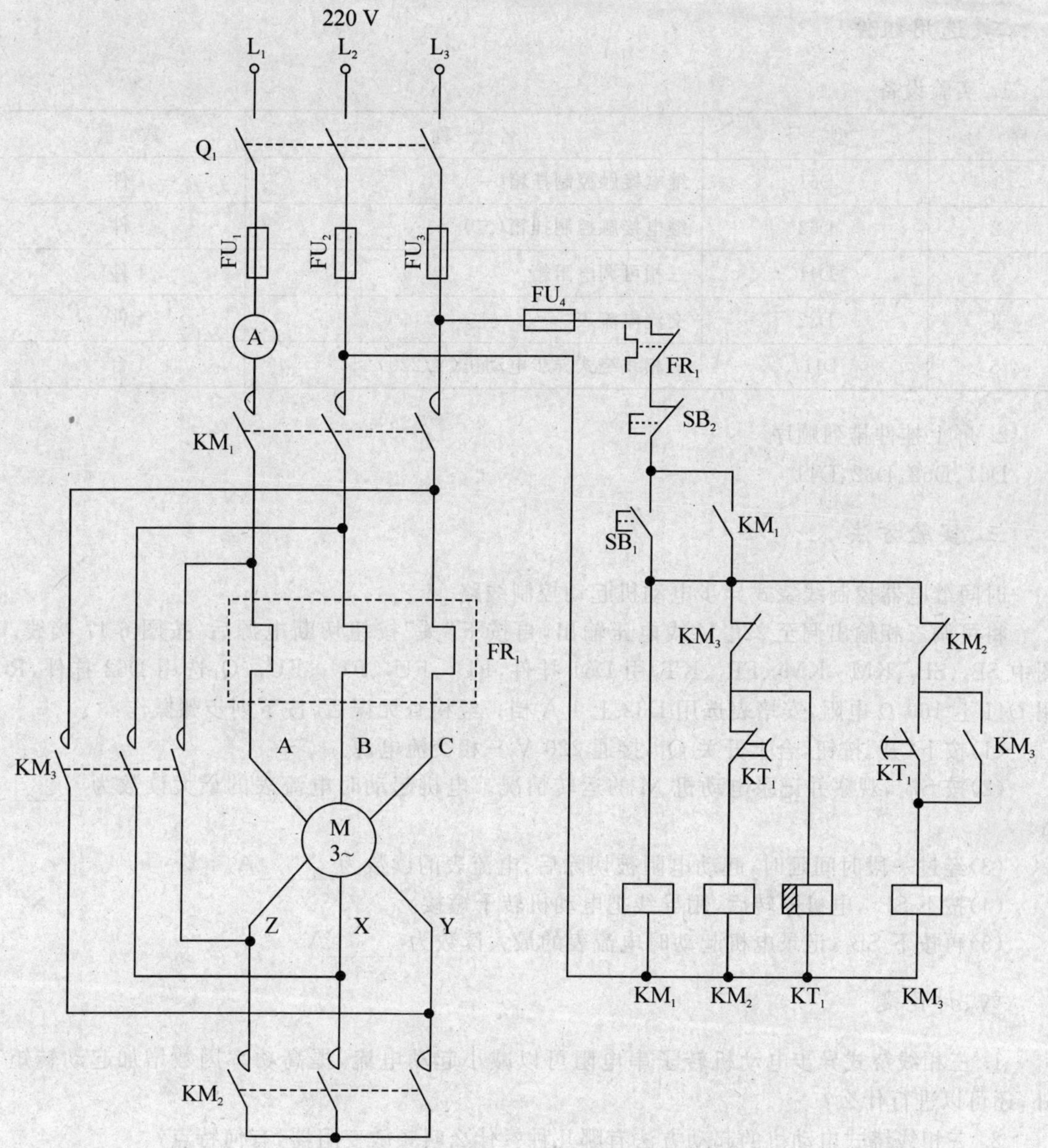

图 6-16　时间继电器控制 Y—Δ 降压起动控制线路

6—7　三相线绕式异步电动机的起动控制线路

一、实验目的

1. 通过对三相线绕式异步电动机的起动控制线路的实际安装接线，掌握由电路原理图接成实际操作电路的方法。

2. 熟练掌握三相线绕式异步电动机的起动应用在何种场合，并有何特点？

二、选用组件

1. 实验设备

序 号	型 号	名 称	数 量
1	D61	继电接触控制挂箱(一)	1件
2	D62	继电接触控制挂箱(二)	1件
3	D41	三相可调电阻箱	1件
4	D32	交流电流表	1件
5	DJ17	三相线绕式异步电动机(Y/220)	1台

2. 屏上挂件排列顺序

D61、D62、D32、D41

三、实验方法

时间继电器控制线绕式异步电动机起动控制线路

将可调三相输出调至 220 V 线电压输出，再按下“关”按钮切断电源后，按图 6-17 接线。图中 SB_1、SB_2、KM_1、KM_2、FR_1、KT_1 用 D61 挂件，FU_1、FU_2、FU_3、FU_4、Q_1 选用 D62 挂件，R 用 D41 上 160 Ω 电阻，安培表选用 D32 上 1 A 档。经检查无误后，按下列步骤操作：

(1)按下“开”按钮，合上开关 Q_1，接通 220 V 三相交流电源。

(2)按 SB_1，观察并记录电动机 M 的运转情况。电机起动时电流表的最大读数为______ A。

(3)经过一段时间延时，起动电阻被切除后，电流表的读数为______ A。

(4)按下 SB_2，电机停转后，用导线把电动机转子短接。

(5)再按下 SB_1，记录电机起动时电流表的最大读数为______ A。

四、讨论题

1. 三相线绕式异步电动机转子串电阻可以减小起动电流，提高功率因数增加起动转矩外，还可以进行什么？

2. 三相线绕式电动机的起动方法有哪几种？什么叫频敏变阻器，有何特点？

6—8 双速异步电动机的控制线路

一、实验目的

1. 掌握由电路原理图换接成实际操作接线的方法。

2. 掌握双速异步电动机定子绕组接法不同时转速有何差异。

二、选用组件

1. 实验设备

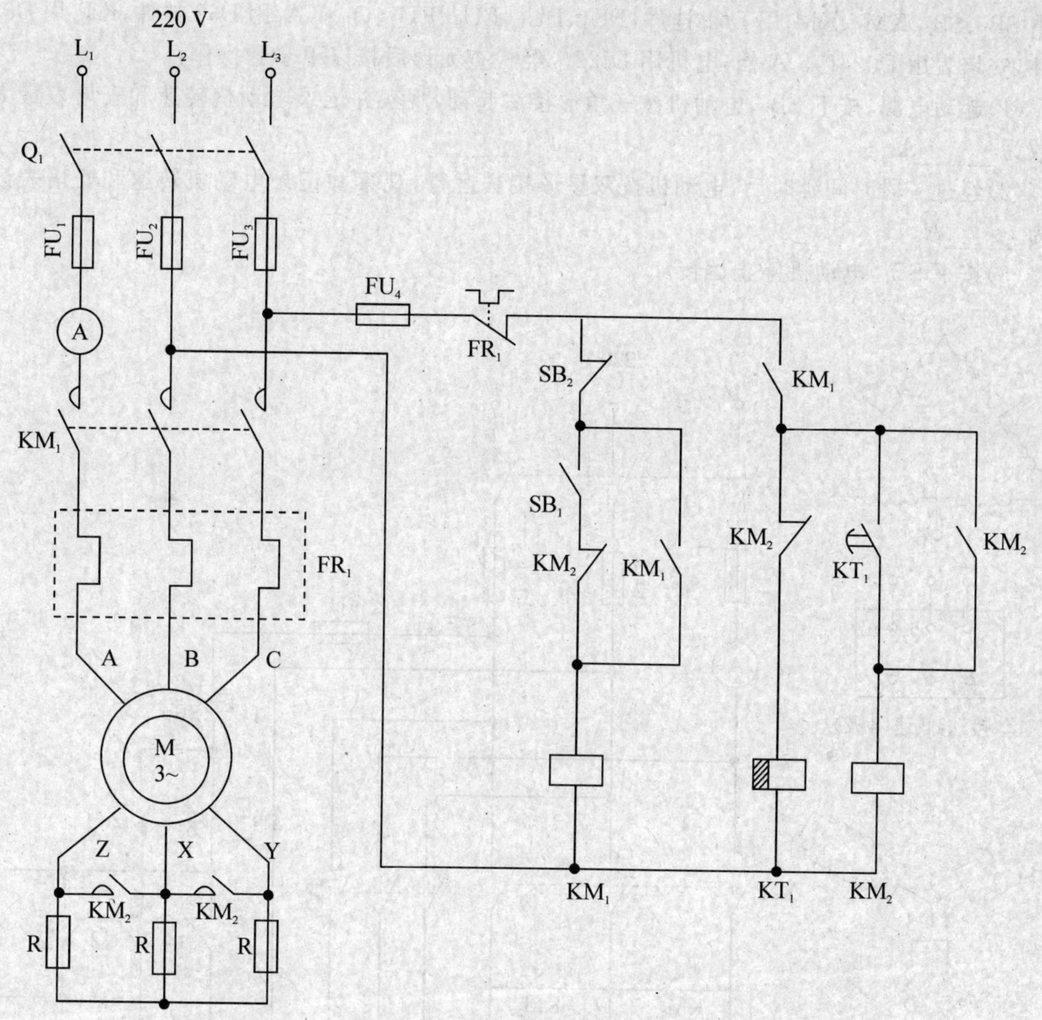

图 6-17　时间继电器控制线绕式异步电动机起动控制线路

序　号	型　号	名　　称	数　量
1	D61	继电接触控制挂箱(一)	1 件
2	D62	继电接触控制挂箱(二)	1 件
3	D63	继电接触控制挂箱(三)	1 件
4	D32	交流电流表	1 件
5	DJ22	双速异步电动机	1 台

2. 屏上挂件排列顺序

D61、D62、D63、D32

三、实验方法

双速异步电动机的控制线路

起动控制屏将三相调压输出调至三相线电压 220 V 输出，按下“关”按钮，按图 6-18 接线。

图中 SB_1、SB_2、KM_1、KM_2用 D61 挂件，FU_1、FU_2、FU_3、FU_4、Q_1、KA_1用 D62 挂件，KT_2用 D63 挂件，安培表用 D32 上 5 A 档，电机用 DJ22。经检查无误后按以下步骤操作：

(1)起动电源，按下 SB_2，电动机按三角形接法起动，观察并记录电动机转速和安培表最大读数为______A。

(2)经过一段时间延时后，电动机按双星形接法运行，观察并记录电动机转速和安培表读数为______A。

(3)按下 SB_1，电动机停止运转。

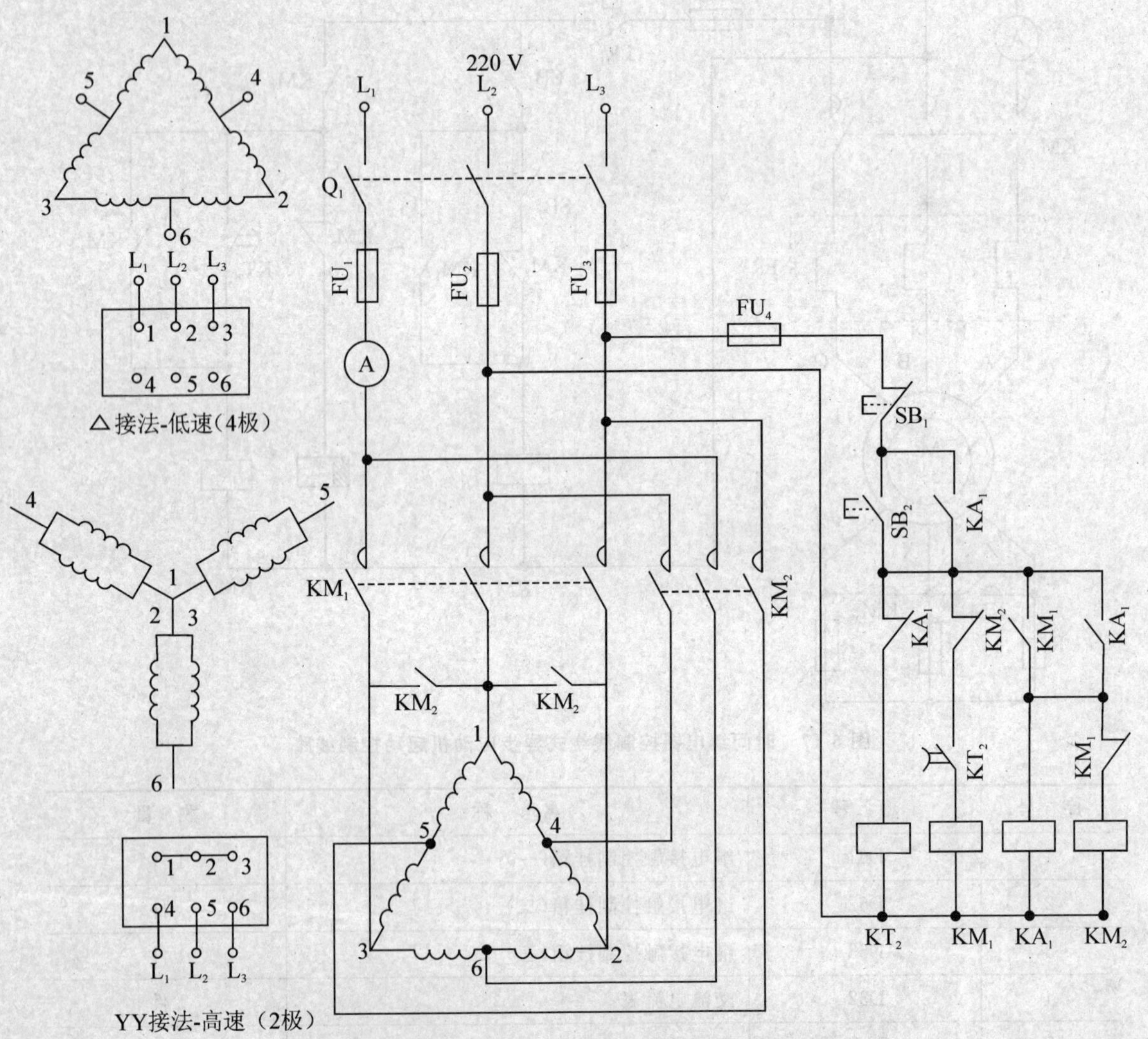

图 6-18 时间继电器控制双速电动机自动加速控制电路

四、讨论题

1. 双速电动机是靠改变什么来改变转速？
2. 从三角形接法换接成双星形接法应注意哪些问题？

6-9　三相异步电动机的制动控制线路

一、实验目的

1. 通过各种制动的实际接线，了解不同制动的特点和适用的范围。
2. 充分掌握各种制动的原理。

二、选用组件

1. 实验设备

序　号	型　号	名　称	数　量
1	DJ16	三相鼠笼异步电动机(△/220 V)	1件
2	DJ24	三相鼠笼异步电动机(△/220 V)	1件
3	D61	继电接触控制挂箱(一)	1件
4	D62	继电接触控制挂箱(二)	1件
5	D63	继电接触控制挂箱(三)	1件
6	D41	三相可调电阻箱	1件

2. 屏上挂件排列顺序

D61、D62、D63、D41

三、实验方法

1. 双向起动反接制动控制电路

调节三相可调输出为 220 V 线电压输出，按下"关"按钮，按图 6-19 接线。图中 SB_1、SB_2、SB_3、FR_1、KM_1、KM_2、KM_3 选用 D61 挂件，KA_1、KA_2、Q_1、Q_2(模拟速度继电器)、FU_1、FU_2、FU_3、FU_4 选用 D62 挂件，KA_3、KA_4 选用 D63 挂件，R 用 D41 上 160 Ω 电阻，电机用 DJ16(或 DJ24)。经检查无误后按以下步骤通电操作，其工作原理流程图如下：

启动控制屏，合上开关 Q_1

正转起动过程：

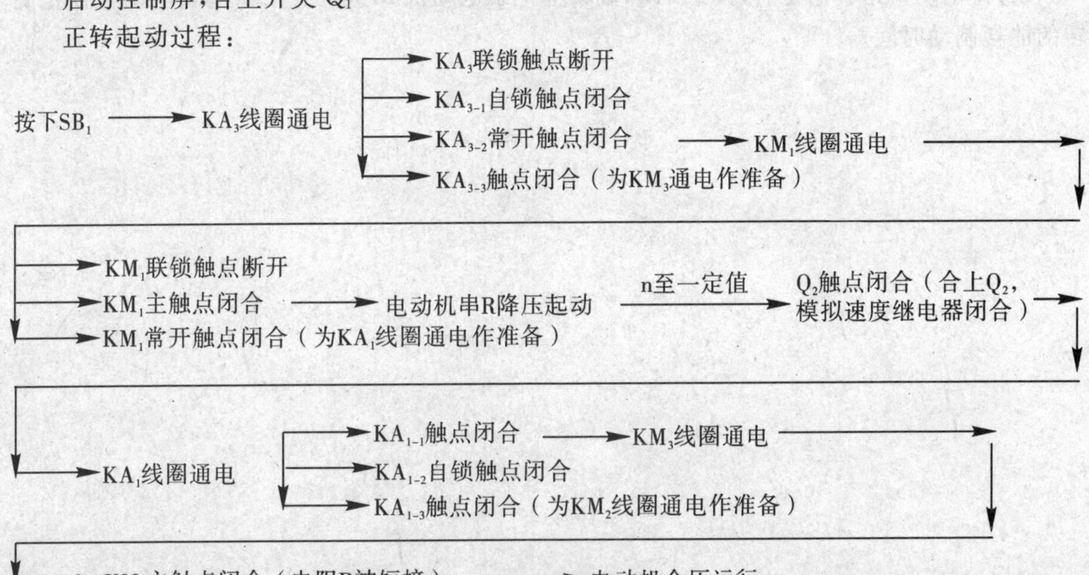

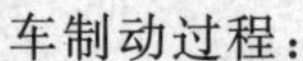

车制动过程：

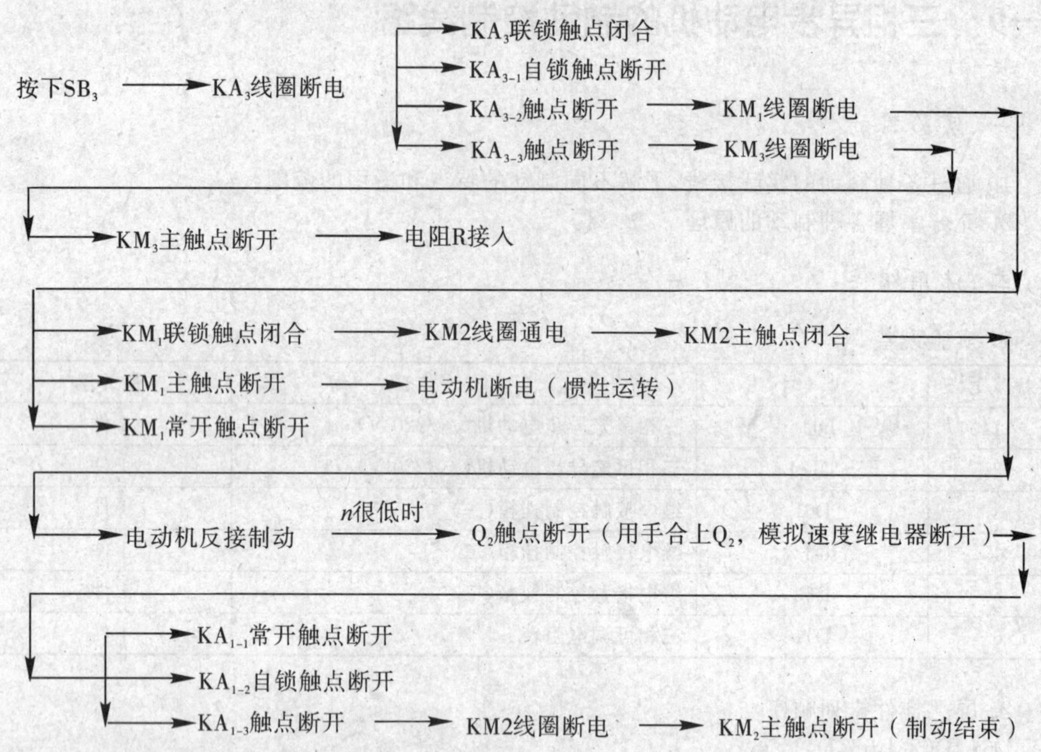

2. 异步电动机能耗制动控制线路

开启交流电源，将三相输出线电压调至 220 V，按下“关”按钮，按图 6-20 接线。图中 SB_1、SB_2、KM_1、KM_2、KT_1、FR_1、T、B、R 用 D61 挂件，FU_1、FU_2、FU_3、FU_4、Q_1 选用 D62 挂件，安培表用 D31 上 5 A 档。经检查无误后，按以下步骤通电操作：

(1)启动控制屏，合上开关 Q_1，接通 220 V 三相交流电源。

(2)调节时间继电器，使延时时间为 5 秒。

(3)按下 SB_1，使电动机 M 起动运转。

(4)待电动机运转稳定后，按下 SB_2，观察并记录电动机 M 从按下 SB_1 起至电动机停止旋转的能耗制动时间。

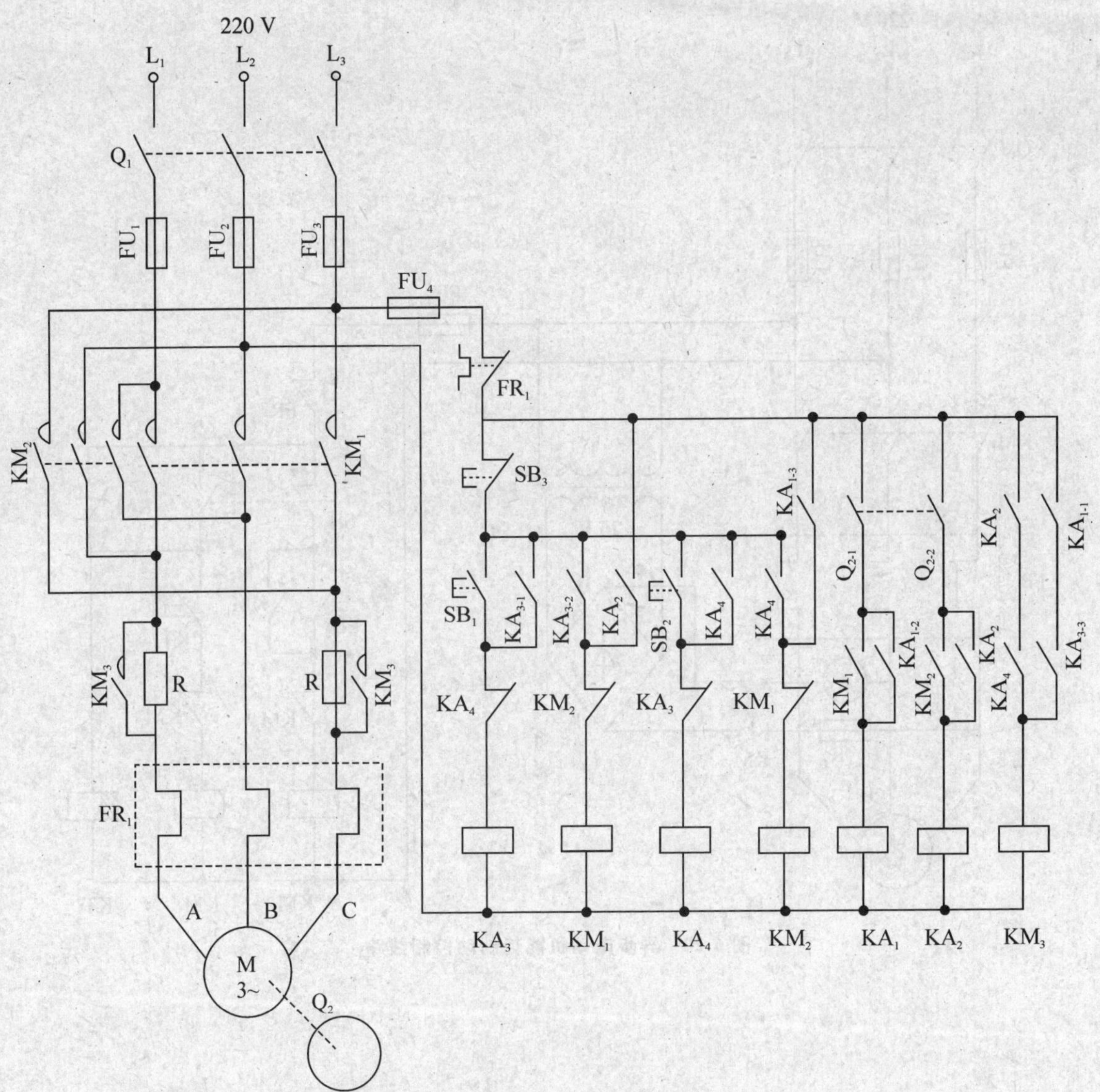

图 6-19　双向起动反接制动控制电路

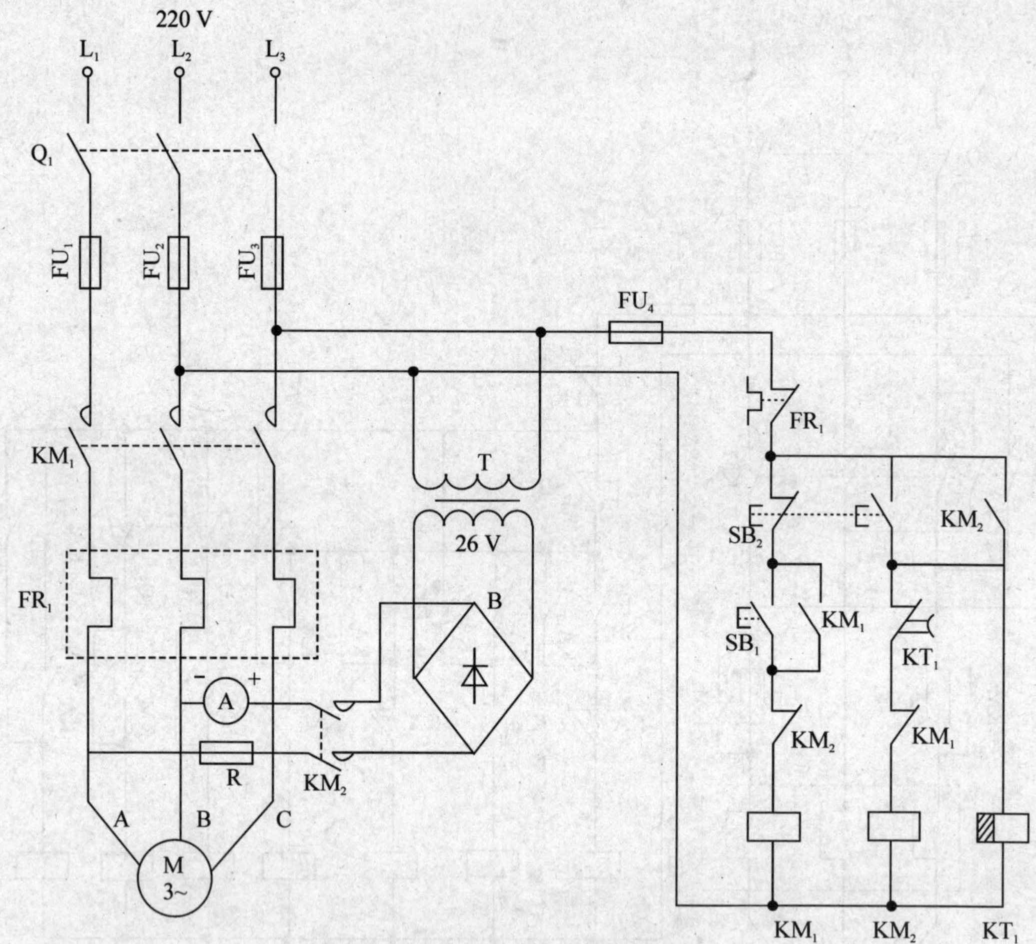

图 6-20 异步电动机能耗制动控制线路

四、讨论题

1. 分析反接制动和能耗制动的制动原理各有什么特点？两者适用在哪些场合？
2. 速度继电器在反接制动中起什么作用？
3. 画出图 6-19 中电动机反转时的反接制动原理流程图，再画出图 6-20 的原理流程图。

第七章　同步电机实验

7—1　三相同步发电机的运行特性

一、实验目的

1. 用实验方法测量同步发电机在对称负载下的运行特性。
2. 由实验数据计算同步发电机在对称运行时的稳态参数。

二、预习要点

1. 同步发电机在对称负载下有哪些基本特性?
2. 这些基本特性各在什么情况下测得?
3. 怎样用实验数据计算对称运行时的稳态参数?

三、实验项目

1. 测定电枢绕组实际冷态直流电阻。
2. 空载实验:在 $n=n_N$、$I=0$ 的条件下,测取空载特性曲线 $U_0=f(I_f)$。
3. 三相短路实验:在 $n=n_N$、$U=0$ 的条件下,测取三相短路特性曲线 $I_K=f(I_f)$。
4. 纯电感负载特性:在 $n=n_N$、$I=I_N$、$\cos\varphi\approx0$ 的条件下,测取纯电感负载特性曲线。
5. 外特性:在 $n=n_N$、$I_f=$常数、$\cos\varphi=1$ 和 $\cos\varphi=0.8$(滞后)的条件下,测取外特性曲线 $U=f(I)$。
6. 调节特性:在 $n=n_N$、$U=U_N$、$\cos\varphi=1$ 的条件下,测取调节特性曲线 $I_f=f(I)$。

四、实验方法

(一)针对 DDSZ-1 电机教学实验台

1. 实验设备

序　号	型　号	名　　称	数　量
1	DD03	导轨、测速发电机及转速表	1 件
2	DJ23	校正直流测功机	1 件
3	DJ18	三相凸极式同步电机	1 件
4	D32	交流电流表	1 件

续表

序　号	型　号	名　　称	数　量
5	D33	交流电压表	1件
6	D34-3	单三相智能功率、功率因数表	1件
7	D31	直流电压、毫安、安培表	1件
8	D41	三相可调电阻器	1件
9	D42	三相可调电阻器	1件
10	D43	三相可调电抗器	1件
11	D44	可调电阻器、电容器	1件
12	D52	旋转灯、并网开关、同步机励磁电源	1件

2. 屏上挂件排列顺序

D44、D33、D32、D34-3、D52、D31、D41、D42、D43

3. 测定电枢绕组实际冷态直流电阻

被试电机为三相凸极式同步电机，选用DJ18。

测量与计算方法参见实验4-1。记录室温。测量数据记录于7-1中。

表7-1　　室温______℃

	绕　组　Ⅰ			绕　组　Ⅱ			绕　组　Ⅲ		
I(mA)									
U(V)									
R(Ω)									

4. 空载实验

(1)按图7-1接线，校正直流测功机MG按他励方式联接，用作电动机拖动三相同步发电机GS旋转，GS的定子绕组为Y形接法(U_N＝220 V)。R_{f2}用D41组件上的90 Ω与90 Ω串联加上90 Ω与90 Ω并联共225 Ω阻值，R_{st}用D44上的180 Ω电阻值，R_{f1}用D44上的1 800 Ω电阻值。开关S_1，S_2选用D51挂箱。

(2) 调节D52上的24 V励磁电源串接的R_{f2}至最大位置。调节MG的电枢串联电阻R_{st}至最大值，MG的励磁调节电阻R_{f1}至最小值。开关S_1、S_2均断开。将控制屏左侧调压器旋钮向逆时针方向旋转退到零位，检查控制屏上的电源总开关、电枢电源开关及励磁电源开关都须在“关”断的位置，作好实验开机准备。

(3)接通控制屏上的电源总开关，按下“开”按钮，接通励磁电源开关，看到电流表A_2有励磁电流指示后，再接通控制屏上的电枢电源开关，起动MG。MG起动运行正常后，把R_{st}调至最小，调节R_{f1}使MG转速达到同步发电机的额定转速1 500 r/min并保持恒定。

(4)接通GS励磁电源，调节GS励磁电流(必须单方向调节)，使I_f单方向递增至GS输出电压U_0≈1.3U_N为止。

(5) 单方向减小GS励磁电流，使I_f单方向减至零值为止，读取励磁电流I_f和相应的空载电压U_0。

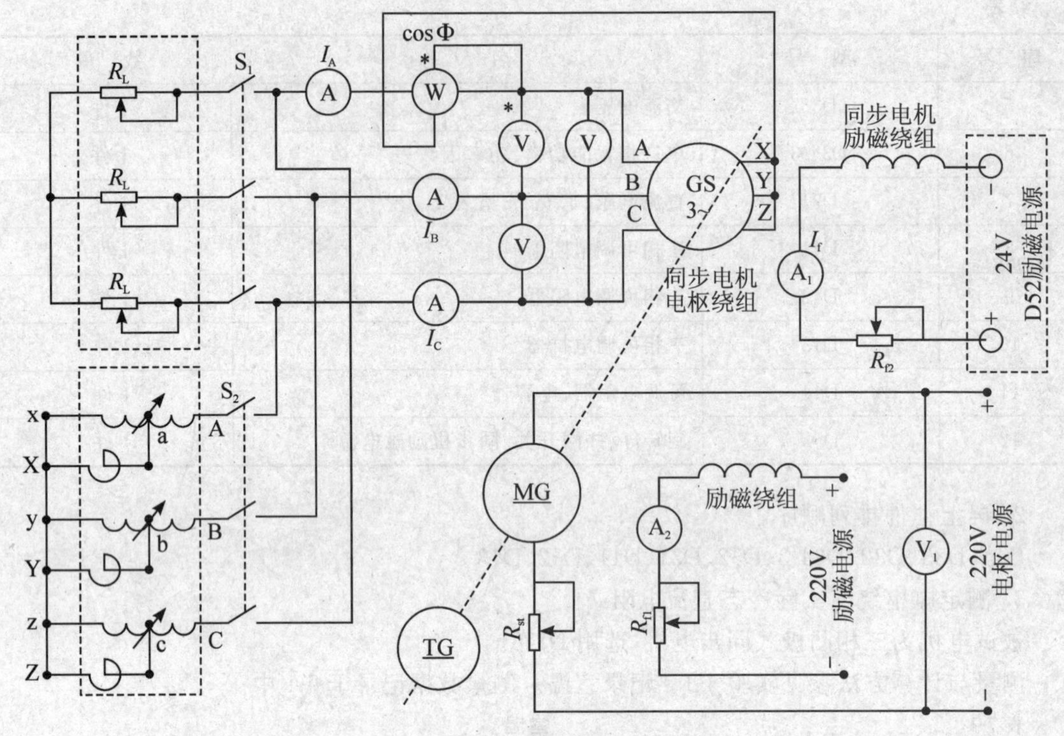

图 7-1 三相同步发电机实验接线图

(6)共取数据 7～9 组并记录于表 7-2 中

表 7-2 $n=n_N=1\ 500$ r/min $I=0$

序 号											
U_0(V)											
I_f(A)											

在用实验方法测定同步发电机的空载特性时，由于转子磁路中剩磁情况的不同，当单方向改变励磁电流 I_f从零到某一最大值，再反过来由此最大值减小到零时将得到上升和下降的二条不同曲线，如图 7-2。二条曲线的出现，反映铁磁材料中的磁滞现象。测定参数时使用下降曲线，其最高点取 $U_0\approx1.3U_N$，如剩磁电压较高，可延伸曲线的直线部分使与横轴相交，则交点的横坐标绝对值 Δi_{f0}应作为校正量，在所有试验测得的励磁电流数据上加上此值，即得通过原点之校正曲线，如图 7-3 所示。

注意事项：

①转速要保持恒定。

②在额定电压附近读数相应多些。

5. 三相短路试验

(1) 调节 GS 的励磁电源串接的 R_{f2}至最大值。调节电机转速为额定转速 1 500 r/min，且保持恒定。

(2)接通 GS 的 24 V 励磁电源，调节 R_{f2}使 GS 输出的三相线电压(即三只电压表 V 的读数)最小，然后把 GS 输出三端点短接。

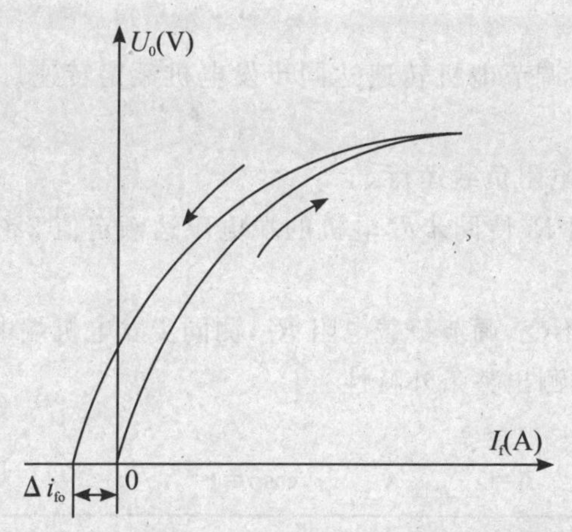

图 7-2　上升和下降二条空载特性

图 7-3　校正过的下降空载特性

(3) 调节 GS 的励磁电流 I_f 使其定子电流 $I_K=1.2I_N$，读取 GS 的励磁电流值 I_f 和相应的定子电流值 I_K。

(4)减小 GS 的励磁电流使定子电流减小，直至励磁电流为零，读取励磁电流 I_f 和相应的定子电流 I_K。

(5)共取数据 5～6 组并记录于表 7-3 中。

表 7-3　　　　$U=0$ V;　　$n=n_N=1\ 500$ r/min

序　号							
I_K(A)							
I_f(A)							

6. 纯电感负载特性

(1)调节 GS 的 R_{f2} 至最大值，调节可变电抗器使其阻抗达到最大。同时拔掉 GS 输出三端点的短接线。

(2)按他励直流电动机的起动步骤(电枢串联全值起动电阻 R_{st}，先接通励磁电源，后接通电枢电源)起动直流电机 MG，调节 MG 的转速达 1 500 r/min 且保持恒定。合上开关 S_2，电机 GS 带纯电感负载运行。

(3)调节 R_{f2} 和可变电抗器使同步发电机端电压接近于 1.1 倍额定电压且电流为额定电流，读取端电压值和励磁电流值。

(4)每次调节励磁电流使电机端电压减小且调节可变电抗器使定子电流值保持恒定为额定电流。读取端电压和相应的励磁电流。

(5)取几组数据并记录于表 7-4 中。

表 7-4　　　　$n=n_N=1\ 500$ r/min　　$I=I_N=$ ______ A

U(V)							
I_f(A)							

7. 测同步发电机在纯电阻负载时的外特性

(1)把三相可变电阻器 R_L 接成三相 Y 接法，每相用 D42 组件上的 900 Ω 与 900 Ω 串联，调节其阻值为最大值。

(2)按他励直流电动机的起动步骤起动 MG,调节电机转速达同步发电机额定转速1 500 r/min,而且保持转速恒定。

(3)断开开关 S_2,合上 S_1,电机 GS 带三相纯电阻负载运行。

(4)接通 24 V 励磁电源,调节 R_{f2} 和负载电阻 R_L 使同步发电机的端电压达额定值 220 伏且负载电流亦达额定值。

(5)保持这时的同步发电机励磁电流 I_f 恒定不变,调节负载电阻 R_L,测同步发电机端电压和相应的平衡负载电流,直至负载电流减小到零,测出整条外特性。

(6)共取数据 5～6 组并记录于表 7-5 中。

表 7-5 $n=n_N=1\ 500$ r/min $I_f=$ ____A $\cos\varphi=1$

U(V)						
I(A)						

8. 测同步发电机在负载功率因数为 0.8 时的外特性

(1)在图 7-1 中接入功率因数表,调节可变负载电阻使阻值达最大,调节可变电抗器使电抗值达最大值。

(2)调节 R_{f2} 至最大值,起动直流电机并调节电机转速至同步发电机额定转速 1 500 r/min,且保持转速恒定。合上开关 S_1,S_2。把 R_L 和 X_L 并联使用作电机 GS 的负载。

(3)接通 24 V 励磁电源,调节 R_{f2}、负载电阻 R_L 及可变电抗器 X_L,使同步发电机的端电压达额定值 220 V,负载电流达额定值及功率因数为 0.8。

(4)保持这时的同步发电机励磁电流 I_f 恒定不变,调节负载电阻 R_L 和可变电抗器 X_L 使负载电流改变而功率因数保持不变为 0.8,测同步发电机端电压和相应的平衡负载电流,测出整条外特性。

(5)共取数据 5～6 组并记录于表 7-6 中。

表 7-6 $n=n_N=1\ 500$ r/min $I_f=$ ____A $\cos\varphi=0.8$

U(V)						
I(A)						

9. 测同步发电机在纯电阻负载时的调整特性

(1)发电机接入三相电阻负载 R_L,调节 R_L 使阻值达最大,电机转速仍为额定转速 1 500 r/min且保持恒定。

(2)调节 R_{f2} 使发电机端电压达额定值 220 V 且保持恒定。

(3)调节 R_L 阻值,以改变负载电流,读取为了保持电压恒定的相应励磁电流 I_f,测出整条调整特性。

(4)共取数据 4～5 组记录于表 7-7 中。

表 7-7 $U=U_N=220$ V $n=n_N=1\ 500$ r/min

I(A)					
I_f(A)					

*(二)针对 MEL-I 电机教学实验台

1. 测定电枢绕组实际冷态直流电阻

被试电机采用三相凸极式同步电机 M08。

测量与计算方法参见实验 4-1。记录室温，测量数据记录于表*7-1 中。

表*7-1　　室温____℃

	绕　组　I	绕　组　II	绕　组　III
I(mA)			
U(V)			
R(Ω)			

2. 空载试验

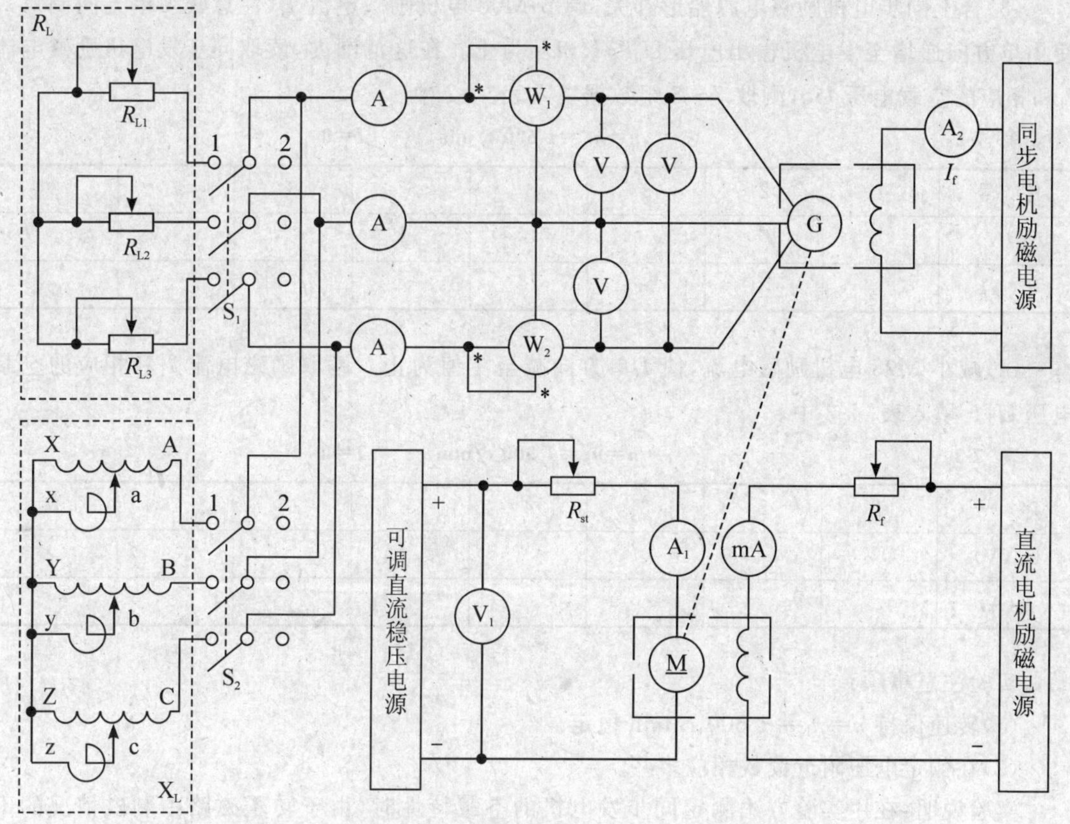

图*7-1　三相同步发电机实验接线图(MEL-Ⅰ、MEL-ⅡA)

按图*7-1 接线，直流电动机 M 按他励方式联接，拖动三相同步发电机 G 旋转，发电机的定子绕组为 Y 形接法(U_N＝220 V)。

R_f用 MEL-09 中的 3 000 Ω 磁场调节电阻。

R_{st}采用 MEL-03 中 90 Ω 与 90 Ω 电阻相串联，共 180 Ω 电阻。

R_L采用 MEL-03 中三相可调电阻。

X_L采用 MEL-08 中三相可变电抗。

S_1、S_2采用 MEL-05 中的三刀双掷开关。

同步电机励磁电源为 0～2.5 A 可调的恒流源，安装在主控制屏的右下部。须注意，切不可将恒流源输出短路。

V_1、mA、A_1为直流电压、毫安、安培表，安装在主控制屏的右下部。

交流电压表、交流电流表、功率表安装在主控制屏上，不同型号的实验台，其仪表数量不同，接法可参见异步电机的接线。

实验步骤：

(1)未上电源前，同步电机励磁电源调节旋钮逆时针到底，直流电机磁场调节电阻 R_f调至最小，电枢调节电阻 R_{st}调至最大开关 S_1、S_2板向“2”位置(断开位置)。

(2)按下绿色“闭合”按钮开关，合上直流电机励磁电源和电枢电源船形开关，启动直流电机 M03。调节 R_{st}至最小，并调节可调直流稳压电源(电枢电压)和磁场调节电阻 R_f，使 M03 电机转速达到同步发电机的额定转速 1 500 r/min 并保持恒定。

(3)合上同步电机励磁电源船形开关，调节 M08 电机励磁电流 I_f(注意必须单方向调节)，使 I_f单方向递增至发电机输出电压 $U_0 \approx 1.3U_N$为止。在这范围内，读取同步发电机励磁电流 I_f和相应的空载电压 Uo，测取 7～8 组数据填入表* 7-2 中。

表* 7-2 $n=n_N=1\ 500$ r/min $I=0$

序 号	1	2	3	4	5	6	7	8
U_O(V)								
I_f(A)								

(4)减小 M08 电机励磁电流，使 I_f单方向减至零值为止。读取励磁电流 I_f和相应的空载电压 U_0。填入表* 7-3 中。

表* 7-3 $n=n_N=1\ 500$ r/min $I=0$

序 号	1	2	3	4	5	6	7	8
U_O(V)								
I_f(A)								

实验注意事项：

(1)转速保持 $n=n_N=1\ 500$ r/min 恒定。

(2)在额定电压附近读数相应多些。

实验说明：在用实验方法测定同步发电机的空载特性时，由于转子磁路中剩磁情况的不同，当单方向改变励磁电流 I_f从零到某一最大值，再反过来由此最大值减小到零时将得到上升和下降的两条不同曲线，如图* 7-2。两条曲线的出现，反映铁磁材料中的磁滞现象。测定参数时使用下降曲线，其最高点取 $U_0 \approx 1.3U_N$，如剩磁电压较高，可延伸曲线的直线部分使与横轴相交，则交点的横坐标绝对值 Δi_{f0}应作为校正量，在所有试验测得的励磁电流数据上加上此值，即得通过原点之校正曲线，如图* 7-3 所示。

2. 三相短路试验。

(1)同步电机励磁电流源调节旋钮逆时针到底，按空载试验方法调节电机转速为额定转速 1 500 r/min，且保持恒定。

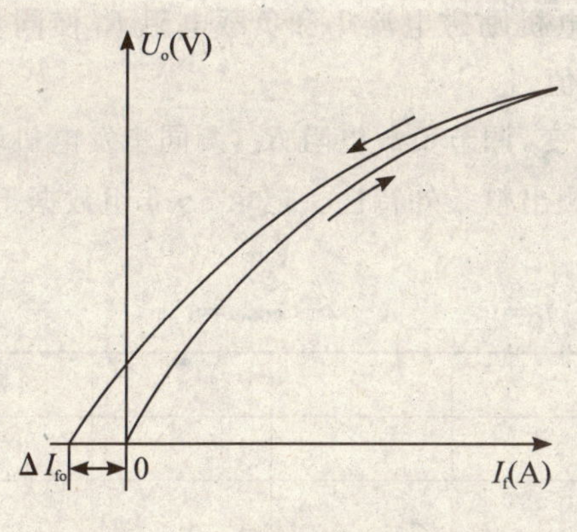

图* 7-2　上升和下降两条空载特性

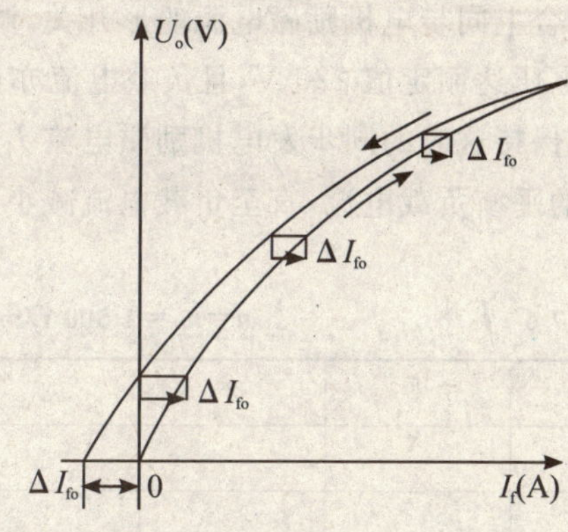

图* 7-3　校正过的下降空载特性

(2)用短接线把发电机输出三端点短接，合上同步电机励磁电源船形开关，调节 M08 电机的励磁电流 I_f，使其定子电流 $I_K=1.2I_K$，读取 M08 电机的励磁电流 I_f和相应的定子电流值 I_K。

(3)减小发电机的励磁电流 I_f使定子电流减小，直至励磁电流为零，读取励磁电流 I_f和相应的定子电流 I_{K2}，共取数据 7～8 组并记录于表* 7-4 中。

表* 7-4　　$U=0$ V　　$n=n_N=1\ 500$ r/min

序　号	1	2	3	4	5	6	7	8
I_K(A)								
I_f(A)								

3. 纯电感负载特性

实验步骤：

(1)未上电源前，把同步电机磁励电源调节旋钮逆时针调到底，调节可变电抗器使其阻抗达到最大，同时拆除同步电机定子端的短接线。

(2)按空载试验方法起动直流电动机 M03，调节发电机的转速达 1 500 r/min，并保持恒定。开关 S_2扳向“1”端，使电机带纯电感负载运行。

(3)调节直流电动机的磁场调节电阻 R_f和可变电抗器使同步发电机端电压接近 1.1 倍额定电压且电流为额定电流，读取端电压值和励磁电流值。

(4)每次调节励磁电流使电机端电压减小且调节可变电抗器使定子电流值保持恒定为额定电流。读取端电压和相应的励磁电流。测取 7～8 组数据并记录于表* 7-5 中。

表* 7-5　　$n=n_N=1\ 500$ r/min　　$I=I_N=$_____ A

序　号	1	2	3	4	5	6	7	8
U_O(V)								
I_f(A)								

4. 测同步发电机在纯电阻负载时的外特性

(1)把三相可变电阻器 R_L调至最大，按空载试验的方法起动直流电动机，并调节其转速达同步发电机额定转速 1 500 r/min，且转速保持恒定。

(2)开关 S_2合向“2”端(断开感性负载)，开关 S_1合向“1”端，发电机带三相纯电阻负载运行。

(3)合上同步电机励磁电源船形开关,调节发电机励磁电流 I_f 和负载电阻 R_L 使同步发电机的端电压达额定值 220 V,且负载电流亦达额定值。

(4)保持这时的同步发电机励磁电流 I_f 恒定不变,调节负载电阻 R_L,测同步发电机端电压和相应的平衡负载电流,直至负载电流减小到零,测出整条外特性。记录 5~6 组数据于表* 7-6 中。

表* 7-6 $n=n_N=1\ 500$ r/min $I_f=$______ A $\cos\varphi=1$

序 号	1	2	3	4	5	6	7	8
U(V)								
I(A)								

5. 测同步发电机在负载功率因数为 0.8 时的外特性

(1)分别把三相可变电阻 R_L 和三相可变电抗 X_L 调至最大,并把同步电机励磁电源调节旋钮逆时针调到底。

(2)按空载方法起动直流电动机,并调节电机转速使其达同步电机额定转速 $n=n_N=1\ 500$ r/min,且保持转速额定。把开关 S_1、S_2 均合向"1"端,把 R_L 和 X_L 并联使用作为发电机 G 的负载。

(3)合上同步电机励磁电源船形开关,分别调节同步电机励磁电流 I_f,负载电阻 R_L 和可变电抗 X_L,使同步发电机的端电压达额定值 $U_N=220$ V,负载电流达额定值且功率因数为 0.8。

(4)保持这时的同步发电机励磁电流 I_f 恒定不变,调节负载电阻 R_L 和可变电抗器 X_L 使负载电流改变而功率因数保持不变为 0.8,测同步发电机端电压和相应的平衡负载电流,测出整条外特性。记录 6~7 组数据于表* 7-7 中。

表* 7-7 $n=n_N=1\ 500$ r/min $I_f=$____ A $\cos\varphi=0.8$

序 号	1	2	3	4	5	6	7	8
U(V)								
I(A)								

6. 测同步发电机在纯电阻负载时的调整特性

(1)发电机接入三相负载电阻 R_L(S_1 合向"1"),断开感性负载 X_L(S_2 合向"2"),并调节 R_L 至最大,按前述方法起动电动机,并调节电机转速 1 500 r/min,且保持恒定。

(2)合上同步电机励磁电源船形开关,调节同步电机励磁电流 I_f,使发电机端电压达额定值 $U_N=220$ V,且保持恒定。

(3)调节负载电阻 R_L 以改变负载电流,同时保持电机端电压不变。读取相应的励磁电流 I_f 和负载电流 I,测出整条调整特性,测出 6~7 组数据记录于* 7-8 中。

表* 7-8 $U=U_N=220$ V $n=n_N=1\ 500$ r/min

序 号	1	2	3	4	5	6	7	8
I(A)								
I_f(A)								

五、实验报告

1. 根据实验数据绘出同步发电机的空载特性。
2. 根据实验数据绘出同步发电机短路特性。
3. 根据实验数据绘出同步发电机的纯电感负载特性。
4. 根据实验数据绘出同步发电机的外特性。
5. 根据实验数据绘出同步发电机的调整特性。
6. 由空载特性和短路特性求取电机定子漏抗 $X_σ$和特性三角形。
7. 由零功率因数特性和空载特性确定电机定子保梯电抗。
8. 利用空载特性和短路特性确定同步电机的直轴同步电抗 X_d(不饱和值)。
9. 利用空载特性和纯电感负载特性确定同步电机的直轴同步电抗 X_d(饱和值)。
10. 求短路比。
11. 由外特性试验数据求取电压调整率 $\Delta U\%$。

六、思考题

1. 定子漏抗 $X_σ$和保梯电抗 X_p它们各代表什么参数？它们的差别是怎样产生的？

2. 由空载特性和特性三角形用作图法求得的零功率因数的负载特性和实测特性是否有差别？造成这差别的因素是什么？

7—2　三相同步发电机的并联运行

一、实验目的

1. 掌握三相同步发电机投入电网并联运行的条件与操作方法。
2. 掌握三相同步发电机并联运行时有功功率与无功功率的调节。

二、预习要点

1. 三相同步发电机投入电网并联运行有那些条件？不满足这些条件将产生什么后果？如何满足这些条件？

2. 三相同步发电机投入电网并联运行时怎样调节有功功率和无功功率？调节过程又是怎样的？

三、实验项目

1. 用准确同步法将三相同步发电机投入电网并联运行。
2. 用自同步法将三相同步发电机投入电网并联运行。
3. 三相同步发电机与电网并联运行时有功功率的调节。
4. 三相同步发电机与电网并联运行时无功功率调节。

(1)测取当输出功率等于零时三相同步发电机的 V 形曲线。

(2)测取当输出功率等于 0.5 倍额定功率时三相同步发电机的 V 形曲线。

四、实验方法

(一)针对 DDSZ-1 电机教学实验台

1. 实验设备

序　号	型　号	名　　称	数　量
1	DD03	导轨、测速发电机及转速表	1 件
2	DJ23	校正直流测功机	1 件
3	DJ18	三相同步电机	1 件
4	D32	交流电流表	1 件
5	D33	交流电压表	1 件
6	D34-3	单三相智能功率、功率因数表	1 件
7	D31	直流电压、毫安、安培表	1 件
8	D41	三相可调电阻器	1 件
9	D44	可调电阻器、电容器	1 件
10	D52	旋转灯、并网开关、同步机励磁电源	1 件
11	D53	整步表及开关	1 件

2. 屏上挂件排列顺序

D44、D52、D53、D33、D32、D34-3、D31、D41

3. 用准同步法将三相同步发电机投入电网并联运行

三相同步发电机与电网并联运行必须满足下列条件：

(1)发电机的频率和电网频率要相同，即 $f_{\mathrm{II}}=f_{\mathrm{I}}$；

(2) 发电机和电网电压大小、相位要相同，即 $E_{0\mathrm{II}}=U_{\mathrm{I}}$；

(3) 发电机和电网的相序要相同。

为了检查这些条件是否满足，可用电压表检查电压，用灯光旋转法或整步表法检查相序和频率。

4. 旋转灯光法

(1)按图 7-4 接线。三相同步发电机 GS 选用 DJ18，GS 的原动机采用 DJ23 校正直流测功机 MG。R_{st}选用 D44 上 180 Ω 电阻，R_{f1}选用 D44 上 1 800 Ω 阻值，R_{f2}选用 D41 上 90 Ω 与 90 Ω 串联加上 90 Ω 与 90 Ω 并联共 225 Ω 阻值，R 选用 D41 上 90 Ω 固定电阻。开关 S_1选用 D52 挂箱，S_2选用 D53 挂箱。并把开关 S_1打在“关断”位置，开关 S_2合向固定电阻端(图示左端)。

(2)三相调压器旋钮退至零位，在电枢电源及励磁电源开关都在“关断”位置的条件下，合上电源总开关，按下“开”按钮，调节调压器使电压升至额定电压 220 伏，可通过 V_1表观测。

(3)按他励电动机的起动步骤(校正直流测功机 MG 电枢必须串联最大起动电阻 R_{st}，励磁调节电阻 R_{f1}调至最小，先接通控制屏上的励磁电源，后接通控制屏上的电枢电源)，起动 MG 并使 MG 电机转速达额定转速 1 500 r/min。将开关 S_2合到同步发电机的 24 V 励磁电源端(图示右端)，调节 R_{f2}以改变 GS 的励磁电流 I_f，使同步发电机发出额定电压 220 V，可通过 V_2表观测，D53 整步表上琴键开关打在“断开”位置。

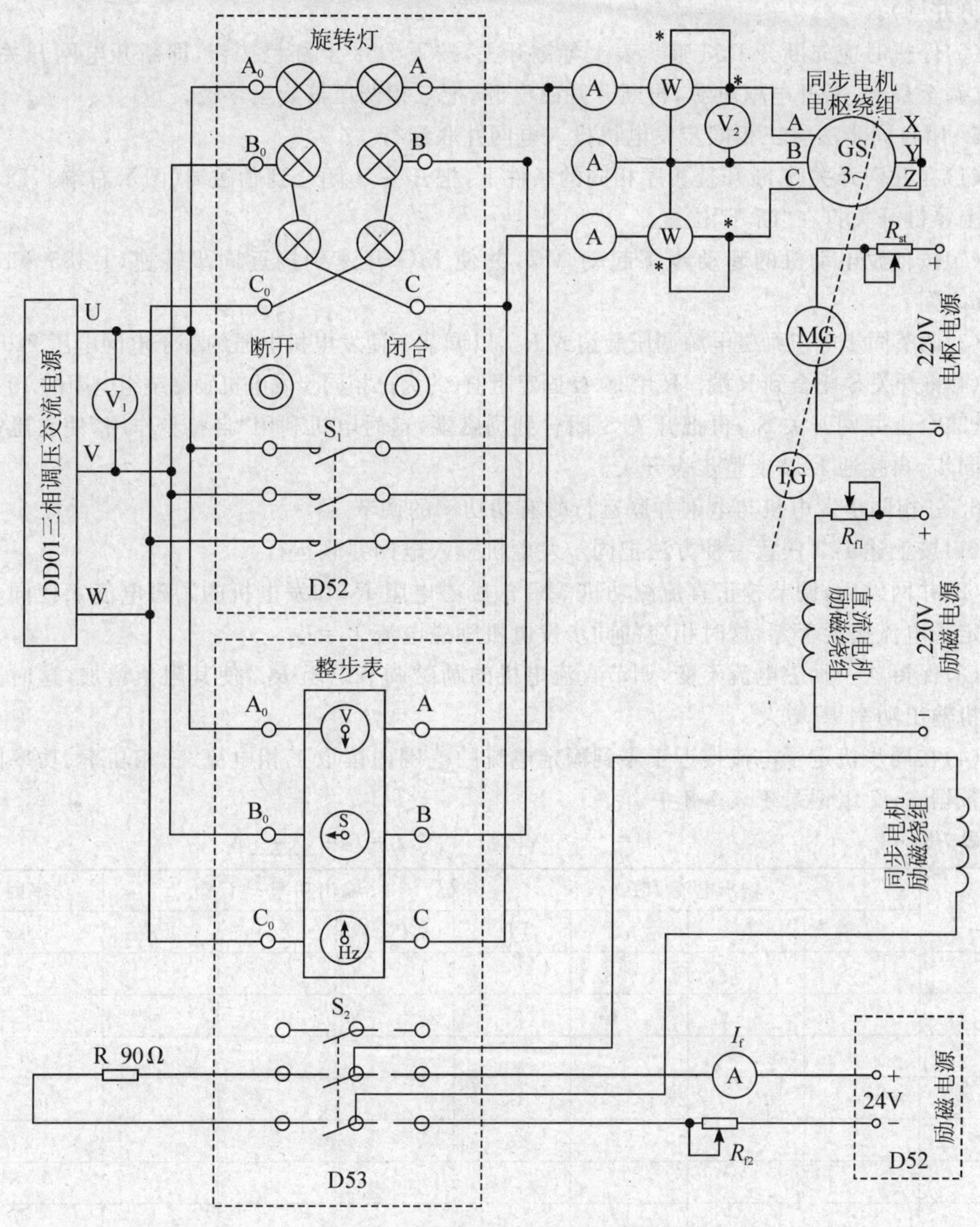

图 7-4　三相同步发电机的并联运行

(4)观察三组相灯，若依次明灭形成旋转灯光，则表示发电机和电网相序相同，若三组相灯同时发亮、同时熄灭则表示发电机和电网相序不同。当发电机和电网相序不同则应停机(先将R_{st}回到最大位置，断开控制屏上的电枢电源开关，再按下交流电源的“停”按钮)，并把三相调压器旋至零位。在确保断电的情况下，调换发电机或三相电源任意二根端线以改变相序后，按前述方法重新起动 MG。

(5)当发电机和电网相序相同时，调节同步发电机励磁使同步发电机电压和电网(电源)电压相同。再进一步细调原动机转速。使各相灯光缓慢地轮流旋转发亮，此时接通 D53 整步表上琴键开关，观察 D53 上 V 表和 Hz 表上指针在中间位置，S 表指针逆时钟缓慢旋转。待 A 相灯熄灭时合上并网开关 S_1，把同步发电机投入电网并联运行(为选准并网时机，可让其循环几次再并网)。

(6)停机时应先断开 D53 整步表上琴键开关,按下 D52 上红色按钮,即断开电网开关 S_1,将 R_{st} 调至最大,断开电枢电源,再断开励磁电源,把三相调压器旋至零位。

5. 用自同步法将三相同步发电机投入电网并联运行

(1)在并网开关 S_1 断开且相序相同的条件下,把开关 S_2 闭合到励磁端(图示右端),D53 整步表上琴键开关打在“断开”位置。

(2)按他励电动机的起动步骤起动 MG,并使 MG 升速到接近同步转速(1 485~1 515 r/min之间)。

(3)调节同步电机励磁电源调压旋钮或 R_{f2},以调节 I_f 使发电机电压约等于电网电压 220 伏。

(4)将开关 S_2 闭合到 R 端。R 用 90 Ω 固定阻值(约为三相同步发电机励磁绕组电阻的 10 倍)。

(5)合上并网开关 S_1,再把开关 S_2 闭合到励磁端,这时电机利用“自整步作用”使它迅速被牵入同步,再接通 D53 上整步表开关。

6. 三相同步发电机与电网并联运行时有功功率的调节

(1)按上述 1、2 任意一种方法把同步发电机投入电网并联运行。

(2)并网以后,调节校正直流测功机 MG 的励磁电阻 R_{f1} 和发电机的励磁电流 I_f 使同步发电机定子电流接近于零,这时相应的同步发电机励磁电流 $I_f=I_{f0}$。

(3)保持这一励磁电流不变,调节直流电机的励磁调节电阻 R_{f1},使其阻值增加,这时同步发电机输出功率 P_2 增大。

(4)在同步机定子电流接近于零到额定电流的范围内读取三相电流、三相功率、功率因数共取数据 6~7 组记录于表 7-8 中。

表 7-8 $U=$______V(Y); $I_f=I_{f0}=$______A

序 号	输出电流 I(A)				输出功率 P_2(W)			功率因数
	I_A	I_B	I_C	I	P_{I}	P_{II}	P_2	$\cos\varphi$

表中:$I=(I_A+I_B+I_C)/3$, $P_2=P_{\text{I}}+P_{\text{II}}$, $\cos\varphi=P_2/(\sqrt{3}UI)$

7. 三相同步发电机与电网并联运行时无功功率的调节

(1)测取当输出功率等于零时三相同步发电机的 V 形曲线。

①按上述 1、2 任意一种方法把同步发电机投入电网并联运行。

②保持同步发电机的输出功率 $P_2\approx0$。

③先调节 R_{f2} 使同步发电机励磁电流 I_f 上升,(调节应先调节 90 Ω 串联 90 Ω 部分,调至零位后用导线短接,再调节调节 90 Ω 并联 90 Ω 部分)。使同步发电机定子电流上升到额定电流,并调节 R_{st} 保持 $P_2\approx0$。记录此点同步发电机励磁电流 I_f、定子电流 I。

④减小同步电机励磁电流 I_f 使定子电流 I 减小到最小值记录此点数据。

⑤继续减小同步电机励磁电流，这时定子电流又将增大直至额定电流。

⑥在这过励和欠励情况下读取数据 9～10 组记录于表 7-9 中。

表 7-9　　$n=$ ______ r/min;　$U=$ ______ V;　$P_2\approx 0$ W

序　号	三相电流 I(A)				励磁电流 I_f(A)	功率因数
	I_A	I_B	I_C	I	I_f	$\cos\varphi$

表中：$I=(I_A+I_B+I_C)/3$

(2)测取当输出功率等于 0.5 倍额定功率时三相同步发电机的 V 形曲线。

①按上述 1、2 任意一种方法把同步发电机投入电网并联运行。

②保持同步发电机的输出功率 P_2 等于 0.5 倍额定功率。

③增加同步发电机励磁电流 I_f，使同步发电机定子电流上升到额定电流，记录此点同步发电机励磁电流 I_f，定子电流 I。

④减小同步电机励磁电流 I_f 使定子电流 I 减小到最小值记录此点数据。

⑤继续减小同步电机励磁电流 I_f，这时定子电流又将增大至额定电流。

⑥在这过励和欠励情况下共取数据 9～10 组并记录于表 7-10 中。

表 7-10　　$n=$ ______ r/min;　$U=$ ______ V;　$P_2\approx 0.5P_N$

序　号	三相电流 I(A)				励磁电流 I_f(A)	功率因数
	I_A	I_B	I_C	II_f	$\cos\varphi$	

表中：$I=(I_A+I_B+I_C)/3$

*(二)针对 MEL-I 电机教学实验台

1. 实验设备及仪器

(1)MEL 系列电机教学实验台主控制屏。

(2)电机导轨及测功机、转矩转速测量(MEL-13、MEL-14)。

(3)三相可变电阻器 90 Ω(MEL-04)。

(4)波形测试及开关板(MEL-05)。

(5)旋转指示灯、整步表(MEL-07)。

(6)同步电机励磁电源(位于主控制屏右下部)。

(7)功率、功率因数表(或在主控制屏上,或在单独的组件 MEL-20、MEL-24)。

2. 实验方法及步骤

(1)用准同步法将三相同步发电机投入电网并联运行

实验接线如图*7-4。

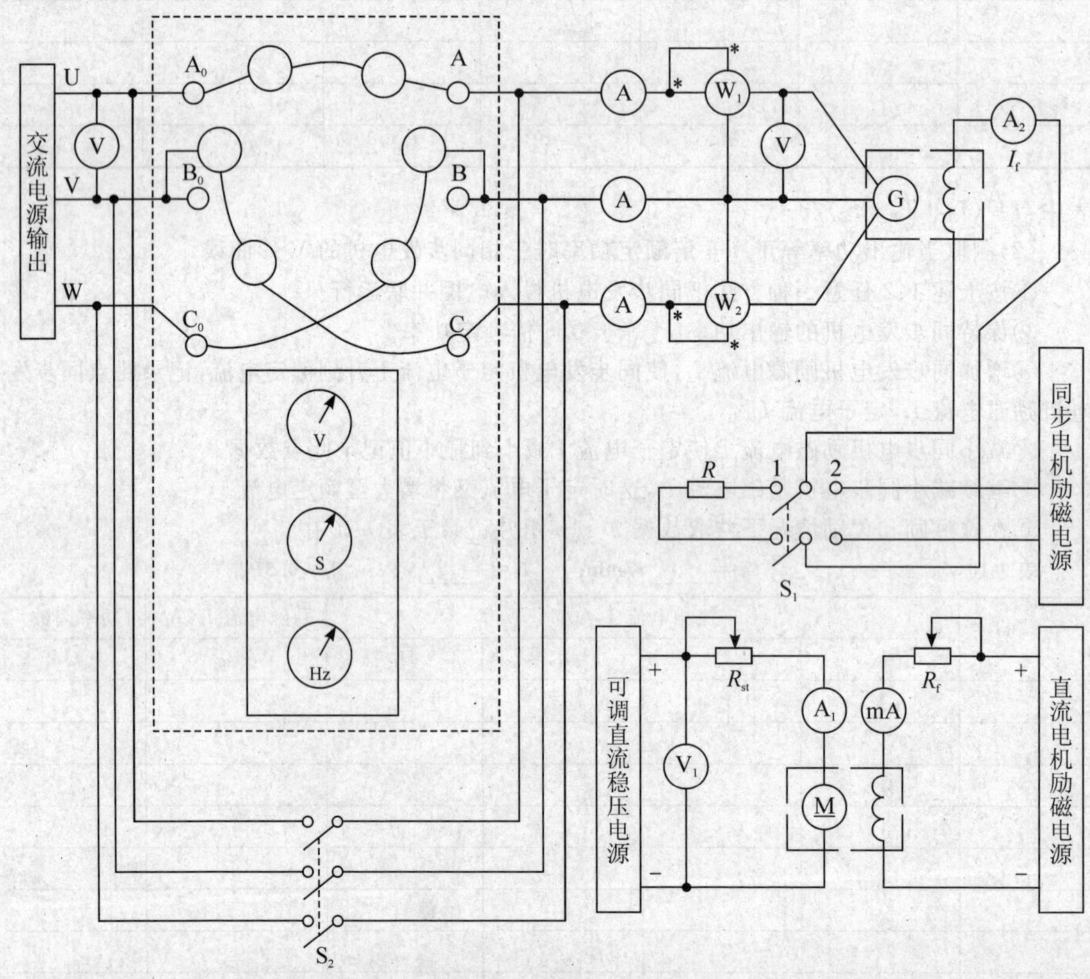

图*7-4 三相同步发电机并网实验接线图(MEL-Ⅰ、MEL-Ⅱ)

三相同步发电机选用 M08。

原动机选用直流并励电动机 M03(作他励接法)。

mA、A_1、V_1选用直流电源自带毫安表、电流表、电压表(在主控制屏下部)。

R_{st}选用 MEL-04 中的两只 90 Ω 电阻相串联(最大值为 180 Ω)。

R_f选用 MEL-03 中两只 900 Ω 电阻相串联(最大值为 1 800 Ω)。

R 选用 MEL-04 中的 90 Ω 电阻。

开关 S_1、S_2 选用 MEL-05。

交流电压表、电流表、功率表的选择同实验 4.1(异步电动机的工作特性)。

同步电机励磁电源固定在控制屏的右下部。

工作原理:三相同步发电机与电网首联运行必须满足以下三个条件。

①发电机的频率和电网频率要相同,即 $f_{\mathrm{II}}=f_{\mathrm{I}}$;

②发电机和电网电压大小、相位要相同,即 $E_{o\mathrm{II}}=U_{\mathrm{I}}$;

③发电机和电网的相序要相同;

为了检查这些条件是否满足,可用电压表检查电压,用灯光旋转法或整步表法检查相序和频率。

实验步骤:

①三相调压器旋钮逆时针到底,开关 S_2 断开,S_1 合向"1"端,确定"可调直流稳压电源"和"直流电机励磁电源"船形开关均在断开位置,合上绿色"闭合"按钮开关,调节调压器旋钮,使交流输出电压达到同步发电机额定电压 $U_N=220$ V。

②直流电动机电枢调节电阻 R_{st} 调至最大,励磁调节电阻 R_f 调至最小,先合上直流电机励磁电源船形开关,再合上可调直流稳压电源船形开关,起动直流电动机 M03,并调节电机转速为 1 500 r/min。

③开关 S_1 合向"2"端,接通同步电机励磁电源,调节同步电机励磁电流 I_f,使同步发电机发出额定电压 220 V。

④观察三组相灯,若依次明灭形成旋转灯光,则表示发电机和电网相序相同,若三组灯同时发亮,同时熄灭则表示发电机和电网相序不同。当发电机和电网相序不同则应先停机,调换发电机或三相电源任意二根端线以改变相序后,按前述方法重新起动电动机。

⑤当发电机和电网相序相同时,调节同步发电机励磁电流 I_f 使同步发电机电压和电网电压相同。再细调直流电动机转速,使各相灯光缓慢地轮流旋转发亮,此时接通整步表直键开关,观察整步表 V 表和 Hz 表指在中间位置,S 表指针逆时针缓慢旋转。

⑥待 A 相灯熄灭时合上并网开关 S_2,把同步发电机投入电网并联运行。

⑦停机时应先断开整步表直键开关,断开并网开关 S_2,将 R_{st} 调至最大,三相调压器逆时针旋到零位,并先断开电枢电源后断开直流电机励磁电源。

(2)用自同步法将三相同步发电机投入电网并联运行

①在并网开关 S_2 断开且相序相同的条件下,把开关 S_1 合向"2"端接至同步电机励磁电源,MEL-07 中的整步表直键开关打在"断开"位置。

②按前述方法起动直流电动机,并使直流电动机升速到接近同步转速(1 475~1 525 r/min之间)。

③启动同步电机励磁电流源,并调节励磁电流 I_f 使发电机电压约等于电网电压 220 V。

④将开关 S_1 闭合到"1"端,接入电阻 R(R 为 90 Ω 电阻,约为三相同发电机励磁绕组电阻的 10 倍)。

⑤合上并网开关 S_2,再把开关 S_1 闭合到"2"端,这时电机利用"自整步作用"使它迅速被牵入同步。

(3)三相同步发电机与电网并联运行时有功功率的调节

①按上述 1、2 任意一种方法把同步发电机投入电网并联运行。

②并网以后，调节直流电动机的励磁电阻 R_f 和同步电机的励磁电流 I_f，使同步发电机定子电流接近于零，这时相应的同步发电机励磁电流 $I_f = I_{fo}$。

③保持这一励磁电流 I_f 不变，调节直流电动机的励磁调节电阻 R_f，使其阻值增加，这时同步发电机输出功率 P_2 增加。

④在同步电机定子电流接近于零到额定电流的范围内读取三相电流、三相功率、功率因数，共取数据 6～7 组记录于表* 7-9 中。

表* 7-9　　　　$U=220$ **V(Y)**　　　　$I_f = I_{fo}=$ ______ **A**

序　号	测　量　值					计　算　值		
	输出电流 I(A)			输出功率 P(W)		I	P_2	$\cos\varphi$
	I_A	I_B	I_C	P_{I}	P_{II}			
1								
2								
3								
4								
5								
6								

表中：$I=\dfrac{I_A+I_B+I_C}{3}$

$$P_2 = P_{\text{I}} + P_{\text{II}}$$

$$\cos\varphi=\frac{P_2}{\sqrt{3}UI}$$

(4)三相同步发电机与电网并联运行时无功功率的调节

①测取当输出功率等于零时三相同步发电机的 V 形曲线。

a. 按上述 1、2 任意一种方法把同步发电机投入电网并联运行。

b. 保持同步发电机的输出功率 $P_2 \approx 0$。

c. 先调节同步发电机励磁电流 I_f，使 I_f 上升，发电机定子电流随着 I_f 的增加上升到额定电流，并调节 R_{st} 保持 $P_2 \approx 0$。记录此点同步发电机励磁电流 I_f、定子电流 I_o。

d. 减小同步电机励磁电流 I_f 使定子电流 I 减小到最小值，记录此点数据。

e. 继续减小同步电机励磁电流，这时定子电流又将增加直至额定电流。

f. 分别在这过励和欠励情况下，读取数据 9～10 组记录表* 7-10 中。

表* 7-10　　　　n=**1 500 r/min**　　　　$U=220$ **V**　　　　$P_2 \approx 0$ **W**

序　号	三　相　电　流 I(A)				励磁电流 I_f(A)
	I_A	I_B	I_C	I	
1					
2					
3					
4					

续表

序　号	三　相　电　流 I(A)				励磁电流 I_f(A)
	I_A	I_B	I_C	I	
5					
6					
7					
8					
9					
10					

表中：$I=\dfrac{I_A+I_B+I_C}{3}$

②测取当输出功率等于0.5倍额定功率时三相同步发电机的V形曲线。

a.按上述1、2任意一种方法把同步发电机投入电网并联运行。

b.保持同步发电机的输出功率P_2等于0.5倍额定功率。

c.先调节同步发电机励磁电流I_f，使I_f上升，发电机定子电流随着I_f的增加上升到额定电流。记录此点同步发电机励磁电流I_f、定子电流I。。

d.减小同步电机励磁电流I_f使定子电流I减小到最小值，记录此点数据。

e.继续减小同步电机励磁电流，这时定子电流又将增加直至额定电流。

f.分别在这过励和欠励情况下，读取数据9～10组记录表*7-11中。

表*7-11　　$n=1\ 500$ r/min　　$U=220$ V　　$P_2\approx 0.5$　　P_N

序　号	测　量　值				计　算　值	
	I_A	I_B	I_C	I_f	I	$\cos\varphi$
1						
2						
3						
4						
5						
6						
7						
8						
9						
10						

表中：$I=\dfrac{I_A+I_B+I_C}{3}$

$$\cos\varphi=\frac{P_2}{\sqrt{3}UI}$$

五、实验报告

1. 评述准确同步法和自同步法的优缺点。
2. 试述并联运行条件不满足时并网将引起什么后果？
3. 试述三相同步发电机和电网并联运行时有功功率和无功功率的调节方法。
4. 画出 $P_2 \approx 0$ 和 $P_2 \approx 0.5$ 倍额定功率时同步发电机的 V 形曲线，并加以说明。

六、思考题

1. 自同步法将三相同步发电机投入电网并联运行时先把同步发电机的励磁绕组串入 10 倍励磁绕组电阻值的附加电阻 R 组成回路的作用是什么？

2. 自同步法将三相同步发电机投入电网并联运行时先由原动机把同步发电机带动旋转到接近同步转速（1 485～1 515 r/min 之间）然后并入电网，若转速太低并网将产生什么情况？

7—3 三相同步电动机

一、实验目的

1. 掌握三相同步电动机的异步起动方法。
2. 测取三相同步电动机的 V 形曲线。
3. 测取三相同步电动机的工作特性。

二、预习要点

1. 三相同步电动机异步起动的原理及操作步骤。
2. 三相同步电动机的 V 形曲线是怎样的？怎样作为无功发电机（调相机）使用？
3. 三相同步电动机的工作特性怎样？怎样测取？

三、实验项目

1. 三相同步电动机的异步起动。
2. 测取三相同步电动机输出功率 $P_2 \approx 0$ 时的 V 形曲线。
3. 测取三相同步电动机输出功率 $P_2 = 0.5$ 倍额定功率时的 V 形曲线。
4. 测取三相同步电动机的工作特性。

四、实验方法

（一）针对 DDSZ-1 电机教学实验台

1. 实验设备

序 号	型 号	名 称	数 量
1	DD03	导轨、测速发电机及转速表	1 件
2	DJ23	校正直流测功机	1 件

续表

序　号	型　号	名　　称	数　量
3	DJ18	三相凸极式同步电机	1 件
4	D32	交流电流表	1 件
5	D33	交流电压表	1 件
6	D34-3	单三相智能功率、功率因数表	1 件
7	D31	直流电压、毫安、安培表	1 件
8	D41	三相可调电阻器	1 件
9	D42	三相可调电阻器	1 件
10	D52	旋转灯、并网开关、同步机励磁电源	1 件
11	D51	波形测试及开关板	1 件

2. 屏上挂件排列顺序

D31、D42、D33、D32、D34-3、D41、D52、D51、D31

3. 三相同步电动机的异步起动

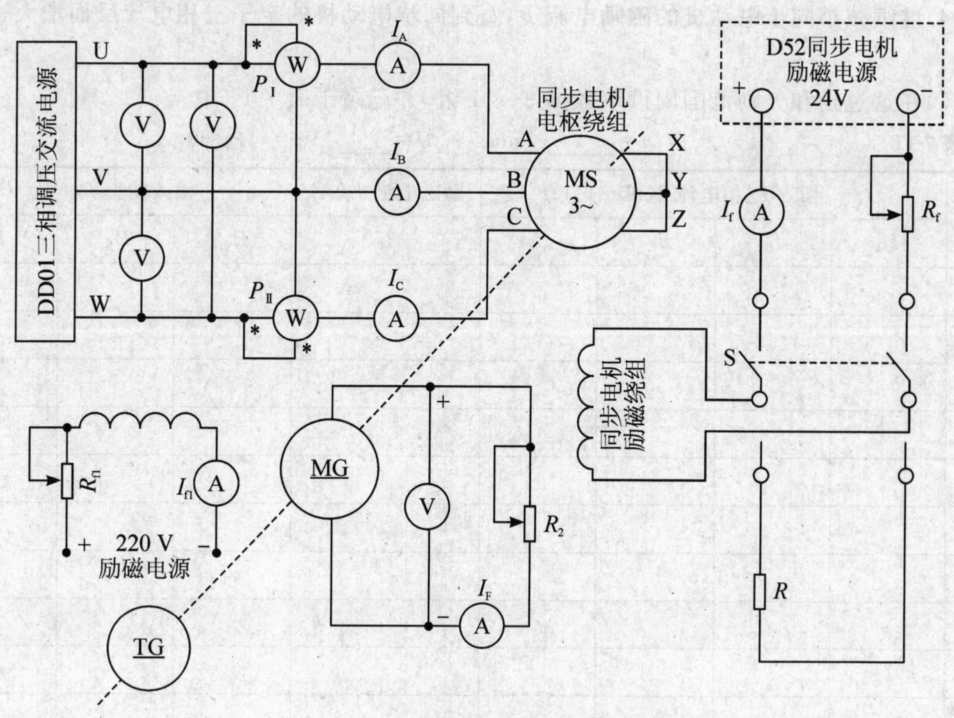

图 7-5　三相同步电动机实验接线图

(1)按图 7-5 接线。其中 R 的阻值为同步电动机 MS 励磁绕组电阻的 10 倍(约 90 Ω),选用 D41 上 90 Ω 固定电阻。R_f选用 D41 上 90 Ω 串联 90 Ω 加上 90 Ω 并联 90 Ω 共 225 Ω 阻值。R_{f1}选用 D42 上 900 Ω 串联 900 Ω 共 1 800 Ω 阻值并调至最小。R_2选用 D42 上 900 Ω 串联 900 Ω加上 900 Ω 并联 900 Ω 共 2 250 Ω 阻值并调至最大。MS 为 DJ18(Y 接法,额定电压U_N=220 V)。

(2)用导线把功率表电流线圈及交流电流表短接,开关S闭合于励磁电源一侧(图7-5中为上端)。

(3)将控制屏左侧调压器旋钮向逆时针方向旋转至零位。接通电源总开关,并按下"开"按钮。调节D52同步电机励磁电源调压旋钮及R_f阻值,使同步电机励磁电流I_f约0.7 A左右。

(4)把开关S闭合于R电阻一侧(图7-5中为下端),向顺时针方向调节调压器旋钮,使升压至同步电动机额定电压220伏,观察电机旋转方向,若不符合则应调整相序使电机旋转方向符合要求。

(5)当转速接近同步转速1 500 r/min时,把开关S迅速从下端切换到上端让同步电动机励磁绕组加直流励磁而强制拉入同步运行,异步起动同步电动机的整个起动过程完毕。

(6)把功率表、交流电流表短接线拆掉,使仪表正常工作。

4. 测取三相同步电动机输出功率$P_2 \approx 0$时的V形曲线

(1)同步电动机空载(轴端不联接校正直流电机DJ23)按上述方法起动同步电动机。

(2)调节同步电动机的励磁电流I_f并使I_f增加,这时同步电动机的定子三相电流I亦随之增加直至达额定值,记录定子三相电流I和相应的励磁电流I_f、输入功率P_1。

(3)调节I_f使I_f逐渐减小,这时I亦随之减小直至最小值,记录这时MS的定子三相电流I、励磁电流I_f及输入功率P_1。

(4)继续减小同步电动机的磁励电流I_f,直到同步电动机的定子三相电流反而增大达额定值。

(5)在这过励和欠励范围内读取数据9~11组,并记录于表7-11中。

表7-11 $n=$____r/min; $U=$____V; $P_2 \approx 0$

序号	定子三相电流 I(A)				励磁电流 I_f(A)	输入功率 P_1(W)		
	I_A	I_B	I_C	I	I_f	P_{I}	P_{II}	P_1

表中:$I=(I_A+I_B+I_C)/3$ $P_1=P_{\text{I}}+P_{\text{II}}$

5. 测取三相同步电动机输出功率$P_2 \approx 0.5$倍额定功率时的V形曲线

(1)同轴联接校正直流电机MG(按他励发电机接线)作MS的负载。

(2)按1方法起动同步电动机,保持直流电机的励磁电流为规定值(50 mA或100 mA),改变直流电机负载电阻R_2的大小,使同步电动机输出功率P_2改变。直至同步电动机输出功率接近于 0.5 倍额定功率且保持不变。

输出功率按下式计算：

$$P_2=0.105nT_2$$

式中　n——电机转速，r/min；

T_2——由直流电机负载电流 I_F 查对应转矩，N·m

(3)调节同步电动机的励磁电流 I_f 使 I_f 增加，这时同步电动机的定子三相电流 I 亦随之增加，直到同步电动机达额定电流，记录定子三相电流 I 和相应的励磁电流 I_f、输入功率 P_1。

(4)调节 I_f 使 I_f 逐渐减小，这时 I 亦随之减小直至最小值，记录这时的定子三相电流 I、励磁电流 I_f、输入功率 P_1。

(5)继续调小 I_f，这时同步电动机的定子电流 I 反而增大直到额定值。

(6)在过励和欠励范围内读取数据 9～11 组并记录于表 7-12 中。

表 7-12　　$n=$_____ r/min；　$U=$_____ V；　$P_2\approx 0.5P_N$

序　号	定子三相电流 I(A)				励磁电流 I_f(A)	输入功率 P_1(W)		
	I_A	I_B	I_C	I	I_f	$P_Ⅰ$	$P_Ⅱ$	P_1

表中：$I=(I_A+I_B+I_C)/3$　　$P_1=P_Ⅰ+P_Ⅱ$

6. 测取三相同步电动机的工作特性

(1)按 1 方法起动同步电动机。

(2)调节直流发电机的励磁电流为规定值并保持不变。

(3)调节直流发电机的负载电流 I_F，同时调节同步电动机的励磁电流 I_f 使同步电动机输出功率 P_2 达额定值及功率因数为 1。

(4)保持此时同步电动机的励磁电流 I_f 恒定不变，逐渐减小直流电机的负载电流，使同步电动机输出功率逐渐减小直至为零，读取定子电流 I、输入功率 P_1、输出转矩 T_2、转速 n。共取数据 6～7 组并记录于表 7-13 中。

表 7-13 $U=U_N=$ ______ V; $I_f=$ ______ A; $n=$ ______ r/min

同步电动机输入								同步电动机输出			
I_A (A)	I_B (A)	I_C (A)	I (A)	$P_Ⅰ$ (W)	$P_Ⅱ$ (W)	P_1 (W)	$\cos\varphi$	I_F (A)	T_2 (N·m)	P_2 (W)	η (%)

表中:

$$I=\frac{(I_A+I_B+I_C)}{3}$$

$$P_1=P_Ⅰ+P_Ⅱ$$

$$P_2=0.105nT_2$$

$$\eta=\frac{P_2}{P_1}\times100\%$$

***(二)针对 MEL-I 电机教学实验台**

1. 实验设备及仪器

(1)MEL 系列电机教学实验台主控制屏。

(2)电机导轨及测功机、转矩转速测量(MEL-13、MEL-14)。

(3)三相可变电阻器 90 Ω(MEL-04)。

(4)波形测试及开关板(MEL-05)。

(5)同步电机励磁电源(位于主控制屏右下部)。

(6)功率、功率因数表(或在主控制屏上,或在单独的组件 MEL-20、MEL-24)。

2. 实验方法

被试电机为凸极式三相同步电动机 M08

(1)三相同步电动机的异步起动

实验线路图如图*7-5。

实验开始前,MEL-13 中的“转速控制”和“转矩控制”选择开关扳向“转矩控制”,“转矩设定”旋钮逆时针到底。

R 的阻值选择为同步发电机励磁绕组电阻的 10 倍(约 90 欧姆),选用 MEL-04 中的 90 Ω 电阻。

开关 S 选用 MEL-05。

交流电压表、电流表、功率表的选择同实验(一)(异步电动机的工作特性)。

同步电机励磁电源固定在控制屏的右下部。

a. 把功率表电流线圈短接,把交流电流表短接,先将开关 S 闭合于励磁电流源端,启动励磁电流源,调节励磁电流源输出大约 0.7 A 左右,然后将开关 S 闭合于可变电阻器 R(图示左端)。

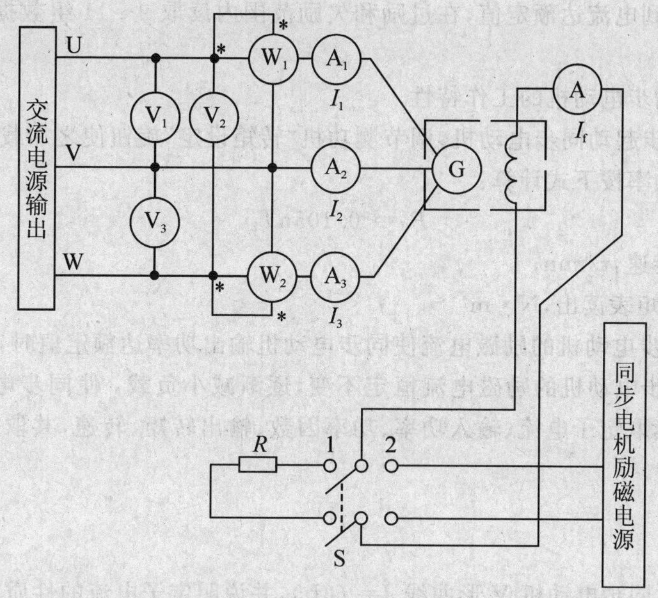

图 * 7-5　三相同步电动机接线图(MEL-Ⅰ、MEL-ⅡA)

b. 把调压器退到零位，合上电源开关，调节调压器使升压至同步电动机额定电压 220 伏，观察电机旋转方向，若不符合则应调整相序使电机旋转方向符合要求。

c. 当转速接近同步转速时，把开关 S 迅速从左端切换闭合到右端，让同步电动机励磁绕组加直流励磁而强制拉入同步运行，异步起动同步电动机整个起动过程完毕，接通功率表、功率因数表、交流电流表。

(2)测取三相同步电动机输出功率 $P_2 \approx 0$ 时的 V 形曲线

a. 按 1 方法异步起动同步电动机。使同步电动机输出功率 $P_2 \approx 0$。

b. 调节同步电动机的励磁电流 I_f并使 I_f增加，这时同步电动机的定子三相电流亦随之增加，直至电流达同步电动机的额定值，记录定子三相电流和相应的励磁电流、输入功率。

c. 调节同步电动机的励磁电流 I_f使 I_f使逐渐减小，这时定子三相电流亦随之减小，直至电流过最小值，记录这时的相应数据，

d. 继续调小同步电动机的励磁电流，这时同步电动机的定子三相电流反而增大直到电流达额定值，在这过励和欠励范围内读取 9～11 组数据。数据记录于表 7-11。

(3)测取三相同步电动机输出功率 $P_2 \approx 0.5$ 倍额定功率时的 V 形曲线

a. 按 1 方法异步起动同步电动机，调节测功机“转矩设定”旋钮使之加载，使同步电动机输出功率改变，输出功率按下式计算：

$$P_2 = 0.105 n T_2$$

式中　n——电机转速，r/min；

T_2——由转矩表读出，N・m

b. 使同步电动机输出功率接近于 0.5 倍额定功率且保持不变，调节同步电动机的励磁电流 I_f使 I_f增加，这时同步电动机的定子三相电流亦随之增加直到电流达同步电动机的额定电流，记录定子三相电流和相应的励磁电流、输入功率。

c. 调节同步电动机的励磁电流 If，使 If 逐渐减小，这时定子三相电流亦随之减小直至电流达最小值，记录这时的相应数据，继续调小同步电动机的励磁电流，这时同步电动机的定子三

相电流反而增大直到电流达额定值，在过励和欠励范围内读取 9～11 组数据并记录于表 7-12 中。

(4)测取三相同步电动机的工作特性

a. 按 1 方法异步起动同步电动机，调节测功机“转矩设定”旋钮使之加载，使同步电动机输出功率改变，输出功率按下式计算：

$$P_2 = 0.105nT_2$$

式中 n——电机转速，r/min；

T_2——由转矩表读出，N·m

b. 同时调节同步电动机的励磁电流使同步电动机输出功率达额定值时，且功率因数为 1。

c. 保持此时同步电动机的励磁电流恒定不变，逐渐减小负载，使同步电动机输出功率逐渐减小直至为零，读取定子电流、输入功率、功率因数、输出转矩、转速，共取 6～7 组数据并记录于表 7-13 中。

五、实验报告

1. 作 $P_2 \approx 0$ 时同步电动机 V 形曲线 $I = f(I_f)$，并说明定子电流的性质。
2. 作 $P_2 \approx 0.5$ 倍额定功率时同步电动机的 V 形曲线 $I = f(I_f)$，并说明定子电流的性质。
3. 作同步电动机的工作特性曲线：I、P、$\cos\varphi$、T_2、$\eta = f(P_2)$

六、思考题

1. 同步电动机异步起动时先把同步电动机的励磁绕组经一可调电阻 R 构成回路，这可调电阻的阻值调节在同步电动机的励磁绕组电阻值的 10 倍，这电阻在起动过程中的作用是什么？若这电阻为零时又将怎样？
2. 在保持恒功率输出测取 V 形曲线时输入功率将有什么变化？为什么？
3. 对这台同步电动机的工作特性作一评价。

7—4 三相同步电机参数的测定

一、实验目的

掌握三相同步发电机参数的测定方法，并进行分析比较加深理论学习。

二、预习要点

1. 同步发电机参数 X_d、X_q、X'_d、X'_q、X''_d、X''_q、X_0、X_2 各代表什么物理意义？对应什么磁路和耦合关系？
2. 这些参数的测量有哪些方法？并进行分析比较。
3. 怎样判别同步电机定子旋转磁场与转子的旋转方向是同方向还是反方向？

三、实验项目

1. 用转差法测定同步发电机的同步电抗 X_d、X_q。

2. 用反同步旋转法测定同步发电机的负序电抗 X_2 及负序电阻 r_2。

3. 用单相电源测同步发电机的零序电抗 X_0。

4. 用静止法测超瞬变电抗 X''_d、X''_q 或瞬变电抗 X'_d、X'_q。

四、实验方法

(一)针对 DDSZ-1 电机教学实验台

1. 实验设备

序　号	型　号	名　称	数　量
1	DD03	导轨、测速发电机及转速表	1 件
2	DJ23	校正直流测功机	1 件
3	DJ18	三相同步电机	1 件
4	D41	三相可调电阻器	1 件
5	D44	可调电阻器、电容器	1 件
6	D32	交流电流表	1 件
7	D33	交流电压表	1 件
8	D34-3	单三相智能功率、功率因数表	1 件
9	D51	波形测试及开关板	1 件

2. 屏上挂件排列顺序

D44、D33、D32、D34-3、D51、D41

3. 用转差法测定同步发电机的同步电抗 X_d、X_q

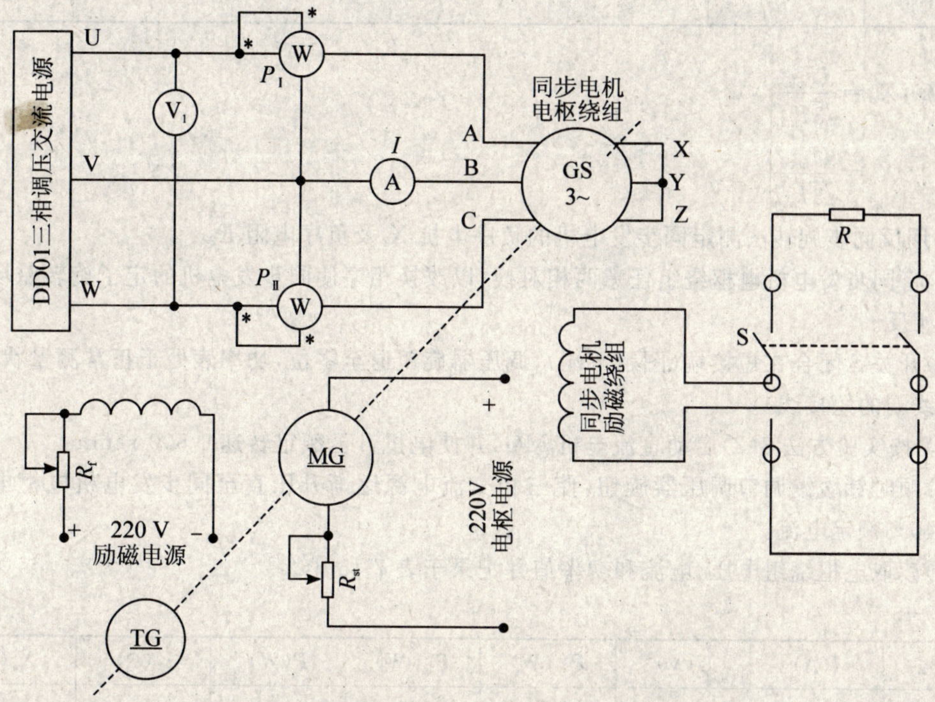

图 7-6　用转差法测同步发电机的同步电抗接线图

(1)按图 7-6 接线。同步发电机 GS 定子绕组用 Y 形接法。校正直流测功机 MG 按他励电动机方式接线，用作 GS 的原动机。R_f选用 D44 上 1 800 Ω 电阻，并调至最小。R_{st}选用 D44 上 180 Ω 电阻，并调至最大。R 选用 D41 上 90 Ω 固定电阻。开关 S 合向 R 端。

(2)把控制屏左侧调压器旋钮退到零位，功率表电流线圈短接。检查控制屏下方两边的电枢电源开关及励磁电源开关都须在“关”的位置。

(3)接通控制屏上的电源总开关，按下“开”按钮，先接通励磁电源，后接通电枢电源，启动直流电动机 MG，观察电动机转向。

(4)断开电枢电源和励磁电源，使直流电机 MG 停机。再调节调压器旋钮，给三相同步电机加一电压，使其作同步电动机起动，观察同步电机转向。

(5)若此时同步电机转向与直流电机转向一致。则说明同步机定子旋转磁场与转子转向一致，若不一致，将三相电源任意两相换接，使定子旋转磁场转向改变。

(6)调节调压器给同步发电机加 5%～15%的额定电压(电压数值不宜过高，以免磁阻转矩将电机牵入同步，同时也不能太低，以免剩磁引起较大误差)。

(7)调节直流电机 MG 转速，使之升速到接近 GS 的额定转速 1 500 r/min，直至同步发电机电枢电流表指针缓慢摆动(电流表量程选用 0.25 A 档)，在同一瞬间读取电枢电流周期性摆动的最小值与相应电压最大值，以及电流周期性摆动最大值和相应电压最小值。

(8)测此两组数据记录于表 7-14 中。

表 7-14

序　号	I_{max}(A)	U_{min}(V)	X_q(Ω)	I_{min}(A)	U_{max}(V)	X_d(Ω)

计算：$X_q=\dfrac{U_{min}}{\sqrt{3}I_{max}}$

$$X_d=\frac{U_{max}}{\sqrt{3}I_{min}}$$

4. 用反同步旋转法测定同步发电机的负序电抗 X_2及负序电阻 R_2

(1)将同步发电机电枢绕组任意两相对换，以改换相序使同步发电机的定子旋转磁场和转子转向相反。

(2)开关 S 闭合在短接端(图示下端)，调压器旋钮退至零位，功率表处于正常测量状态(拆掉电流线圈的短接线)。

(3) 按实验方法 3(3)启动直流电机 MG，并使电机升至额定转速 1 500 r/min。

(4)顺时针缓慢调节调压器旋钮，使三相交流电源逐渐升压直至同步发电机电枢电流达 30%～40%额定电流。

(5)读取电枢绕组电压、电流和功率值并记录于表 7-15 中。

表 7-15

序　号	I(A)	U(V)	P_{I}(W)	P_{II}(W)	P(W)	r_2(Ω)	X_2(Ω)

表中：$P=P_{\mathrm{I}}+P_{\mathrm{II}}$

计算：$Z_2=\dfrac{U}{\sqrt{3}I}$

$$r_2=\frac{P}{3I^2}$$

$$X_2=\sqrt{Z_2^2-r_2^2}$$

5. 用单相电源测同步发电机的零序电抗 X_0

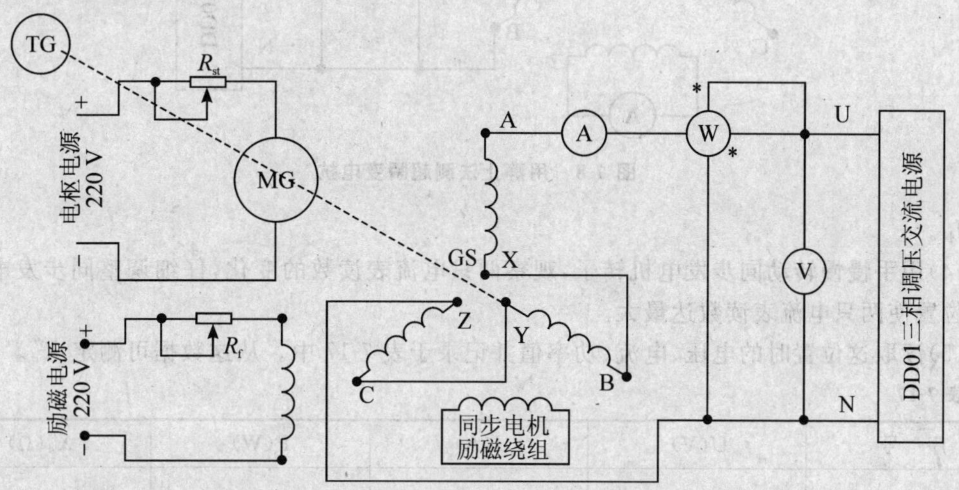

图 7-7　用单相电源测同步发电机的零序电抗

(1)按图 7-7 接线，将 GS 的三相电枢绕组首尾依次串联，接至单相交流电源 U、N 端上。

(2)调压器退至零位，同步发电机励磁绕组短接。

(3)起动直流电机 MG 并使电机升至额定转速 1 500 r/min。

(4)接通交流电源并调节调压器使 GS 定子绕组电流上升至额定电流值。

(5)测取此时的电压、电流和功率值并记录于表 7-16 中。

表 7-16

序　号	U(V)	I(A)	P(W)	X_0(Ω)

表中 X_0 的计算：

$$Z_0=\frac{U}{3I}$$

$$r_0=\frac{P}{3I^2}$$

$$X_0=\sqrt{Z_0^2-r_0^2}$$

6. 用静止法测超瞬变电抗 X''_{d}、X''_{q}或瞬变电抗 X'_{d}、X'_{q}

(1)按图 7-8 接线，将 GS 三相电枢绕组联接成星形，任取二相端点接至单相交流电源 U、N 端上。两只电流表均用 D32 挂件。

(2)调压器退到零位，发电机处于静止状态。

(3)接通交流电源并调节调压器逐渐升高输出电压，使同步发电机定子绕组电流接近

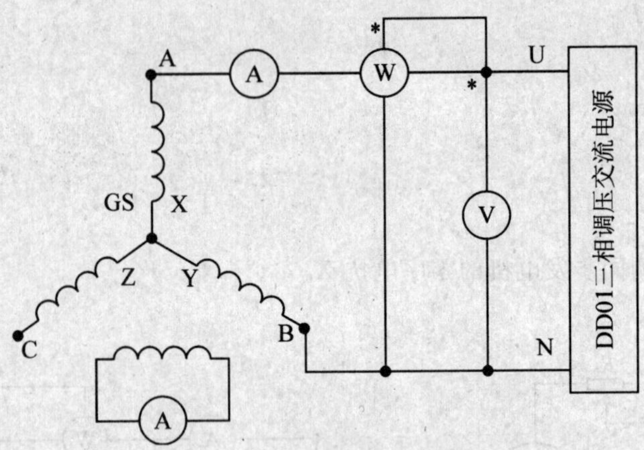

图 7-8 用静止法测超瞬变电抗

$20\% I_N$。

(4)用手慢慢转动同步发电机转子，观察两只电流表读数的变化，仔细调整同步发电机转子的位置使两只电流表读数达最大。

(5)读取这位置时的电压、电流、功率值并记录于表 7-17 中。从这数据可测定 X''_d。

表 7-17

序　号	U(V)	I(A)	P(W)	X''_d(Ω)

表中 X''_d的计算：

$$Z''_d = \frac{U}{2I}$$

$$r''_d = \frac{P}{2I^2}$$

$$X''_d = \sqrt{Z''^2_d - r''^2_d}$$

(6)把同步发电机转子转过 45°角，在这附近仔细调整同步发电机转子的位置使二只电流表指示达最小。

(7)读取这位置时的电压 U、电流 I、功率 P 值并记录于表 7-18 中。从这数据可测定 X''_q。

表 7-18

序　号	U(V)	I(A)	P(W)	X''_q(Ω)

表中 X''_q计算：

$$Z''_q = \frac{U}{2I}$$

$$r''_q = \frac{P}{2I^2}$$

$$X''_q = \sqrt{Z''^2_q - r''^2_q}$$

***(二)针对 MEL-I 电机教学实验台**

1. 实验设备及仪器

(1)MEL 系列电机教学实验台主控制屏。

(2)电机导轨及测功机、转矩转速测量(MEL-13、MEL-14)。

(3)三相可变电阻器 90 Ω(MEL-04)。

(4)波形测试及开关板(MEL-05)。

(5)指针式交流电压表、电流表(MEL-17)。

(6)同步电机励磁电源(位于主控制屏右下部)。

(7)功率、功率因数表(或在主控制屏上,或在单独的组件 MEL-20、MEL-24)。

2. 实验方法

(1)用转差法测定同步发电机的同步电抗 X_d、X_q

按图*7-6 接线。

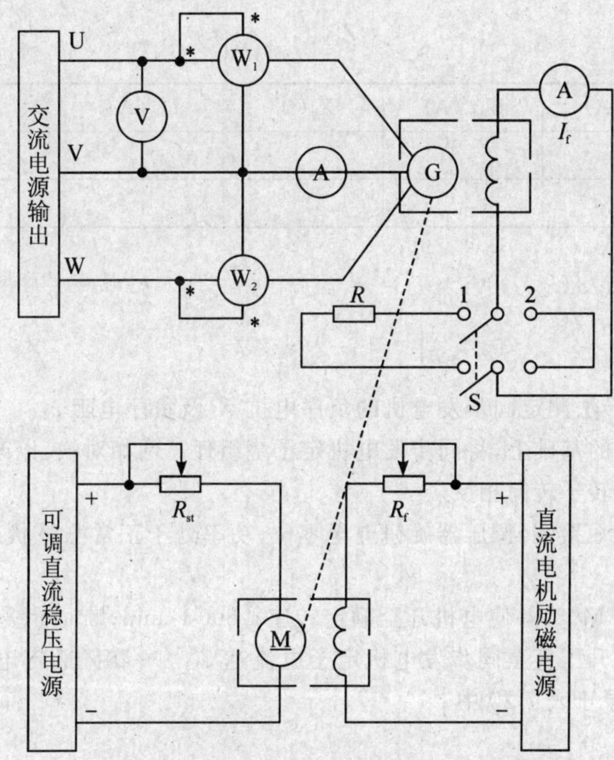

图*7-6　用转差法测同步发电机抽步电抗接线图

同步发电机 M08 定子绕组采用 Y 形接法。

直流并励电动机 M03 按他励电动机方式接线,用作 M08 的原动机。

R_f选用 MEL-03 中两只 900 Ω 电阻相串联(最大值为 1800 Ω)。

R_{st}选用 MEL-04 中的两只 90 Ω 电阻相串联(最大值为 180 Ω)。

R 选用 MEL-04 中的 90 Ω 电阻。

开关 S 选用 MEL-05。

①实验开始前,MEL-13 中的"转速控制"和"转矩控制"选择开关扳向"转矩控制","转矩设定"旋钮逆时针到底。主控制屏三相调压旋钮逆时针到底;功率表电流线圈短接,可调直流稳压电源和直流电机励磁电源、同步电机励磁电源处在断开位置,开关 S 合向 R 端。

②R_{st}调至最大,R_f调至最小,按下绿色"闭合"按钮开关,先接通直流电机励磁电源,再接

通电枢电源，启动直流电动机 M03，观察电动机转向。

③断开直流电机电枢电源和励磁电源，使直流电机停机。调节三相交流电源输出，给三相同步电机加一电压，使其作同步电动机起动，观察同步电机转向。

④若此时同步电机转向与直流电机转向一致，则说明同步电机定子旋转磁场与转子转向一致，若不一致，将三相电源任意两相换接，使定子旋转磁场转向改变。

⑤调节调压器给同步发电机加 5%～15%的额定电压(电压数值不宜过高，以免磁阻转矩将电机牵入同步，同时也不能太低，以免剩磁引起较大误差)。

⑥调节直流电机 M03 转速，使之升速到接近同步电机额定转速 1 500 r/min，直至同步发电机定子电流表指针缓慢摆动(电流表量程选用 0.25 A 档)，在同一瞬间读取电流周期性摆动的最小值与相应电压最大值，以及电流周期性摆动最大值和相应电压最小值。测此两组数据记录于表 7-19 中。

表 7-19

序　号	I_{max}(A)	U_{min}(A)	X_q(Ω)	I_{min}(A)	U_{max}(V)	X_d(Ω)
1						
2						

计算：$X_q = U_{min}/(\sqrt{3}I_{max})$

$$X_d = \frac{\dot{U}_{max}}{\sqrt{3}I_{min}}$$

(2)用反同步旋转法测定同步发电机的负序电抗 X_2 及负序电阻 r_2

①在上述实验台的基础上，将同步发电机定子绕组任意两相对换，以改换相序使同步发电机的定子旋转磁场和转子转向相反。

②开关 S 闭合在短接端，调压器旋钮退至零位，功率处于正常测量状态(拆样电流线圈的短接线)。

③启动直流电机 M03，并使电机开至额定转速 1 500 r/min；顺时针缓慢调节调压器旋钮，使三相交流电源逐渐升压直至同步发电机定子电流达 30%～40%额定电流。读取定子绕组电压、电流和功率记录于表 7-20 中。

表 7-20

序　号	I(A)	U(V)	P_{I}(W)	P_{II}(W)	P(W)	r_2(Ω)	X_2(Ω)
1							
2							

表中：$P = P_{\mathrm{I}} + P_{\mathrm{II}}$

计算：$Z_2 = \dfrac{U}{\sqrt{3}I}$

$$r_2 = P/(3I^2)$$

$$X_2 = \sqrt{Z_2^{\ 2} - 2^2}$$

(3)用单相电源测同步发电机的零序电抗 X

①按图* 7-7 接线，将同步电机的三相定子绕组首尾依次串联，接至单相交流电源 U、N 端

上。调压器退至零位,同步发电机励磁绕组短接。

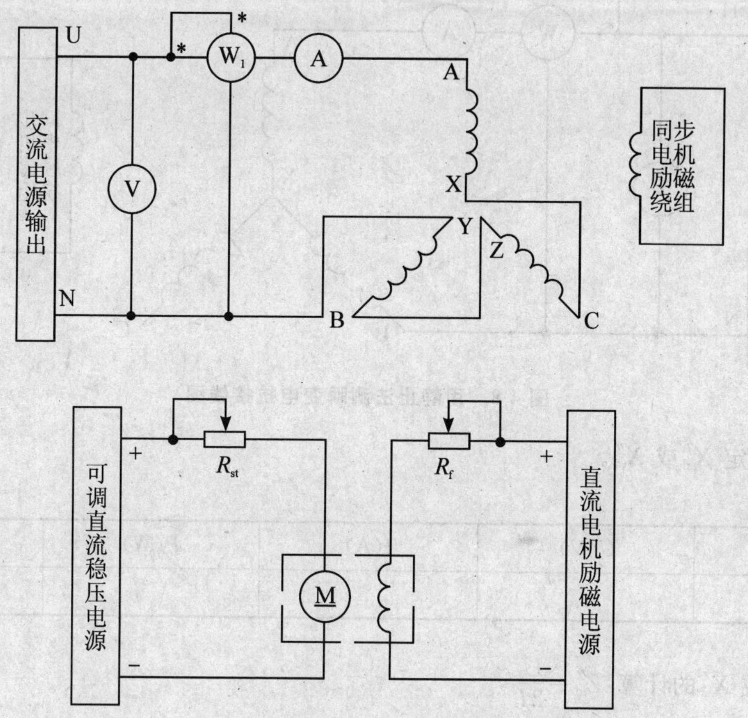

图 4-7　用单相电源测同步发电机的零序电抗接线图

②起动直流电动机 M03 并使电机升至额定转速 1 500 r/min。

③接通交流电源并调节调压器使同步电机定了绕组电流上升到额定电流值。

④测取此时的电压、电流和功率值并记录于表 7-21 中。

表 7-21

序　号	U(V)	I(A)	P(W)	X_0(Ω)

表中X_O的计算:$Z_0=\dfrac{U}{\sqrt{3}I}$

$$r_0=\frac{P}{3I^2}$$

$$X_0=\sqrt{Z_0^2-r_0^2}$$

(4)用静止法测超瞬变电抗 X''_d、X''_q或降变电抗 X'_d、X'_q

①按图* 7-8 接线,将同步电机三相绕组联接成星形,任取二相端点接至单相交流电源 U、N 端上,两只电流表均采用 MEL-17。

②调压器退到零位,发电机处于静止状态。

③接通交流电源并调节调压器逐渐升高输出电压,使同步发电机定子绕组电流接近 20% I_N。

④用手慢慢转动同步发电机转子,观察两只电流表读数的变化,仔细调整同步发电机转子的位置使两只电流表读数达最大。读取这位置时的电压、电流、功率值并记录于表 7-22 中。

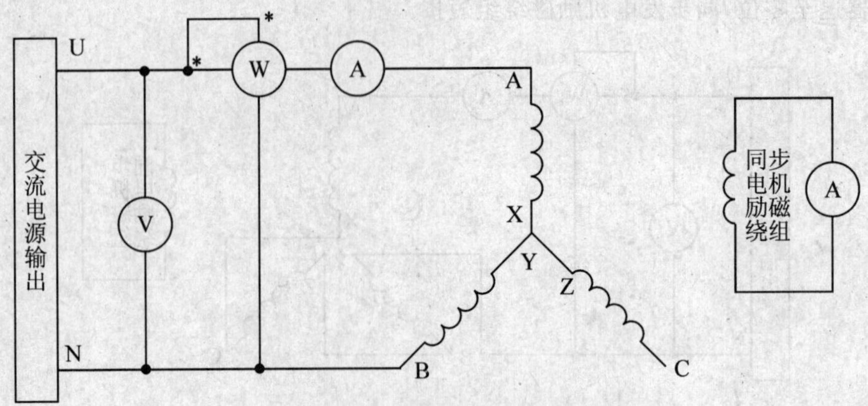

图 4-8 用静止法测瞬变电抗接线图

从这数据可测定 X'_d 或 X''_d。

表 7-22

序 号	U(V)	I(A)	P(W)	$X''_d(X'_d)(\Omega)$

表中 X''_d 或 X'_d 的计算：$Z''_d=\dfrac{U}{2I}$

$$r''_d=\frac{P}{2I^2}$$

$$X''_d=\sqrt{Z_d^{2}-r_d''^{2}}$$

⑤把同步发电机转子转过 45°角，在这附近仔细调整同步发电机转子的位置使二只电流表指示达最小。

⑥读取这位置时的电压 U、电流 I、功率 P 值并记录于表 7-23 中，从这数据可测定 X''_q 或 X'_q。

表 7-23

序 号	U(V)	I(A)	P(W)	$X''_q(X'_q)(\Omega)$

表中 X''_d 或 X'_d 的计算：$Z''_q=\dfrac{U}{2I}$

$$r''_q=\frac{P}{2I^2}$$

$$X''_q=\sqrt{Z_d^{2}-r_d''^{2}}$$

五、实验报告

根据试验数据计算：X_d、X_q、X_2、r_2、X_0、X''_d、X''_q。

六、思考题

1. 各电抗参数的物理意义是什么？
2. 各项试验方法的理论根据是什么？

附录Ⅰ　DDSZ-1 型电机及电气技术实验装置受试电机铭牌数据一览表

序号	编号	名　称	P_N(W)	U_N(V)	I_N(A)	n_N (r/min)	U_{FN}(V)	I_{FN}(A)	绝缘等级	备　注
1	DJ11	三相组式变压器	230/230	380/95	0.35/1.4					Y/Y
2	DJ12	三相芯式变压器	152/152/152	220/63.6/55	0.4/1.38/1.6					Y/Δ/Y
3	DJ13	直流复励发电机	100	200	0.5	1600			E	
4	DJ14	直流串励电动机	120	220	0.8	1400			E	
5	DJ15	直流并励(激)电动机	185	220	1.2	1600	220	<0.16	E	
6	DJ16	三相鼠笼式异步电动机	100	220(Δ)	0.5	1420			E	
7	DJ17	三相线绕式电机	120	220(Y)	0.6	1380			E	
8	DJ18	同步发电机	170	220(Y)	0.45	1500	14	1.2	E	
9	DJ18	同步电动机	90	220(Y)	0.35	1500	10	0.8	E	
10	DJ19	单相电容起动电机	90	220	1.45	1400			E	C=35 μFF
11	DJ20	单相电容运转电机	120	220	1.0	1420			E	C=4 μF
12	DJ21	单相电阻分相电机	90	220	1.45	1400			E	
13	DJ22	双速异步电机	120/90	220	0.6/0.6	2820/1400			E	YY/Δ
14	DJ23	校正过的直流电机	355	220	2.2	1500	220	<0.16	E	
15	DJ24	三相鼠笼式异步电动机	180	220(Δ)/380(Y)	1.14/0.66	1430			E	
16	DJ26	三相鼠笼式异步电动机	180	380(Δ)	1.12	1430			E	

附录Ⅱ MEL—Ⅰ型电机教学实验台中各被试电机的额定值

三相组式变压器 MEL—01 的额定值：

额定容量 $S_{1N}/S_{2N}=231/231$ VA，额定电压 $U_{1N}/U_{2N}=380/95$ V，额定电流 $I_{1N}/I_{2N}=0.35/1.4$ A，Y/Y 接法。

三相芯式变压器 MEL—02 的额定值：

额定容量 $S_{1N}/S_{2N}/S_{3N}=152/152/152$ VA，额定电压 $U_{1N}/U_{2N}/U_{3N}=220/63.5/55$ V，额定电流 $I_{1N}/I_{2N}/I_{3N}=0.4/1.38/1.6$ A，Y/Δ/Y 接法。

直流发电机 M01 的额定值：

额定功率 $P_N=100$ W，额定电压 $U_N=200$ V，额定电流 $I_N=0.5$ A，额定转速 $n_N=1\ 600$ r/min。E 级绝缘。

直流串励电动机 M02 的额定值：

额定功率 $P_N=120$ W，额定电压 $U_N=220$ V，额定电流 $I_N=0.5$ A，额定转速 $n_N=1\ 400$ r/min。E 级绝缘。

直流并励电动机 M03 的额定值：

额定功率 $P_N=185$ W，额定电压 $U_N=220$ V，额定电流 $I_N=1.1$ A，额定励磁电流 $I_{fN}<0.16$ A，额定转速 $n_N=1\ 600$ r/min。E 级绝缘。

三相鼠笼式异步电动机 M04 的额定值：

额定功率 $P_N=100$ W，额定电压 $U_N=220$ V，额定电流 $I_N=0.48$ A，额定转速 $n_N=1\ 420$ r/min，定子三相绕组 Δ 接法，E 级绝缘。

三相绕线式异步电动机 M09 的额定值：

额定功率 $P_N=100$ W，额定电压 $U_N=220$ V，额定电流 $I_N=0.55$ A，额定转速 $n_N=1\ 420$ r/min。定、转子三相绕组均为 Y 接法，E 级绝缘。

双速异步电动机 M11 的额定值：

额定功率 $P_N=120/90$ W，额定电压 $U_N=220$ V，额定电流 $I_N=0.7/0.7$ A，额定转速 $n_N=2\ 900/1\ 450$ r/min。定子绕组 YY/△接法，E 级绝缘。

单相电容运转电动机 M06 的额定值：

额定功率 $P_N=120$ W，额定电压 $U_N=220$ V，额定电流 $I_N=1$ A，额定转速 $n_N=1\ 430$ r/min，E 级绝缘。

三相同步发电机 M08 的额定值：

额定容量 $S_N=170$ VA，额定电压 $U_N=220$ V，额定电流 $I_N=0.45$ A，额定转速 $n_N=1\ 500$ r/min，额定功率因数 $\cos\varphi_N=0.8$，额定励磁电压 $U_{fN}=14$ V，额定励磁电流 $I_{fN}=1.2$ A，定子三相绕组 Y 接法。E 级绝缘。

三相同步电动机 M08 的额定值：

额定功率 $P_{N}=90$ W,额定电压 $U_{N}=220$ V,额定电流 $I_{N}=0.35$ A,额定转速 $n_{N}=1\ 500$ r/min,额定励磁电压 $U_{fN}=10$ V,额定励磁电流 $I_{fN}=0.8$ A,定子三相绕组 Y 接法。E 级绝缘。

三相反应式步进电动机的额定值:

额定电压 $U_{N}=24$ V,额定电流 $I_{N}=3$ A,步距角 $1.5^{0}/3^{0}$

交流伺服电机的额定值:

额定功率 $P_{N}=25$ W,额定控制电压 $U_{N}=220$ V,额定激磁电压 $U_{N}=220$ V,堵转转矩 M $=3\ 000$ g · cm,空载转速$=2\ 700$ r/min

参考文献

[1]李发海,王岩编著.电机与拖动基础(第三版).北京:清华大学出版社,2005.

[2]浙江天煌科技实业有限公司.DDSZ-1 型电机及电气技术实验装置实验指导书.

[3]浙江求是科教设备有限公司.MEL-I 电机系统教学实验台使用说明.

图书在版编目(CIP)数据

电机与电力拖动实验教程/黄永龙等编.—厦门:厦门大学出版社,2008.3
(高等院校信息技术实验教程丛书)
ISBN 978-7-5615-2984-3

Ⅰ.电… Ⅱ.黄… Ⅲ.①电机-实验-高等学校-教材 ②电力传动-实验-高等学校-教材
Ⅳ.TM3-33 TM921-33

中国版本图书馆 CIP 数据核字(2008)第 026308 号

厦门大学出版社出版发行
(地址:厦门大学 邮编:361005)
http://www.xmupress.com
xmup @ public.xm.fj.cn
南平市武夷美彩印中心印刷
2008 年 3 月第 1 版 2008 年 3 月第 1 次印刷
开本:787×1092 1/16 印张:15.75
字数:398 千字 印数:0 001-3 000 册
定价:22.00 元